Big Data in der Mobilität

Nadine Gatzert • Susanne Knorre •
Horst Müller-Peters • Fred Wagner •
Theresa Jost

Big Data in der Mobilität

Akteure, Geschäftsmodelle und Nutzenpotenziale für die Welt von morgen

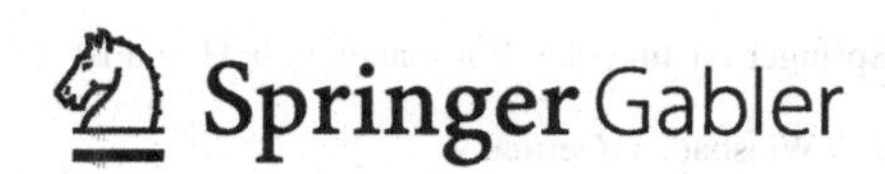

Nadine Gatzert
Friedrich-Alexander-Universität
Erlangen-Nürnberg
Nürnberg, Deutschland

Horst Müller-Peters
Technische Hochschule Köln
Köln, Deutschland

Theresa Jost
V.E.R.S. Leipzig
Leipzig, Deutschland

Susanne Knorre
Fakultät Management, Kultur und Technik
Hochschule Osnabrück
Osnabrück, Deutschland

Fred Wagner
Institut für Versicherungslehre
Univ Leipzig, Wirtschaftswissenschaftliche
Fakultät, Leipzig, Deutschland

ISBN 978-3-658-40510-6 ISBN 978-3-658-40511-3 (eBook)
https://doi.org/10.1007/978-3-658-40511-3

Die Deutsche Nationalbibliothek verzeichnet diese Publikation in der Deutschen Nationalbibliografie; detaillierte bibliografische Daten sind im Internet über http://dnb.d-nb.de abrufbar.

Springer Gabler

Planung/Lektorat: Carina Reibold
Springer Gabler ist ein Imprint der eingetragenen Gesellschaft Springer Fachmedien Wiesbaden GmbH und ist ein Teil von Springer Nature.
Die Anschrift der Gesellschaft ist: Abraham-Lincoln-Str. 46, 65189 Wiesbaden, Germany

Inhaltsverzeichnis

Die Originalversion des Buchs wurde revidiert. Ein Erratum ist verfügbar unter:
https://doi.org/10.1007/978-3-658-40511-3_8

Einleitung

1

Das vorliegende Buch behandelt das Thema „Big Data in der Mobilität". Trotz weitreichender Entwicklungen im Bereich der Digitalisierung stehen Big Data und damit verbunden Data Analytics im Mobilitätsbereich noch am Anfang. Weitreichende gesellschaftliche und wirtschaftliche Potenziale sind noch ungenutzt. Vor diesem Hintergrund untersucht das vorliegende Buch auf Basis mehrerer, auch eigens durchgeführter empirischer Studien mit unterschiedlicher Methodik sowie einer Auswertung bereits vorliegender Quellen Positionen von Akteuren zu den Chancen und Risiken und präsentiert zukunftsweisende Geschäftsmodelle. Daraus werden Nutzenpotenziale „für die Welt von morgen" abgeleitet und die dafür notwendigen politischen und gesellschaftlichen Voraussetzungen skizziert.

In Kap. 2 werden zunächst die Grundlagen des Mobilitätsmarkts mit den Begrifflichkeiten und den klassischen Akteuren vorgestellt. Die aus der Erfassung, Speicherung und Verarbeitung von Daten aus (Mobilitäts-)Anwendungen potenziell entstehenden Mobilitätsdaten werden kategorisiert und eine „Mobilitäts-Datenkarte" wird erarbeitet. Die Karte wird anschließend für eine kleine Gruppe von Teilnehmern im Rahmen einer Online-Community individualisiert, um diese mit dem eigenen „digitalen Fußabdruck" zu konfrontieren. Es wird in der Tiefe untersucht, welche Erwartungen an Chancen und Risiken von Big Data gestellt werden, welche Reaktionen und mögliche Handlungsimpulse der digitale Fußabdruck hervorruft, und welche Bereitschaft zum Data Sharing vorliegt.

In Kap. 3 werden die Anspruchsberechtigen von Mobilitätsdaten vorgestellt und deren Interessen skizziert. Gestaltungsansprüche und Entwicklungsperspektiven im öffentlichen Diskurs mit Blick auf das Thema „Datenraum Mobilität" werden zunächst anhand einer Medieninhaltsanalyse erfasst. Im Rahmen einer explorativ-qualitativen Studie werden sodann in moderierten Fokusgruppen Experten aus den Stakeholdergruppen

N. Gatzert et al., *Big Data in der Mobilität*,
https://doi.org/10.1007/978-3-658-40511-3_1

Wirtschaft, Politik, Wissenschaft, Verbraucher und Medien zu deren Perspektiven befragt und potenzielle Konflikte sowie Lösungsansätze aufgezeigt.

Aufgrund von „Big Data in der Mobilität" entstehen zunehmend neue Geschäftsmodelle, Serviceleistungen und Akteure, die in Kap. 4 dargestellt werden. Ein Blick auf aktuelle gesellschaftliche Trends zeigt deren Auswirkungen auf die Mobilität und den Mobilitätsmarkt. Darauf aufbauend wird untersucht, wie auf Basis von Mobilitätsdaten neue Angebote entstehen, die auch weit über das klassische Verständnis von Mobilität hinausgehen bzw. andere Lebenswelten betreffen können (z. B. Hotelübernachtungen oder Freizeitangebote). Eine wichtige Rolle bei der Entstehung neuer Mehrwerte (Nutzenpotenziale für die Bürger) spielt der Zugang unterschiedlicher Anbieter zu den (Mobilitäts-)Daten. In diesem Zusammenhang gewinnt das Konzept der gemeinsamen Datennutzung an Bedeutung. Das Konzept des Data Sharings mit seinen rechtlichen, technischen sowie organisatorischen Voraussetzungen sowie Beispiele für Mobilitätsdatenräume werden vorgestellt, bevor ein zweiter Schwerpunkt auf die Entwicklung von (digitalen) Ökosystemen mit den relevanten Akteuren und möglichen Geschäftsmodellen gelegt wird.

Die zuvor vorgestellten neuen Angebote und Nutzenpotenziale auf Basis von Big Data in der Mobilität werden in Kap. 5 anhand einer repräsentativen Befragung von Bürgern und Verbrauchern evaluiert. Im Fokus stehen zunächst Erwartungen zu Nutzenpotenzialen und Risiken zu Big Data allgemein, sowie speziell zu Vernetzung und Big Data in der Mobilität. Die Evaluation erfolgt anhand zahlreicher Anwendungsfelder sowohl im Individualverkehr als auch im öffentlichen Nah- und Fernverkehr. Zweiter Schwerpunkt ist die Bereitschaft zum Teilen der eigenen Daten als wesentliche Voraussetzung für datenbasierte Geschäftsmodelle, sei es in der Form von Datentausch, Datenverkauf oder Datenspende. Das Modell der Open Data wird aus Verbrauchersicht bewertet, und Randbedingungen wie die Sensibilität unterschiedlicher Datenarten oder das Vertrauen in die verschiedenen Akteure des Mobilitätsmarktes werden ausgelotet. Abschließend erfolgt eine Abwägung von gesellschaftlichen Zielen (wie Freiheit, Sicherheit, Mobilität, Datenschutz und Klimaschutz) aus Sicht der Bürger.

In Kap. 6 werden Auswirkungen von Big Data in der Mobilität am Beispiel der Versicherungswirtschaft betrachtet und Perspektiven für die Zukunftsfähigkeit von (Kfz-)Versicherungsunternehmen abgeleitet. Nach einer Darstellung der aktuellen Ausgangslage zu Big Data in der Versicherungswirtschaft wird untersucht, welchen Nutzen und welche Mehrwerte Kfz-Versicherer ihren Kunden entlang der Wertschöpfungskette anbieten können und welche Rolle Kfz-Versicherer damit im Mobilitätsbereich spielen.

In Kap. 7 werden neben einer Zusammenfassung der wesentlichen Erkenntnisse der vorangegangenen Kapitel abschließend (ganzheitlich) Nutzenpotenziale, die sich aus Big Data in der Mobilität ergeben, dargestellt und es werden Ansätze identifiziert, wie sich diese Potenziale für die Welt von morgen heben lassen.

Grundlagen: Mobilitätsmarkt, Mobilitätsdaten und Anspruchsberechtigte von Mobilität

2

2.1 Grundlagen Mobilität und Mobilitätsmarkt

Theresa Jost and Fred Wagner

2.1.1 Definition Mobilität und Mobilitätsformen

Der Begriff *Mobilität* leitet sich vom lateinischen „mobilitas" ab (dt. „Bewegung" oder „Beweglichkeit") und meint ganz allgemein die Flexibilität zwischen verschiedenen, oft gleichrangigen, Wahlmöglichkeiten (Dahlmann 2017, S. 685). Mobilität kann sich auf unterschiedliche Dimensionen beziehen, innerhalb derer verschiedene Alternativen zur Verfügung stehen. Nicht zuletzt wird Mobilität deshalb auch regelmäßig mit Hoffnung, Freiheit, Freizeit und Wandel assoziiert (Linden und Wittmer 2018, S. 16).

Im allgemeinen Sprachgebrauch wird Mobilität zumeist auf die Dimension der zeitlich-räumlichen Ortsveränderung von Personen bezogen (räumliche oder physische Mobilität).[1] Sie dient als Maß für die Fähigkeit oder Befähigung von Individuen und Gruppen, Bewegungen durchzuführen und Distanzen überwinden zu können. Diesem Verständnis folgend, ermöglicht Mobilität den Zugang zu verschiedenen Orten und liefert damit die Voraussetzung für das Erreichen anderer Personen oder Stätten, die Umsetzung von Aktivitäten und die Inanspruchnahme von Leistungen und Angeboten. Im Ergebnis können so grundfunktionale Tätigkeiten, wie Arbeit, Versorgung und soziale Teilhabe sichergestellt bzw. unterstützt werden; berufliche wie private Ziele lassen sich realisieren und Lebensqualität steigern (Kagermann 2017, S. 357). Es lässt sich folglich ableiten, dass Mobilität

[1] Daneben lässt sich unter Mobilität auch die soziale sowie die informationelle (auch: geistige) Dimension subsumieren.

N. Gatzert et al., *Big Data in der Mobilität*,
https://doi.org/10.1007/978-3-658-40511-3_2

auch die persönliche Entfaltung sowie die wirtschaftliche Leistungsfähigkeit – letzteres sowohl auf individueller als auch auf gesamtwirtschaftlicher Ebene – begünstigt. Die Bedeutung von Mobilität zeigt sich nicht zuletzt in den Ausgaben, die jährlich in den Bereich der Mobilität fließen.

Während Mobilität als Oberbegriff die verschiedenen Wahlmöglichkeiten umfasst, beschreibt das *Mobilitätsverhalten* die tatsächliche Bewegung eines Individuums oder von Gruppen, die wiederum in einzelne Mobilitätsaktivitäten unterteilt werden. Mobilitätsaktivitäten lassen sich in Hinblick auf den Zeithorizont (kurzfristig vs. langfristig) sowie die Distanz und den zugrundeliegenden Zweck unterscheiden.

Davon abzugrenzen ist der Begriff des *Verkehrs*, der in der öffentlichen Diskussion häufig synonym zur Mobilität verwendet wird (Petersen und Schallaböck 1995, S. 9). Im Unterschied zur Mobilität beschreibt er jedoch die Umsetzung eines realen Bewegungsvorgangs, d. h. die konkrete Raumüberwindung (Schellhase 2000, S. 17). Verkehr kann vor diesem Hintergrund als die Ortsveränderung von Personen verstanden werden, die durch ein Verkehrsmittel bzw. Fahrzeug umgesetzt wird. *Verkehrsmittel* stellen somit die Instrumente dar, mit denen Mobilität wahrgenommen wird bzw. einzelne Mobilitätsaktivitäten umgesetzt werden (Linden und Wittmer 2018, S. 16). Die nähere Betrachtung lässt eine Unterscheidung zwischen dem Individualverkehr und dem Öffentlichen Verkehr zu. Der Individualverkehr umfasst die Nutzung eines individuell verfügbaren Verkehrsmittels. Eine weitere Differenzierung ergibt sich zwischen der motorisierten und nicht-motorisierten Form. Verkehrsmittel, die im Rahmen des motorisierten Individualverkehrs meist zum Einsatz kommen, sind der Pkw und das Motorrad. Das Fahrrad ist typisch für die Umsetzung des nicht-motorisierten Individualverkehrs (Holz-Rau 2018, S. 1578).

Der Öffentliche Verkehr hingegen besteht aus der Personenbeförderung mit einem öffentlich bereitgestellten Verkehrsmittel. Im Unterschied zum Individualverkehr ist dieser für alle Mitglieder einer Volkswirtschaft grundsätzlich zugänglich und stellt damit einen Teil der gesellschaftlichen Versorgung dar. Er wird durch Verkehrsunternehmen getragen und ausgeführt und ist in aller Regel gegen Zahlung eines festgelegten Preises nutzbar. Innerhalb des Öffentlichen Verkehrs kann weiter zwischen dem Nah- und dem Fernverkehr unterschieden werden (Ammoser und Hoppe 2006, S. 13).

Eine Sonderform stellen öffentlich zugängliche Verkehrsmittel des Individualverkehrs dar, speziell Mietwagen, Car-, Ride- und Bike-Sharing (Dziekan und Zistel 2018, S. 347 f.).

2.1.2 Akteure und klassische Geschäftsmodelle auf dem Mobilitätsmarkt

An der Mobilität ist eine Vielzahl an Akteuren beteiligt, die in ganz unterschiedlicher Art und Weise zur Verfügbarkeit und Funktionsfähigkeit von Mobilität beitragen. Teils bestehen zwischen ihnen komplexe Abhängigkeiten, wechselseitige Beziehungen sowie Kooperationen.

Zu den Akteuren gehört zunächst die *(1) Öffentliche Hand* (Gebietskörperschaften, Bund, Länder und Kommunen), deren Aufgabe allgemein in der Wahrung gesamtgesellschaftlicher Interessen und damit in der Daseinsvorsorge – gerade auch in Bezug auf Mobilität – liegt. Sie hat folglich dafür Sorge zu tragen, dass die Möglichkeit der räumlichen Ortveränderung und damit gleichermaßen der sozialen Teilhabe für jedermann garantiert ist (Rammert 2019, S. 63). Durch die Schaffung und die Definition rechtlicher Rahmenbedingungen liefert die öffentliche Hand eine wichtige Voraussetzung für das Zustandekommen von Verkehr und damit für Mobilität. Ihre Aufgabe umfasst die Bereitstellung von Infrastruktur; zudem trägt sie die Verantwortung für das Vorhandensein von Verkehrsangeboten (Kemming und Reutter 2012, S. 22). Gleichermaßen ist mit der Aufgabenerfüllung ein wichtiger Grundstein für die Standortattraktivität gelegt, die wiederum die Ansiedlung von Wirtschafts- und Investitionskraft mit sich bringt (Hasse et al. 2017, S. 20).

Eine weitere wichtige Voraussetzung für das Zustandekommen von Verkehr und Mobilität ist die Verfügbarkeit von *(2) Herstellern* (inkl. deren *Zulieferern*) mit ihren Geschäftsmodellen rund um die Entwicklung und Produktion. Einerseits handelt es sich hierbei um die Entwicklung und Bereitstellung erforderlicher Technologie, andererseits um die Herstellung von Verkehrsmitteln. Da bei vielen Verkehrsmitteln die Nutzung traditionell mit dem Erwerb des zugrundeliegenden Fahrzeugs verbunden ist (z. B. Fahrrad oder Kfz), fallen Hersteller und Anbieter zusammen. Eine besondere Rolle kommt den Automobilherstellern zu, die ihre Marktmacht in den vergangenen Jahren genutzt haben, um ihr Geschäftsmodell zu erweitern und immer mehr Zusatzleistungen zu integrieren.

Konkret ermöglicht wird Mobilität durch Verkehrsangebote, die wiederum von *(3) Mobilitätsdienstleistern* zur Verfügung gestellt werden. Entsprechende Akteure sind Verkehrsunternehmen und -verbünde, Taxiunternehmen sowie zunehmend auch Verleih- und Sharinganbieter, die als öffentliche oder private Dienstleister auftreten (z. B. Car- und Bike-Sharing). Ebenfalls von wachsender Bedeutung sind seit einigen Jahren digitale Mobilitätsanbieter, die sich auf dem Mobilitätsmarkt zu etablieren versuchen. Sie erbringen moderne Mobilitätslösungen z. B. durch Bündelung von bestehenden Verkehrsmitteln, speziell die Verknüpfung des ÖV mit Sharing-Angeboten. Obgleich solche Mobilitätsanbieter bislang überwiegend regional agieren, kann ihnen eine steigende Bedeutung beigemessen werden (Dumauthioz et al. 2019, S. 23). Ihr Geschäftsmodell ist i. d. R. dadurch charakterisiert, dass – statt einzelner Mobilitätsaktivitäten – ein umfassendes Angebot geschaffen wird, das „die organisatorische Vernetzung von Verkehrsmitteln und Mobilitätsdienstleistungen zur Förderung von Inter- und Multimodalität mit einem Verkehrsverbund oder Verkehrsunternehmen als Koordinator“ zum Ziel hat (Gertz 2013, S. 24). Digitale Mobilitätanbieter schaffen damit nicht nur attraktive Alternativangebote zur Nutzung des eigenen Fahrzeugs, sondern ermöglichen durch die entsprechende Koordination gleichermaßen die Abdeckung intermodaler Wegeketten (Kemming und Reutter 2012, S. 22). Ermöglicht werden derartige Geschäftsmodelle durch die Etablierung neuer Technologien im Rahmen der Digitalisierung, wie insbesondere der Informations- und Kommunikationstechnologie, der Identifikations-, speziell der Sensortechnologie sowie die Plattform-Ökonomie (Rammert 2019, S. 65). Neben Geschäftsmodellen der intermodalen Vernetzung von Mobilitätsangeboten begünstigt die Digitalisierung die Entstehung weiterer Vermittlungsleistungen (Vermittlung von Fahrgemeinschaften, wie bspw. blablacar, oder Vermittlung von Taxifahrten, wie bspw. FREE NOW), die gewissermaßen als Vorstufe intermodaler Mobilität verstanden werden können. Darüber hinaus stellt die Digitalisierung die Voraussetzung für die Entstehung datenbasierter Geschäftsmodelle, wie bspw. Kartendienste etc., dar (Schwedes et al. 2017). Im weiteren Sinne lässt sich daher auch eine ganze Reihe an *(4) Technologieunternehmen und Digitalkonzernen* den Akteuren auf dem Mobilitätsmarkt zuordnen.

Eine weitere wichtige Gruppe an Akteuren im Mobilitätsumfeld sind die *(5) Erbringer erweiterter Dienstleistungen*, die in direktem oder indirektem Zusammenhang zu einzelnen Verkehrsmitteln oder der Mobilität als Ganzes stehen können. In der Regel adressieren sie spezifische, mit der Mobilitätsaktivität verbundene Bedürfnisse oder tragen zu einer höheren Convenience bei. Ihr Geschäftsmodell reicht von der Reisebuchung über die Treibstoffzufuhr und die Fahrzeugreparatur bis hin zur Finanzierung und Versicherung (Jost 2021, S. 193).

Zu guter Letzt sind es die verschiedenen *(6) Erzeuger von Mobilität* (wie z. B. Shopping-Center und Kliniken; abzugrenzen von „Herstellern", die Verkehrsmittel produzieren, siehe unter Punkt (2)) *und Verkehrsteilnehmer*, die einen großen Einfluss auf die Gestaltung von Mobilität und Verkehr haben. Zu den Erzeugern gehören also auch Unternehmen und (öffentliche sowie private) Einrichtungen, die nicht nur Verkehr auslösen, sondern zunehmend auch Verantwortung für den durch sie erzeugten Verkehr übernehmen, indem sie selbst verschiedene (Mobilitäts-)Angebote (z. B. Parkmöglichkeiten) bereitstellen.

2.2 Status quo und Entwicklungslinien von Mobilitätsdaten

Nadine Gatzert

2.2.1 Kartierung von Mobilitätsdaten: Hintergrund und Methodik

Mit zunehmender digitaler Vernetzung und Technik für die Datenerfassung (z. B. Sensorik) und Datenverarbeitung (z. B. intelligente Aggregation und Datenvernetzung) entstehen auch zunehmend mehr Mobilitätsdaten aus Mobilitätsanwendungen (BMVI 2017, S. 3, 14).[2]

[2] Der nachfolgende Text in Abschn. 2.2 basiert auf den Ausführungen in Gatzert et al. (2022, S. 10–25; 146–152) und zitiert diesen teilweise. Die Ausführungen basieren auf dem Stand der Erstellung des Manuskripts im Januar und Februar 2022, mit teilweisen Ergänzungen im Mai/Juni 2022. Eingeflossen sind auch Informationen aus Gesprächen mit Experten, unter anderem von einem führenden Telekommunikationsunternehmen sowie einem führenden Kfz-Versicherer in Deutschland.

Entsprechend der vielfältigen Dimensionen des Begriffs der Mobilität und der großen Zahl der Akteure auf dem Mobilitätsmarkt (siehe dazu auch Abschn. 2.1) haben Mobilitätsdaten viele Dimensionen und ebenso viele Kategorisierungsmöglichkeiten:

- Kfz-bezogene Daten (Ölstand etc.) vs. personenbezogene Daten vs. Umweltdaten;
- Daten aus dem Individualverkehr (verkehrsträgerübergreifend) und dem öffentlichen Verkehr;
- Makrodaten (Verkehrsaufkommen, Verkehrsströme, Leitsysteme) vs. Mikrodaten (individuelle Nutzerprofile);
- nach den Akteuren, durch die sie erhoben werden (z. B. BMW, Google, Apple).

Insbesondere personenbezogene Daten zu Fahrer, Halter, Mitfahrern oder sonstigen Personen[3] unterliegen gemäß der Datenschutzgrundverordnung (DSGVO) besonderen datenschutzrechtlichen Voraussetzungen bezüglich der Sammlung, Weitergabe und Speicherung.

Die Vielfalt der erzeugten Mobilitätsdaten und die Möglichkeit der Verknüpfung mit Kontextinformationen aus zusätzlichen Datenquellen wie Umgebungs- oder Verkehrsinformationen führen zu einer hohen Komplexität und erschweren das Verständnis für die mögliche Verarbeitung, Aggregation und Nutzung der Daten durch die zahlreichen Akteure im Mobilitätsmarkt und darüber hinaus. Es besteht häufig ein Mangel an Transparenz (BMVI 2017, S. 3; 14).

Vor diesem Hintergrund ist es Ziel des vorliegenden Kapitels, eine *Kartierung der Mobilitätsdatenspuren* vorzunehmen, die die Entstehungsmöglichkeiten sowie die potenzielle Verarbeitung und Nutzung von Mobilitätsdaten möglichst umfassend darstellt. Die erarbeitete „*Karte der Datenspuren*" sollte darüber hinaus individualisierbar sein, indem einzelnen Verkehrsteilnehmern ein Überblick über deren individuell erfasste Daten sowie deren Vernetzung und potenzielle Nutzung durch unterschiedliche Akteure gegeben wird. Diese Individualisierung dient als Basis für die im nächsten Kapitel vorgestellte Studie zum „digitalen Fußabdruck" in der Online-Community.

Erarbeitet wurde die Karte der Datenspuren auf Basis einer Untersuchung, wo Mobilitätsdaten zum Zeitpunkt der Erstellung des Kapitels entstehen, gesammelt und genutzt werden. Zu diesem Zweck wurden eine Literaturanalyse, Expertengespräche, Geräteanalysen und eine Auswertung von diversen Anbieterinformationen zu ausgewählten Apps, Sharing-Mobilitätsdiensten und öffentlichen Verkehrsmitteln vorgenommen. Das Ergebnis der Kartierung ist in Abb. 2.1 dargestellt. Sie zeigt die Arten von Datenspuren in der Mobilität sowie deren Entstehung bis hin zur Verwendung, während Abb. 2.2 beispielhaft einen individualisierten „digitalen Fußabdruck" für einen Musterfahrer zeigt.

Die oberste Ebene in Abb. 2.1 zeigt Geräte und Verkehrsmittel mit den damit verbundenen Anwendungen/Apps, von denen die Daten gesammelt und – regelmäßig oder

[3] Jungbluth (2019, S. 384–385): „Ein Personenbezug von Daten ist nur dann zu verneinen, wenn sie technisch sicher anonymisiert werden".

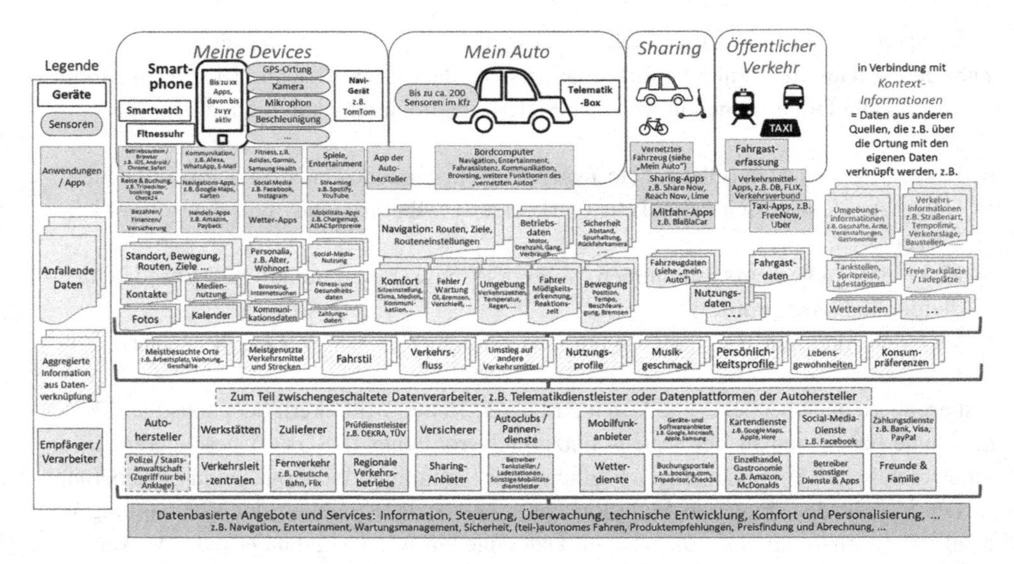

Abb. 2.1 Arten, Entstehung und Verwendung von Datenspuren in der Mobilität. (Quelle: Gatzert et al. 2022, S. 24)

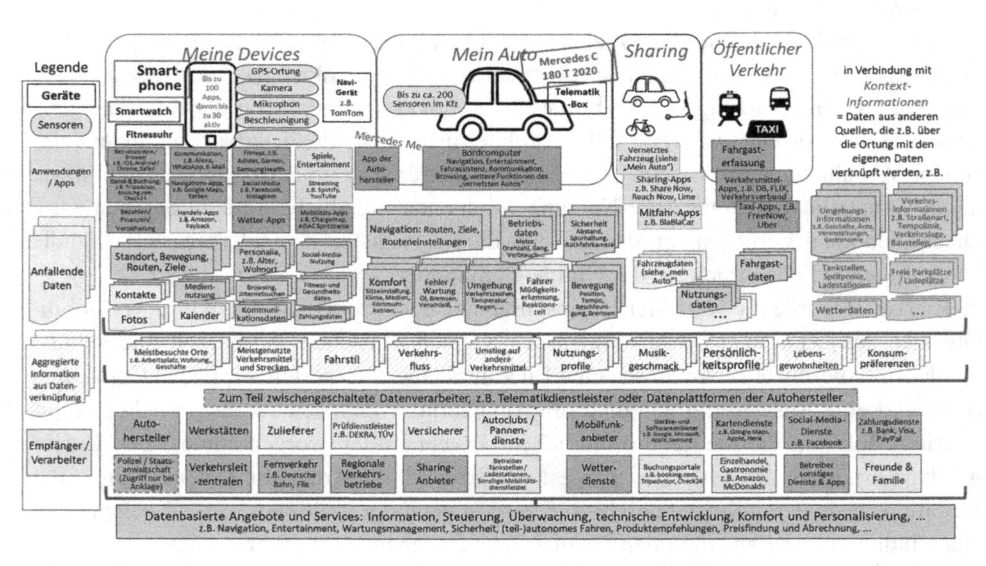

Abb. 2.2 Illustration eines beispielhaften individuellen „digitalen Fußabdrucks" in der Mobilität. (Quelle: Gatzert et al. 2022, S. 146)

fallweise – übertragen werden. Zur Kategorisierung wird im Folgenden zwischen Mobilitätsdaten unterschieden, die aus der Verwendung von

- Devices wie Smartphones, Navigationsgeräte (z. B. TomTom) und Wearables wie Smartwatches und Fitnessuhren;
- eigenen Kraftfahrzeugen (vernetzt und nicht-vernetztes eigenes Kfz) mit ihren Sensoren, Bordcomputern und ggf. Telematik-Boxen von Versicherungen;
- Sharing-Mobilitätsdiensten z. B. für Car-Sharing, E-Scooter, E-Bikes, und
- öffentlichen Verkehrsmitteln im Nah- und Fernverkehr wie beispielsweise Bahn, Bus und Taxi

entstehen.

Besonders wichtig dafür sind die Ortungsdaten aus dem Smartphone, der Navigation oder dem Bordcomputer im Auto. Anhand der besuchten Orte lassen sich zahlreiche Schlüsse ziehen, wenn diese mit „Kontextinformationen" (rechts oben in Abb. 2.1) verbunden werden, also z. B. durch einen Abgleich mit allgemeinen Karteninformationen festgestellt wird, welche Geschäfte, medizinische Einrichtungen, Umstiegspunkte zum öffentlichen Verkehr oder Veranstaltungsorte zu welchem Zeitpunkt aufgesucht wurden.

Generell lässt sich aber sagen: Je mehr Anwendungen und Daten auf den oberen Ebenen in der individualisierten Karte in (Abb. 2.2) markiert sind, umso mehr Rückschlüsse (aggregierte Informationen) *können* daraus abgeleitet werden, bis hin zu Konsumpräferenzen und Persönlichkeitsprofilen. Es ist aber nicht gesagt, dass die möglichen Rückschlüsse auch tatsächlich gezogen werden.

Wenn Daten aus mehreren Quellen zusammengeführt werden, lassen sich daraus also weitgehende Schlüsse ziehen, zum Beispiel zu Wohn- und Arbeitsorten, Lieblingsgeschäften, Fahrstil, Musikgeschmack oder anderen Lebensgewohnheiten (vgl. „Aggregierte Information aus Datenverknüpfung" in Abb. 2.1).

Unten in Abb. 2.1. ist aufgelistet, wer üblicherweise die Daten empfängt und sie verarbeitet, und wie die Daten am Ende verwendet werden, auch außerhalb der unmittelbaren Nutzung der Daten (wie Navigation, Kommunikation, Entertainment oder Autosteuerung). Akteure umfassen neben Haltern von Kraftfahrzeugen oder Privatpersonen mit Smartphones, Smartwatches (bzw. allgemein Wearables) und Apps selbst (BMVI 2017, S. 152 f.) u. a. Automobilhersteller, Zulieferer, Werkstätten, Car-Sharing-Anbieter, Anbieter von Navigationsdiensten (HERE, Google Maps), Mobilitätsplattform-Anbieter (auch Apps), Versicherer (Telematik) sowie Infrastrukturbetreiber[4] und viele mehr. Auch hier gilt für die individualisierte Karte in (Abb. 2.2, dass nicht jeder in den grünen Kästen alle Daten erhält, aber zumindest ein Teil davon bei den dunkel und mit rotem Rand hervorgehobenen Empfängern ankommen kann.

[4] Infrastrukturbetreiber wie z. B. Kommunen nutzen Mobilitätsdaten zur Generierung von Umgebungsdaten und Gefahrensituationen, mit denen z. B. der Verkehrsfluss und die Verkehrssicherheit verbessert werden kann (BMVI 2017, S. 156).

Oft gibt es hier auch Zusammenschlüsse zwischen unterschiedlichen Akteuren sowie zwischengeschalteten Datenverarbeitern (wie z. B. Caruso), die im Auftrag der Empfänger die Daten sammeln und weiterbearbeiten.

Die unterschiedlichen Akteure aggregieren die Mobilitätsdaten und werten sie aus, um auf dieser Basis z. B. neue datenbasierte Dienstleistungen anbieten zu können oder zur Verbesserung der Produktentwicklung. Mit Blick auf Kfz-bezogene „Vernetzungsdienste" unterscheidet Jungbluth (2019) beispielsweise zwischen Information (z. B. Verkehrslage, freie Parkplätze, Spritpreise), Entertainment (Streaming von Musik und Videos im Fahrzeug, Social-Media-Nutzung), dynamische Navigation (Echtzeit-Verkehrsdaten) und Fahrzeug- und Wartungsmanagement (erhöhte Effizienz und Sicherheit). Die gesammelten Mobilitätsdaten über Verkehrsteilnehmer und Verkehrsflüsse sind darüber hinaus für die Verkehrssicherheit von autonomen/automatisierten Fahrzeugen relevant und dienen damit der Gesellschaft (Jungbluth 2019). Des Weiteren nutzen Sharing-Dienste die Daten für die Preisfindung und Abrechnung.

2.2.2 Mobilitätsdaten aus der Nutzung von Devices und Anwendungen (Apps)

Bereits über das *Betriebssystem* der Smartphones und die verbauten Sensoren werden zahlreiche Mobilitätsdaten generiert, auch wenn das Gerät nicht aktiv genutzt wird, u. a. zur GPS-Ortung, Erfassung von Beschleunigung, sowie über die Kamera auch Örtlichkeiten.

In der Regel werden auf einem Smartphone zahlreiche *Anwendungen bzw. Apps* verwendet, z. B. für Kommunikation (Chats), Handel, Navigation, Social Media, Streaming-Dienste, Mobilitätsservices (z. B. Spritpreise, E-Tankstellen), Fitness, Finanzen, Reise- & Buchungsvorgänge oder Wetterinformationen. Eine aktuelle Erhebung gibt für Deutschland eine durchschnittliche Zahl von 40 installierten Apps pro Smartphone an (Klarna o. J.).

Die von den Apps und Betriebssystemen gesammelten Daten hängen wesentlich von den erteilten Freigaben und Datenschutzeinstellungen ab. Beim Smartphone betrifft das z. B. Einstellungen zu Ortungsdiensten, Tracking, Health sowie Sensor- und Nutzungsdaten. Je nach Freigaben kann Zugriff auf Kontakte und Fotos gewährt werden und können Daten zu Standort, Personalien (Wohnort, Alter), Social-Media-/Medien-Nutzungsdaten, Zahlungsdaten, Gesundheitsdaten (ggf. anonymisiert/pseudonomisiert) gesendet und aggregiert werden.

Die aggregierten Informationen können genutzt werden, um meistbesuchte Orte zu identifizieren (z. B. Arbeitsplatz, Wohnung, Geschäfte), Präferenzen für Verkehrsmittel und übliche gefahrene Strecken, Umstiegspunkte auf andere Verkehrsmittel, und damit auch detaillierte Nutzungs- und Persönlichkeitsprofile, selbst bei passiver Nutzung,[5] und damit auch Lebensgewohnheiten und Konsumpräferenzen abzuleiten.

Aus Navigations-Apps wie Google Maps können bei entsprechender Freigabe selbst ohne Verwendung der App Standorte und Bewegungsmuster erfasst werden („Google weiß, wo Du Dich befindest"). Damit können Verkehrsflüsse durch Aggregation der Standortdaten von Millionen Nutzern präzise berechnet und in Echtzeit an Geräte zurückgesendet werden, was wiederum den Nutzen der Navigations-App für den einzelnen Nutzer erhöht.

Gesundheits- bzw. Vitaldaten aus *Wearables* wie *(Fitness-) Armbänder* (z. B. Garmin Connect, Apple Watch) umfassen ebenfalls Bewegungsdaten, dazu Puls- und Herzfrequenz und mehr. Erfasst werden können (im Fall von Garmin Connect) z. B. Datum und Uhrzeit, zu der die App auf die Server zugreift, die Position des Geräts, die Spracheinstellung, das Benutzerverhalten (z. B. die verwendeten Funktionen und wie häufig sie verwendet werden), Informationen zum Gerätestatus, Gerätemodell, zu Hardware und Betriebssystem sowie Informationen zur Funktionsweise der App, mit dem Ziel der Optimierung der Produkte (Garmin 2021).

Gesundheits- und Aktivitätsdaten können im Übrigen auch direkt über das Smartphone gesammelt werden. Bei einem Apple iPhone werden alle unter „Einstellungen → Datenschutz → Health → Connect → alle Daten" aktivierten Daten gespeichert und in die vorinstallierte Health-App geschrieben (z. B. BMI, Gewicht, Herzfrequenz, Schlaf, Schritte, Treppensteigen). Auch die Datenweitergabe für „Forschungsstudien" ist dort als Punkt zu finden.

Obwohl die Datenspuren also von den Freigaben abhängen, sind diese aufgrund einer fehlenden Normierung nicht immer leicht zu finden (teilweise in den Apps, teilweise tief in den Einstellungen des Smartphones), was die Handhabung und bewusste Wahlfreiheit der Datenspuren erschwert. Während die Freigabeeinstellungen also nicht bei allen Apps und Geräten leicht zu finden sind, wird der Zweck der Nutzung von personenbezogenen Daten i. d. R. (entsprechend der DSGVO) übersichtlich in der App selbst oder der Web-

[5] Die Studie von Stachl et al. (2020) zeigt anhand einer Auswertung von sechs Smartphone-Aktivitäten auf Basis von Sensor- und Log-Daten zu „1) communication and social behavior, 2) music consumption, 3) app usage, 4) mobility, 5) overall phone activity, and 6) day- and night-time activity", dass mit diesen eine sehr gute Vorhersage eines großen Teils der „Big Five" Persönlichkeitsdimensionen möglich ist, besonders gut für openness, conscientiousness (Gewissenhaftigkeit) und extraversion, nur eingeschränkt für emotional stability, und für agreeableness gar nicht. Besonders zielführend war die Auswertung von „communication and social behavior" sowie „app usage", aber auch *„mobility behavior"*. Mit den Big Five können wiederum weitreichende Vorhersagen für Lebensläufe gemacht werden, z. B. zur Gesundheit, zu politischem Engagement, zu persönlichen und romantischen Beziehungen, zum Kaufverhalten oder zum akademischem und beruflichem Erfolg (Stachl et al. 2020, S. 17680). Die Autoren erwähnen in diesem Kontext auch ein darauf basierendes persönlichkeitsbasiertes Marketing sowie das Risiko, manipulierbar zu sein. Vgl. Stachl et al. (2020) und die Quellen darin, sowie ein zugehöriger Bericht vom MDR (2020).

seite der Anbieter erläutert, muss aber natürlich aktiv aufgerufen werden und setzt daher eine Beschäftigung mit den eigenen Datenspuren voraus (vgl. Studie zum „digitalen Fußabdruck" in Abschn. 2.3).

Auch *externe Navigationsgeräte* senden und empfangen Daten zum Standort, zur Bewegung und zu Routenprofilen. Ein Beispiel für den Empfang und die Verarbeitung von Gerätedaten stellt Jungbluth (2019, S. 392) vor: „Der Navigationsdiensteanbieter TomTom konnte anhand der anonymisierten Bewegungsdaten seiner Nutzer feststellen, an welchen Straßenabschnitten die zulässige Höchstgeschwindigkeit regelmäßig überschritten wird. Unter anderem diese (unstreitig anonymen) Auswertungsdaten übermittelte TomTom den niederländischen Behörden für die Planung von Infrastrukturvorhaben. Von den Behörden flossen die Daten aber auch an die Polizei. Die Polizei platzierte an diesen Orten Geschwindigkeitskontrollen, mit denen oft diejenigen erfasst und wegen überhöhter Geschwindigkeit sanktioniert wurden, die zuvor – anonymisiert – die Datengrundlage für die Lokalisierung der Kontrollstellen geliefert hatten, da sie öfter denselben Straßenabschnitt mit einem vergleichbaren Fahrverhalten passierten."

2.2.3 Mobilitätsdaten aus der Nutzung von Fahrzeugen

In modernen Autos ist üblicherweise eine große Anzahl an Sensoren verbaut. Viele davon dienen der Steuerung des Motors und anderer Bauteile, viele überprüfen aber auch z. B. durch GPS, Kameras, Beschleunigungssensoren oder Abstandsmesser die Position, das Umfeld, die Sitzbelegung, das Wetter oder auch den Zustand des Fahrers.

Bei den anfallenden fahrzeugbezogenen Mobilitätsdaten kann in Anlehnung an Hornung (2015), Krauß und Waidner (2015) sowie den ADAC (2022a) unterschieden werden in:

- Navigationsdaten (Routen, Ziele, Routeneinstellungen);
- Orts- und Bewegungsdaten (Position, Geschwindigkeit, Beschleunigung und Bremsen);
- Betriebsdaten (Motor, Drehzahl, Gang, Verbrauch);
- Sicherheitsdaten (Abstand, Spurhaltung);
- komfort- und insassenbezogene Daten (Sitzeinstellung, Klimaanlage, Mediennutzung, Kommunikation);
- Fehler- und Wartungsdaten (Ölstand, Bremsen, Verschleiß);
- Umgebungsdaten (Verkehrszeichenerkennung, Außen- und Innentemperatur, Regenerkennung);
- Fahrerzustandsdaten (Müdigkeitserkennung, Reaktionszeit, Vitaldaten).

Dabei ist zu berücksichtigen, dass sowohl vernetzte als auch nicht vernetzte Fahrzeuge Daten sammeln und dass die *tatsächliche* Sammlung, Speicherung und Verarbeitung von Mobilitätsdaten aus den Autos von der Zustimmung der Halter abhängt. Diese Freigaben und Zustimmungen sind allerdings gerade beim Auto schwer zu finden und befinden sich entweder bei Vertragsabschluss in umfangreichen Unterlagen oder möglicherweise tief in den Einstellungen des Bordcomputers. Während die Auslesung von Daten bei nicht vernetzten Fahrzeugen aus dem Speicher bzw. Steuergerät in der Werkstatt erfolgt, können bei vernetzten Fahrzeugen (theoretisch) beliebige Daten jederzeit direkt über die eingebaute SIM-Karte via Mobilfunkverbindung vom Hersteller empfangen werden,[6] was jedoch datenschutzrechtlich grundsätzlich eine entsprechende Zustimmung von Seiten des Halters voraussetzt.[7] Dazu werden zugehörige Verträge mit den Mobilfunkanbietern benötigt. Neuere Fahrzeuge erlauben darüber hinaus auch eine durch den Halter (in Verbindung mit einer Komfortfunktion) initiierte Kopplung mit dem WLAN des Halters, was wesentlich größere Datenübertragungsraten ohne Kosten für den Hersteller ermöglicht. I. d. R. wird eine Auswahl der wichtigsten Daten getroffen (z. B. für Produktverbesserungen oder aussichtsreiche Geschäftsmodelle), die im Fahrzeug vorverarbeitet werden können und dann gezielt und datensparsam an die Hersteller geschickt werden. Tab. 2.1 zeigt daher Daten, die gesammelt werden *können*, sowie *beispielhaft* die aus deren Aggregation und ggf. Vernetzung mit weiteren Kontextinformationen abgeleiteten *potenziellen* Nutzenzwecke aus Sicht verschiedener Empfänger (Akteure). Ergänzend zu den oben aufgelisteten Datenkategorien sind auch Daten aus Verträgen mit Drittanbietern aufzuführen (z. B. Kartendienstleister, Mobilfunkanbieter, Versicherer; vgl. Hornung 2015).

Im Folgenden werden ausgewählte Datenarten aus Tab. 2.1 und deren Nutzung näher vorgestellt. Anzumerken ist außerdem, dass in neueren Autos typischerweise nahezu alle Daten gesammelt werden, die in Tab. 2.1 aufgeführt sind (in Abhängigkeit von den Freigaben).

Während manche Daten regelmäßig überschrieben werden, werden *Betriebs- und Wartungsdaten* wie zum Motorölstand länger gespeichert und erst bei Wartungen zurückgesetzt (Krauß und Waidner 2015, S. 385).

Unter *navigationsbezogene Daten* fallen alle Daten bzgl. der Navigationsziele, Routen und Routeneinstellungen. *Orts- und bewegungsbezogene Daten* entstehen aus Informationen zur aktuellen Position und zu Positionsveränderungen und erlauben zahlreiche Auswertungen, z. B. über die Geschwindigkeit, Beschleunigungs- und Bremsvorgänge (Hornung 2015). Gemäß der Studie des ADAC (2022a) am Beispiel der Mercedes B-Klasse mit me-connect (W246, 2011–2018) wurden die letzten 100 Lade- und Entladezyklen der Starterbatterie mit Uhrzeit, Datum, km-Stand an den Hersteller geschickt. Am Beispiel

[6] Vgl. ADAC (2022a) am Beispiel des Renault Zoe. In diesem Fall haben Experten des ADAC auch gezeigt, dass beispielsweise das Aufladen der Antriebsbatterie über die Mobilfunkverbindung unterbunden werden könnte, falls z. B. Leasing-Zahlungen ausstehen. Vgl. dazu auch Voss und Viehmann (2016).

[7] Aufgrund der Pflicht zum automatischen Notruf über das eCall-System sind für den Fall eines schweren Autounfalls oder für medizinische Notfällen seit dem 01.04.2018 in Deutschland mittlerweile alle neu zugelassenen Kfz „vernetzt“ bzw. zumindest mit GPS ausgestattet, um die Funktionalität gewährleisten zu können, wobei die Daten bei einem reinen eCall-System nicht gespeichert und nur im Notfall gesendet werden (ADAC 2022b).

Tab. 2.1 Arten von Mobilitätsdaten, die aus der Nutzung von *Kraftfahrzeugen* gesammelt werden *können* (A.d.V: abhängig vom Modell, Baujahr, der Vernetzung (ConnectedCar) sowie der Zustimmung der Halter) mit Beispielen für deren *potenzielle* Nutzung durch mögliche Empfänger

Navigationsbezogen z. B. Navigationsziele, Routen, Routeneinstellungen	Hersteller, Kartendienstleister (z. B. HERE): Ermittlung von Verkehrsflüssen, Staus, Optimierung von Routen, durch Vernetzung von Daten[a]
Fahrzeug-Betriebsdaten[b, c] z. B. Reifendruck, Motoröl-Stand, Batterieladung, Zustand der Bremsen, Kraftstoffstand, Motortemperatur, Radumdrehungen[b, c, d]	Hersteller/Werkstatt/Zulieferer: Rückschlüsse auf Fahrstil, Rückschlüsse auf das Nutzungsprofil Produktentwicklung, Produktverbesserungen
Fehler- und Wartungsdaten[c] Fehlerdaten (z. B. Fahrtdauer bei überhöhter Motordrehzahl; Öffnung Cabrio-Dach während der Fahrt); Fehlerdaten zu Wartungszwecken (z. B. Nutzungsdauer Motoröl, Bremsscheiben, Servolenkung)[c] Bei E-Autos: Qualität der Ladespannung, Ausfälle[e]	Hersteller/Werkstatt/Zulieferer: Produktverbesserungen, teilweise Rückschlüsse auf Fahrstil
Sicherheitsbezogen[c] Für Sicherheitsfunktionen, Unfalldaten, z. B. Abstandshaltung, Spurhaltung, Außentemperatur, Gefahrenwarnungen, eCall-System bei neueren Fahrzeugen mit Pflicht zur Sendung von Daten an die Notrufzentrale[c]	Hersteller/Werkstatt/Zulieferer: Verbesserung von Sicherheitsfunktionen Notrufzentrale: Hilfe bei Unfällen
Fahrerzustand Müdigkeitserkennung (z. B. über Kamera im Innenraum), Reaktionszeiten, Alkohol- oder Drogenkonsum,[b, c] Gesundheitszustand/Vitaldaten, mentale Belastung/Stress[f, g]	Hersteller: Produktentwicklung, Produktverbesserungen, Erhöhung der Sicherheit bei (autonomen) Fahrzeugen[h]
Komfort- und insassenbezogen Komfortfunktionen mit Daten zur Nutzung (auch Anlegen eines Fahrerprofils), z. B. zu Sitzeinstellungen, Spiegeleinstellung, Klimaanlageneinstellungen, Infotainment, Daten mit Kontakten, Radiosendereinstellungen, Suchhistorie im Internetbrowser, Temperatureinstellungen[b, c] **Direkt insassenbezogene Daten**, z. B. Passwort, biometrische Daten, Kreditkarteninformationen[b] **Angaben über Insassenverhalten**, z. B. Fahrerverhalten, Interessen der Mitfahrer, Gesprächsinhalte oder Szenarioinformationen durch Ton- oder Videoaufzeichnungen aus dem Innenraum[b] (*A.d.V.: Datenschutzrechtliche Restriktionen, stark länderabhängig*)	Hersteller: Produktverbesserungen, z. B. über Auswertung der Betriebsstunden der Fahrzeugbeleuchtung[d] (auch getrennt nach Lichtquellen),[i] Dauer des gewählten Fahrmodus,[i, e] Rückschlüsse auf die Anzahl der Fahrer, über die Zahl der Verstellvorgänge des elektrischen Fahrersitzes,[i] sekundär abgeleitete persönliche Vorlieben z. B. aus dem Fahrerprofil, auch in Verbindung mit navigationsbezogenen Daten, aus Infotainment-Daten: Anzahl der eingelegten Medien des CD-/DVD-Laufwerks[i]

(Fortsetzung)

Tab. 2.1 (Fortsetzung)

Orts- und bewegungsbezogen Aus aktueller Position und Positionsveränderungen, z. B. Geschwindigkeit, Beschleunigungs- und Bremsvorgänge[b] *Beispielhafte Konkretisierungen*: Letzte 100 Lade- und Entladezyklen der Starterbatterie mit Uhrzeit, Datum, km-Stand[d] Ca. 100 letzte Abstellpositionen des Fahrzeugs (nur direkt aus Steuergerät auslesbar)[e] Erreichte Maximal-Drehzahl des Motors mit jeweiligem km-Stand[i] *Daraus sekundär abgeleitete Daten* (Kontext schaffen über Verknüpfung von GPS mit anderen Daten, z. B. Kartenmaterial, Satellitendaten,[j] Fotos aus Social Media, Fahrplänen), z. B.: gefahrene km auf Autobahnen, Landstraßen, in der Stadt[d] Anzahl von Fahrtstrecken zwischen 0 und 5, 5–20, 20–100, über 100 km[i] Intermodale Verbindungspunkte (an denen in andere Verkehrsmittel wie Bus und Bahn umgestiegen wurde)[e] Bei E-Autos: Wie und wo wurde geladen (schnell, nur teilweise etc.), wie stark war die Antriebsbatterie zuvor entladen, wie oft wurde der Ladestecker eingesteckt,[e] Position der 16 zuvor benutzten Ladestationen[e]	Hersteller/Werkstätten/Zulieferer: Rückschlüsse auf das Nutzungsprofil, daraus abgeleitete Verbesserungen für die Produktentwicklung Versicherer (z. B. über ein zusätzliches Steuerungsgerät im Kfz): Rückschlüsse auf Fahrstil, z. B. für Telematik-Tarife Rückschlüsse auf das Nutzungsprofil; Ableitung von Fahr- und Standzeiten Mobilitätsdienstleister: neue Mobilitätsangebote für Kunden (z. B. über GPS und in Verbindung mit Kartendienstleistern: hat Auto abgestellt und E-Scooter gemietet) Staatliche Stellen: z. B. zur Überprüfung der staatlichen Förderung von hybriden/ E-Autos (tatsächliche Nutzung von Ladestationen oder ausschließliche Nutzung als Verbrenner?)
Umgebungsbezogen (Umwelt, Umfeld)[b] Verkehr, Infrastruktur, Verkehrszeichenerkennung, andere Verkehrsteilnehmer, Geschäfte, Veranstaltungen, Wetter (Temperatur, Regen) über Außenkameras	
Drittanbieterbezogene Daten[b] Aus Verträgen mit Anbietern von Navigationsdiensten, Mobilfunk, Apps, Kfz-Versicherungen[b]	

Quellen: [a]Beispiel vom Kartendienstleister HERE (2022): „Across the globe today, more than 150 million vehicles and 50 car manufacturer brands use technology from HERE. In 2022, through a number of automotive, telematics and fleet partners, the HERE platform is set to ingest data points from 30+ million connected vehicles to power its ADAS, connected and automated vehicle services“, [b]Hornung (2015), [c]Krauß und Waidner (2015), [d]ADAC (2022a) am Beispiel Mercedes B-Klasse mit me-connect (W246, 2011–2018), [e]ADAC (2022a) am Beispiel Elektroauto BMW i3 im Jahr 2015, [f]Köllner (2019), [g]Vieweg (2015), [h]Jungbluth (2019), [i]ADAC (2022a) am Beispiel BMW 320d (F31) im Jahr 2015, [j]Beispiel vom Kartendienstleister HERE (2022): „Meanwhile, to keep the map fresh, HERE has struck a data acquisition partnership with Vexcel Imaging, the industry leader in aerial data, to provide highly accurate aerial imagery for the U.S. and Western Europe“

des Elektroautos BWM i3 im Jahr 2015 wurde gezeigt, dass die ca. 100 letzten Abstellpositionen des Fahrzeugs ausgelesen wurden (nur direkt aus dem Steuergerät) sowie am Beispiel des BMW 320d, ebenfalls im Jahr 2015, die erreichte maximale Drehzahl des Motors mit jeweiligem km-Stand.

Aus derartigen Informationen lassen sich wiederum sekundäre Daten ableiten, indem über die Verknüpfung von GPS mit anderen Daten z. B. Kartenmaterial, Satellitendaten, Fotos aus Social Media, Fahrplänen, ein Kontext geschaffen wird. Als Beispiele werden vom ADAC (2022a) genannt: gefahrene Kilometer auf Autobahnen, Landstraßen, in der Stadt (Mercedes B-Klasse), Anzahl der Fahrtstrecken zwischen 0 und 5, 5–20, 20–100, über 100 km (BMW 320d) sowie intermodale Verbindungspunkte, an denen in andere Verkehrsmittel wie Bus und Bahn umgestiegen wurde, wie und wo das Elektroauto geladen wurde (schnell, nur teilweise etc.), wie stark die Antriebsbatterie zuvor entladen war, wie oft der Ladestecker eingesteckt wurde sowie die Position der 16 zuvor benutzten Ladestationen (BMW i3). Die Auswertungen erlauben daher grundsätzlich vielfältige Rückschlüsse auf Nutzungsprofil, Fahrstil sowie Fahr- und Standzeiten, woraus wiederum ein Nutzen für Produktverbesserungen, Telematik-Tarife, neue Mobilitätsangebote sowie ggf. die Überprüfung von staatlichen Förderungen (z. B. für Hybridfahrzeuge etc.) erfolgen kann.

Die Bewegungsdaten von zahlreichen Verkehrsteilnehmern ermöglichen darüber hinaus eine Analyse des Verkehrsflusses und die Ableitung von optimierten Fahrtrouten, was wiederum das Risiko von Staus und Unfällen senken kann (Knorre et al. 2020, S. 116). Darüber hinaus ermöglicht die Vernetzung mit externen Kontextinformationen (Kartenmaterial) Informationen zu Parkplätzen, Restaurants oder Tankstellen in der Nähe (Knorre et al. 2020, S. 116).

Mobilitätsdaten aus *Sicherheitsfunktionen* bzw. -einrichtungen wie Rückfahrkamera, automatischer Abstandshaltung, Spurhalteassistenz oder anderen Einrichtungen zur Gefahrenwarnungen werden über die – insbesondere in neueren Fahrzeugen verbauten – Sensoren („Car2X-Kommunikation") erhoben sowie über externe Kommunikation via Verbindung mit dem Internet (Krauß und Waidner 2015), z. B. über verbaute SIM-Karten von Mobilfunkanbietern oder Apps der Hersteller auf den Smartphones, die über Bluetooth mit dem Fahrzeug gekoppelt sind. Während die Fahrzeuge diese Daten zwar generieren und senden können, werden gemäß Krauß und Waidner (2015, S. 385) typischerweise nur Gefahrenmeldungsdaten länger gespeichert oder gesendet, z. B. zur Optimierung des Spurhalteassistenten, während die anderen Daten in dieser Kategorie auch aufgrund von fehlenden Use Cases von Seiten der Hersteller kurzfristig wieder überschrieben werden. Dies trifft jedoch nicht für alle zu, da z. B. Tesla nicht nur Gefahrensituationen sammelt und überträgt, sondern alle Fahrsituationen, die sie für eine Verbesserung der Software als hilfreich erachten – sog. „interessante Fahrsituationen" (z. B. auch ganz normale Kreuzungsdurchfahrten, um die KI zu trainieren). Auch deutsche Hersteller überlegen, wie sie sich weiter in diese Richtung bewegen können – jedoch sehr sensitiv aus der Datenschutz-/Privatsphärenperspektive.

Die Erhebung, Verarbeitung und Nutzung von sicherheitsbezogenen Fahrzeugdaten und deren Verknüpfung mit externen Daten (insbesondere Umgebungsinformationen) wird damit zunehmend weitreichender mit umfangreichen Use Cases, nicht zuletzt getrieben durch neue regulatorische Anforderungen wie der EU-Verordnung Nr. 2019/2144 zum verpflichtenden Einbau von Fahrzeugsicherheitssystemen (General Safety Regulation, gestaffelt ab Juli 2022 für neue Fahrzeugtypen bzw. Neuzulassungen ab Juli 2024). Die Verordnung verlangt u. a. den Einbau von Notbremsassistenzsystemen für Pkw, Notfall-Spurhalteassistenten, Rückfahr- und Abbiegeassistenten, eine ereignisbezogene Datenspeicherung, Müdigkeits- und Aufmerksamkeitswarnsysteme sowie intelligente Geschwindigkeitsassistenten (Intelligent Speed Assistance (ISA) Systeme) (BMVI 2022; Europäisches Parlament 2019). Darüber hinaus verlangt die Verordnung zwar (noch) nicht den *Einbau* von alkoholempfindlichen Wegfahrsperren, aber die Einrichtung einer *Schnittstelle* bzw. Vorrichtung, damit diese kurzfristig nachgerüstet werden kann (Europäisches Parlament 2019).

Die Vernetzung von Fahrzeugdaten mit *Umfelddaten* ist besonders bei den ISA-Systemen von Bedeutung. Diese sollen automatisch die Geschwindigkeit reduzieren, sobald das Tempolimit erreicht wird (Baumann und Wittich 2021). Vernetzt werden dabei sicherheitsbezogene Daten (über die automatische Abstandshaltung) mit Umgebungsdaten für Geschwindigkeitsbegrenzungen (über eine Verkehrszeichenerkennung durch Außenkameras am Fahrzeug oder GPS in Kooperation mit zertifizierten Kartendienstleistern wie HERE). Mit der Verpflichtung des Einbaus der ISA-Systeme in neue Modelle ab dem 6. Juli 2022 sowie in alle Neuwagen ab dem 7. Juli 2024 erhofft sich der Gesetzgeber eine 30 %ige Reduktion der Zahl von Unfällen und eine 20 %ige Reduktion der Zahl der Verkehrstoten in der EU (ETSC 2017). Derartige Speed-Limit-Assistenten sind bereits heute in vielen Modellen im Einsatz, ebenso wie weitere Systeme, die Sicherheitsfunktionen durch Vernetzung mit Umfelddaten und anderen Quellen weiterentwickeln. Das Assistenzsystem „BMW Driving Assistant Professional" bietet u. a. eine lokale Gefahrenwarnung auf Basis von Online-Echtzeitdaten zu Glatteis, Starkregen oder Nebel, und bei Kreuzungen im Stadtverkehr die Erfassung nicht nur von Verkehrsschildern, sondern auch von querenden Fahrzeugen. Bei drohenden Kollisionen reagiert das Fahrzeug mit einem aktiven Bremseingriff (BMW o. J.-a). Navigationsdaten werden darüber hinaus genutzt, um bei Tempomaten die Geschwindigkeit in scharfen Kurven zu reduzieren. Ähnliche sicherheitsbezogene Assistenzsysteme bieten Mercedes Benz (o. J.-a) und andere Hersteller. Kamerabasierte Systeme werden auch zur Erhöhung der Sicherheit eingesetzt. Bei Tesla zeichnet das Fahrzeug gemäß einem Bericht von Frontal in 2021 im „Wächtermodus" über mehrere Außenkameras die Umgebung auf, speichert diese z. B. bei sicherheitskritischen Ereignissen und sendet die Aufzeichnungen in bestimmten Situationen an den Tesla-Server; datenschutzrechtlich kritisch in Deutschland wäre dabei eine andauernde Aufzeichnung und Speicherung von Außenaufnahmen der Umgebung ohne konkreten Anlass (ZDF 2021).

Auch Use Cases für *komfortbezogene Daten* nehmen deutlich zu. Bereits heute werden zum Zeitpunkt der Erstellung des Manuskripts von einigen Herstellern „Wellness-Pakete" für den Innenraum angeboten, mit Massagefunktion im Sitz, Ambiente-Licht- oder Duftprogrammen wie von BMW (o. J.-b) oder Mercedes (o. J.-b); schon kleine Veränderungen der Sitzposition sollen den Stoffwechsel anregen und für mehr Entspannung bei längeren Fahrten sorgen (Hoberg 2021). Mercedes bietet beispielsweise Sitze mit verschiedenen

Massagefunktionen inklusive Heizfeldern (für „hot stone"-Massagen) an. Über die Vernetzung mit Wetterdaten und Fahrtroutenprofil sowie Daten von Wearables des Fahrers schlägt das Fahrzeug dann das passende Massage-Programm vor (Hoberg 2021).

Passend dazu beschreibt Köllner (2018) Funktionalitäten des geplanten Elektroautos „I.D. Vizzion" von Volkswagen (als „Concept Car", das 2023 eingeführt werden sollte): „Die Sitze stellen sich – da der Wagen seine Passagiere über den biometrischen Abgleich der Gesichtserkennung oder elektrische Geräte wie das Smartphone kennt und über die Volkswagen ID die zuletzt in der Cloud hinterlegten Einstellungen abruft – automatisch auf den jeweiligen Gast ein. Ebenfalls über das Profil der Volkswagen ID steuert der I.D. Vizzion Parameter wie Licht, Klimatisierung, Infotainment samt Streamingdiensten oder Düfte" (Köllner 2018; Volkswagen o. J.).

Viel Potenzial besteht noch bei der Erhebung und Nutzung von Daten zum *Zustand des Fahrers*. Aktuell verfügbare Systeme warnen bereits optisch und akustisch bei Erkennung von Müdigkeit oder Unaufmerksamkeit, z. B. auf Basis von Lenkradbewegungen, aus denen zu Beginn jeder Fahrt ein individuelles Fahrerprofil erstellt wird, das laufend mit Sensordaten abgeglichen wird (z. B. „Attention Assist" von Mercedes) (Mercedes Benz o. J.-c; Mercedes Benz 2008). Derartige (zumindest einfache) Müdigkeitserkennungssysteme sind gemäß der oben erwähnten neuen EU-Verordnung (General Safety Regulation) für alle neuzugelassenen Autos ab Juli 2024 vorzusehen: „Alle Kraftfahrzeuge sind mit Systemen auszurüsten, die die Wachsamkeit des Fahrzeugführenden durch eine Analyse bewerten und den Fahrzeugführenden erforderlichenfalls warnen (Zeitstufe B)" (BMVI 2022). Darüber hinaus sind ab 2024 bei allen Neuwagen wie oben beschrieben Vorrichtungen für alkoholtestbasierte Wegfahrsperren (z. B. über ein Atemluft-Messgerät) einzubauen. Volvo hat ein derartiges Alkoholtestsystem bereits seit 2007 als Sonderausstattung im Angebot („Volvo Alcoguard"), allerdings bei offenbar nur sehr geringer Nachfrage (Hoberg 2020).

Die Möglichkeiten gehen jedoch deutlich darüber hinaus, indem Vitaldaten des Fahrers oder der Insassen durch Einsatz von biometrischen Assistenzsystemen erfasst werden, u. a. unter dem Stichwort „Automotive Health" (Köllner 2019). In Studien und Prototypen zeigen sich zahlreiche Anwendungsfelder, nicht nur mit dem Ziel der Diagnostik, sondern auch der Prävention. Über den direkten Hautkontakt mit dem Lenkrad können beispielsweise Hauttemperatur, der Hautleitwert als Indikator für Stress, die Herzfrequenz und die Sauerstoffsättigung im Blut gemessen werden (Oppermann 2013). Die Herzaktivität lässt sich über ein integriertes EKG im Sitzbezug erfassen,[8] Pulsschläge der Adern und damit die Herzfrequenz sogar bereits mit guten Kameras. Innenraum(infrarot)kameras sehen Pupillenveränderungen, Veränderungen der Blickrichtung oder der Kopfposition, messen Anzahl und Dauer der Augenlidschläge und schätzen mit Hilfe von Algorithmen damit die mentale Belastung und Müdigkeit ein (Köllner 2019; Vieweg 2015; Oppermann 2013).

Diverse Presseartikel berichten über entsprechende Projekte von Herstellern, allerdings ohne dass diese bislang offenbar in die (Serien-) Produktion gingen. Nach einem Bericht von 2019 wertete Jaguar Land Rover in einem Projekt die Mimik von Fahrern kamerabasiert

[8] Vgl. auch das durch Daimler koordinierte Projekt INSITEX (ab 2007) zu smarten Textilien in Verbindung mit elektronischen Bauteilen und Sensorik (IZM o. J.).

und unter Einsatz von künstlicher Intelligenz aus, um Müdigkeit oder Überlastung zu erkennen und dann automatisch mit Klimatisierung und Beleuchtung gegenzusteuern (Focus 2019). Der Zulieferer Recaro arbeitet an Autositzen, die auf den Zustand des Fahrers z. B. mit der Aktivierung von Massage- oder Lüftungsfunktionen reagieren können und so auch bei Sekundenschlaf über eine „Rüttelfunktion" Fahrer „wecken oder einfach nur fit halten" können (Hoberg 2021). Der potenzielle Nutzen von Massagesitzen und Duftpaketen geht daher über reine Komfortfunktionen hinaus. Weitere mögliche Reaktionen in gefährlichen Situation wären die Reduktion der Musiklautstärke oder die Unterdrückung von Anrufen (Oppermann 2013). Auch in der E-Auto-Studie „I.D. Vizzion" von Volkswagen war gemäß Köllner (2018) Ähnliches geplant: „Über Sensoren von Fitness Trackern und der HoloLens erkennt die Studie verschiedene Vitalwerte seiner Gäste und steuert auf dieser Basis die Klimatisierung" (siehe auch Volkswagen o. J.). Hyundai wirkt in einer Studie (vorgestellt 2017) in bestimmten Stresssituationen des Fahrers (gemessen über Sensoren an Sitz, Lenkrad, Sicherheitsgurten und via Eye-Tracking) ebenfalls über die Aktivierung von Massagefunktionen im Sitz, des Lüftungssystems, den Einsatz von Duftstoffen oder über Musikimpulse entgegen (Zimmer 2017; Hyundai 2017). Auch Audi hat mit seinem „Fit Driver"-Konzept gemäß Webseite (mit Stand 06.01.2016, seither ohne Aktualisierung) die Vision, über Wearables wie Fitnessarmband oder Smartwatch Vitalparameter zu überwachen und mit Fahrzeugdaten zum Fahrer (Fahrstil, Atemfrequenz) sowie Umfelddaten (Wetter, Verkehrslage) zu verknüpfen, um damit den Zustand des Fahrers bewerten zu können. Das Fahrzeug kann dann mit einem „Biofeedback" im Cockpit-Display eine Anleitung zu einer „speziellen Atemtechnik" anbieten, um hohe Stresslevel zu senken, oder im Fall von Staus die Anfahrt eines Rastplatzes vorschlagen, um die Zeit des Staus zur Erholung nutzen zu können (Audi 2016).

Ein biomedizinisches Kooperationsprojekt von Ford mit dem US-Unternehmen Medtronic, einem Hersteller von Blutzucker-Messgeräten, ging laut einem Bericht von 2013 sogar darüber hinaus, indem über eine Diagnosefunktion Blutzuckerwerte erfasst und diese bei Gefahr im Bord-Display angezeigt und vorgelesen werden können – nicht nur für den Fahrer, sondern für alle Insassen (Oppermann 2013; Autosieger o. J.; Pudenz 2013). Vermutlich aufgrund der mittlerweile verfügbaren Messgeräte mit zugehörigen Apps wurde der Prototyp nicht in Serie gebracht. Ford gründete 2016 außerdem ein neues Forschungslabor in den USA zum Einsatz von Wearables im Fahrzeug (Ford 2016).

Die möglichen Datenerhebungen im Innenraum sind jedenfalls sehr weitreichend, wie das von Volkswagen koordinierte und von 2014 bis 2017 vom BMBF geförderte Projekt InCarIn zeigt, das „durch eine ganzheitliche Personen- und Gestenerkennung und eine Innenraum-Kontextanalyse die individuellen Bedürfnisse aller Fahrzeuginsassen" über Sensoren und Algorithmen erfassen sollte, um „die erfassten Daten – je nach Kontext – für nutzerspezifische Assistenz-, Informations- oder Komfortfunktionen" einsetzen zu können (BMBF o. J.).[9]

---

[9] Beteiligte Partner: Bosch GmbH, Fraunhofer IOSB, Karlsruhe, Visteon GmbH, Karlsruhe, Norddeutsche Systemtechnik, Braunschweig, Universität Stuttgart, Stuttgart.

Die realen und immer näher rückenden Einsatzmöglichkeiten der Technik und der damit verbundenen Daten zum Zustand des Fahrers und der Insassen zeigen sich an der im Oktober 2021 veröffentlichten Meldung des Autozulieferers Continental zur Entwicklung einer „Objekterfassung des gesamten Fahrzeuginnenraums in Echtzeit" („Cabin Sensing") durch miniaturisierte Innenraumkameras in Displays und Radarsensorik, um „zuverlässig lebende Objekte im Fahrzeug" erkennen zu können, insbesondere auch Kinder (Continental 2021). Continental erläutert, dass neben dem Einsatz als System zur Fahrerüberwachung (Müdigkeit) entsprechend der neuen EU-Verordnung auch die Euro NCAP Organisation (bewertet Sicherheitssysteme in Fahrzeugen) „den Einbau von Innenraumkamerasystemen bereits ab 2023 mit Punkten belohnen" wird, und „das freiwillige Programm zur Bewertung der Fahrzeugsicherheit plant insbesondere, künftig Bewertungspunkte für die Erkennung von Kindern zu vergeben (Kinderanwesenheitserkennung, Child Presence Detection, CPD)". Für die Zukunft stellt Continental in Aussicht, dass „weitere gesundheitliche Parameter" über diesen Ansatz erfasst werden können, wie Puls, Atemrate oder Körpertemperatur.

Köllner (2019) gibt einen zusammenfassenden Ausblick auf die weitreichenden Möglichkeiten der Vernetzung: „In naher Zukunft wird ein Pkw merken, wie sich der Fahrer fühlt. Das Fahrzeug wird die Herzfrequenz, den Atemrhythmus und den Blutzuckerspiegel des Fahrers messen. Ist er gestresst, startet das Auto die Massagefunktion und stellt die Innenbeleuchtung, Klänge und die Gerüche so ein, dass der Fahrer entspannen kann. Schließlich verfügt das Auto über die Daten anderer Geräte wie Wearables und greift auf Dienste im Smart Home zurück. Damit kann es sich ein Bild über die Vitaldaten des Fahrers machen" (Köllner 2019). Es wird auch überlegt, die Fahrerassistenzsysteme auf den Zustand des Fahrers abzustimmen, indem z. B. bei erkannter Müdigkeit die Eingriffsschwelle des Notbremsassistenten gesenkt wird.

Die Nutzung der Daten liegt nicht nur bei Herstellern, Werkstätten, Zulieferern, Mobilitätsdienstleistern oder staatlichen Stellen (Tab. 2.1), sondern auch bei Kfz-Versicherern mit Telematik-Tarifen inkl. Apps oder einer Telematik-Box im Fahrzeug. Genutzt werden Daten zu Geschwindigkeit, Beschleunigungs- und Bremsverhalten, Kurvenverhalten, Überholverhalten, Tag-/Nachtfahrten für die Tarifierung. Die Kunden profitieren dabei von Prämienrabatten in Abhängigkeit von ihrem Fahrverhalten und im Ergebnis auch davon, über die Tarifierung auf eine sicherere Fahrweise aufmerksam gemacht zu werden.

2.2.4 Mobilitätsdaten aus der Nutzung von öffentlichen Verkehrsmitteln und Sharing-Services

Bei der Nutzung von diversen *Sharing-Mobilitätsservices* (z. B. Auto, e-Roller, Fahrräder, Mitfahr-Apps) fallen grundsätzlich die gleichen Daten wie bei den eigenen Fahrzeugen an. Hinzu kommen die erhobenen Nutzungs- und Zahlungsdaten. Allerdings können bei Flotten aufgrund des berechtigten Interesses zur Ermöglichung der Ausübung der Geschäftstätigkeit (personenbezogene) Daten einfacher erhoben, verarbeitet und genutzt werden (z. B. um zu wissen, wo ein Fahrzeug steht, den Fahrzeugzustand inkl. den Ladezustand bei Elektrofahrzeugen zu kennen etc.), was datenschutzrechtlich bei Privatfahrzeugen nicht ohne weiteres möglich ist. Auch hier werden Daten über eine Schnittstelle mit dem Flottenanbieter ausgelesen, z. B. einen „Dongle" und/oder über eine in den Fahrzeugen verbaute SIM-Karte. Bei neueren Flotten können auch die Fahrzeuge selbst vernetzt sein, und die Daten können über den Hersteller direkt an den Car-Sharing-Anbieter übermittelt werden. Car-Sharing-Anbieter wie Share Now setzen darüber hinaus Apps auf dem Smartphone ein, um Führerscheindaten hochladen zu können und die Mietautos aufschließen zu können (Share Now o. J.). Für eine ausführlichere Unterscheidung zwischen verschiedenen Car-Sharing-Modellen sei auf die Studie des BMVI (2017, S. 25 f.) verwiesen.

Mobilitätsdaten fallen auch bei der Nutzung von *öffentlichen Verkehrsmitteln* an und umfassen (bei Verwendung einer App mit verknüpftem Kundenkonto) Fahrgastdaten sowie Standort-, Nutzungs- und Zahlungsdaten. Bei Taxis werden Daten ebenfalls nur bei Verwendung einer entsprechenden App gespeichert (und ggf. ausgewertet).

Um die Nutzung von Mobilitätsservices insbesondere in urbanen Räumen zu vereinfachen und flexibel und bargeldlos über Verkehrsmittel hinweg zu ermöglichen (von Bahn, lokalen öffentlichen Verkehrsmitteln wie Bus und Straßenbahn, bis hin zu Car-, Bike- und E-Scooter-Sharing und Taxis), werden sogenannte *„multimodale" Mobilitätsplattformen* entwickelt, die öffentliche Verkehrsmittel und Sharing-Dienste integrieren. Mobimeo als einer der größten Anbieter entwickelt seit 2018 Softwarelösungen für integrierte Mobilitätsservices für Kommunen und Verkehrsverbünde, mit entsprechender Verknüpfung von Mobilitätsdaten: Eine Park-Ride-App bietet z. B. Informationen zur Parkplatzauslastung und Gebühren am Zielort sowie zum ÖPNV-Umstieg (Karlsruhe, Stuttgart, Berlin); ein Navisystem für den ÖPNV berücksichtigt auch die besten Ein- und Ausgänge an Haltestellen, weist per Push-Nachricht auf Ein-, Um- und Ausstiege hin und bietet Alternativen bei Verspätungen (Mobimeo o. J.). Auch die App von Reach Now (moovel Group) integriert sieben Transportmittel mit deren Daten, darunter bestimmte ÖPNV (Hamburger Verkehrsverbund, Verkehrsverbund Rhein-Ruhr), Taxi (Free Now), Car-Sharing (Share Now), Bike-Sharing (nextbike) und E-Scooter (Voi, Tier). Bezahlt wird bargeldlos mit Kreditkarte oder PayPal (Reach Now o. J.).[10]

Eine zentrale Voraussetzung für derartige multimodale Dienste ist der Austausch von Daten zwischen den verschiedenen Transportmittelanbietern (Knorre et al. 2020, S. 109 f.). Gefördert werden soll die Entwicklung von neuen digitalen multimodalen (plattformbasierten) Mobilitätsdiensten daher durch das neue *Personenbeförderungsgesetz* (PBefG),

[10] Ergänzung vom 07.06.2022: Im Vergleich zum Zeitpunkt der Erstellung dieses Kapitels wurde Reach Now mittlerweile eingestellt, wohingegen das Angebot von Free Now erweitert wurde, indem neben Taxi (Free Now) auch Car-Sharing (MILES, SIXT), E-Bikes, E-Scooter (Voi, Tier) und E-Roller (emmy) angeboten werden (Free Now o. J.). Dies macht auch die rasanten Entwicklungen im Bereich der integrierten Mobilitätsservices und der damit verbundenen Verknüpfung von Daten deutlich.

das seit August 2021 in Kraft ist. Ziel ist die Förderung eines „klimafreundlichen öffentlichen Verkehrsangebots im Verhältnis zum Individualverkehr". Das Gesetz liefert neu einen *Rechtsrahmen für Pooling-Dienste* (Sammelfahrten) innerhalb und außerhalb des ÖPNV, die als *neue Verkehrsformen* definiert werden (BMVI 2021). Öffentliches Pooling bezieht sich dabei auf den neu definierten „Linienbedarfsverkehr" („Anruf-/Bürger-Busse"), privates Pooling auf den neuen „gebündelten Bedarfsverkehr" („Anruf-Sammeltaxis") (Ritzer-Angerer 2021) (vgl. dazu ausführlicher Abschn. 2.1).

Neu gilt auch eine *Pflicht zur Bereitstellung von Echtzeitdaten* für den Linien- und Gelegenheitsverkehr ab dem 01.09.2021 bzw. 01.01.2022 (statische Daten wie Fahrpläne etc.) und für alle (auch dynamischen) Echtzeitdaten wie Verspätungen etc. ab 01.07.2022, was den Verkehr effizienter und nachhaltiger machen soll. Als Beispiel wird vom BMVI genannt, dass die Entscheidung für das eigene Auto oder für ein öffentliches Verkehrsmittel von der Information zur Verfügbarkeit eines Pooling-Dienstes abhängt (BMVI 2021). Dies gilt auch für Vermittler von Beförderungsdienstleistungen. Zur Konkretisierung der verpflichtend bereitzustellenden Daten wurde in der Folge außerdem die *Mobilitätsdatenverordnung* vom BMVI erlassen (vom 20.10.2021).

2.2.5 Fazit: Chancen und Herausforderungen von Big Data in der Mobilität

Viele der weitergehenden Nutzungen von Mobilitätsdaten dienen also dazu, das Leben sicherer, komfortabler und effizienter zu machen. Anbieter von Apps, Produkten und Dienstleistungen können ihre Angebote genauer auf die Nutzer ausrichten oder dienen mehr der „Gemeinschaft", also zum Beispiel der Verkehrsplanung, der Stauvermeidung oder alternativer Wege der Verkehrssteuerung.

Grundsätzlich steht die Vernetzung digitaler Daten heutzutage noch am Anfang. Es ist davon auszugehen, dass in Zukunft immer mehr Daten untereinander und mit „externen" Kontextdaten verknüpft und für immer mehr unterschiedliche Zwecke genutzt werden. Dazu tragen auch neue regulatorische Initiativen bei, wie die General Safety Regulation der EU zum künftig verpflichtenden Einbau von diversen Fahrzeugsicherheitssystemen.

Bei der Erhebung, Verarbeitung und Verwendung von Mobilitätsdaten stellt sich jedoch auch die Frage nach der Sicherheit und den damit verbundenen Risiken. Da viele datenbasierte Geschäftsmodelle in der Mobilität personenbezogene Daten nutzen, ist das Vertrauen der Nutzer und ihre Bereitschaft zur Weitergabe von Daten entscheidend für den Erfolg solcher Geschäftsmodelle. Knorre et al. (2020) stellen den Schutz privater Daten vor Missbrauch heraus, z. B. von Bewegungsprofilen, und sie weisen auf die Möglichkeiten unfairer Preisfestsetzung von Mobilitätsdienstleistungen in Notlagen sowie potenzielle Hackerangriffe auf die Fahrzeugsoftware gerade bei „Connected Cars" und vernetzten Verkehrsteilnehmern und auf Infrastruktur wie Ampeln, Tunnelschranken und Bahnübergänge hin. Der Schutz privater Daten vor Missbrauch ist dabei von besonderer Relevanz, weswegen personenbezogene Daten zu Fahrern, Haltern, Mitfahrern oder sonstigen Personen gemäß der DSGVO auch besonderen datenschutzrechtlichen Voraussetzungen bzgl. der Sammlung, Weitergabe und Speicherung unterliegen.

Herausforderungen bestehen aber auch mit Blick auf eine häufig unzureichende Transparenz über die erhobenen und verarbeiteten Daten. Kritisiert werden auch „Alles-oder-Nichts-Regelungen“, die für die Nutzung von bestimmten Mobilitätsdienstleistungen die Zustimmung zu weitreichenden Datenfreigaben voraussetzen und damit die Abhängigkeit der Nutzer von den Dienstleistungen ausnutzen. Im Kontext von Smartphones und Apps erwähnen Stachl et al. (2020) neben einer häufigen Unkenntnis oder einem aufgrund der Komplexität mangelndem Verständnis von Nutzern bzgl. der bereitgestellten Daten auch Tricks von Anbietern sowie die Ausnutzung von „creative side channels to routinely extract data from people’s phones“, und zwar unabhängig davon, ob der Datenweitergabe zugestimmt wurde oder nicht.

Abschließend ist anzumerken, dass Nutzer bislang nicht die Möglichkeit haben, ihre Daten aus Devices, Fahrzeugen oder Verkehrsmitteln bewusst und zielgerichtet an andere Akteure weiterzugeben oder zu verkaufen, um bestimmte Dienstleistungen nutzen zu können, was sich seit der BMVI-Studie (2017) auch nicht geändert zu haben scheint. Für eine ausführliche Diskussion zur „Datensouveränität“, der „Entwicklung eines Markts für Mobilitätsdaten“ und deren Behandlung als Wirtschaftsgut mit einer „granularen Steuerung“ sei weiterführend auf die Studie des BMVI (2017, S. 5; S. 66 f.) sowie auf Kap. 4 und 5 dieses Buchs verwiesen.

2.3 Digitaler Fußabdruck: Welche Mobilitätsdaten erfasst werden und von welchen wir das auch wissen

Nadine Gatzert and Horst Müller-Peters

2.3.1 Eine Online-Community zur Erfassung und Bewertung von Datenspuren

Um konkrete Datenspuren zu erfassen und die Bewertung solcher Datenspuren aus Nutzerperspektive zu erheben, wurde eine Online-Community mit Verkehrsteilnehmern durchgeführt. Damit sollte in explorativer Form ermittelt werden,

a. welche Einstellungen, Motive und Verhaltensweisen rund um Daten und Mobilität eine Rolle spielen;
b. wie die Verbraucher den Nutzen und die Risiken der Datennutzung in der Mobilität sehen;
c. wie der eigene digitale Fußabdruck bewertet wird;
d. und in welchem Ausmaß und gegenüber welchen „Stakeholdern“ die Bereitschaft besteht, die eigenen anfallenden Daten zu teilen (Data-Sharing).

Eine Online-Community ist eine Methodik der qualitativen Onlineforschung, die psychologische und ethnografische Explorationsmethoden kombiniert. Mit einem festen Kreis von Teilnehmern findet über einen längeren Zeitraum ein intensiver moderierter Austausch statt, wobei neben Befragungen, Diskussionsrunden und Foren auch Tagebücher, Aufzeichnungen (auch in Form von Fotos oder Screenshots) sowie andere Erhebungsverfahren zum Einsatz kommen. Die Community will also, wie auch andere qualitative Forschungsmethoden, keine verallgemeinerbaren Aussagen über die statistische Verteilung von Merkmalen in der Bevölkerung treffen, sondern sie will durch das Eintauchen in die Lebens- und Erlebniswelt der Zielgruppe ein tiefes Verständnis eben dieser betrachteten Lebenswelten vermitteln. Gemeinschaftsgefühl, Gamification-Elemente, motivierende Aufgaben und kontinuierliche Moderation sollen zu einem hoch produktiven Austausch und reichhaltigen, validen Ergebnissen führen. Das Online-Format und die intensive Reflexion des eigenen Handelns fördern ehrliche Aussagen und lassen auch Unzulänglichkeiten eingestehen, soziale Erwünschtheitseffekte sind bei Online-Communities daher tendenziell schwächer als bei anderen befragungsbasierten Methoden. Ein systematischer Einsatz von Einzel- und Gruppenexploration kann individuelle Verhaltens- und Einstellungsmuster wie auch soziale Prozesse aufdecken und einen umfassenden Pool an Wünschen und Ideen generieren. Alltägliche Erfahrungen werden unmittelbar dokumentiert und durch Media-Upload illustriert, die Beobachtung gibt lebendige, anschauliche Einblicke in Alltag, Denken, Fühlen und Handeln der Teilnehmer (vgl. zur Methode Rothmund 2021; Diehl et al. 2021).

Unsere Community zum Thema „Daten und Mobilität" fand im September 2021 über einen Zeitraum von insgesamt drei Wochen statt. Die Planung, Durchführung und Auswertung der Online-Community erfolgte in enger Zusammenarbeit mit dem spezialisierten Marktforschungsinstitut Rothmund Insights. Als technische Lösung wurde die Plattform von Kernwert genutzt. Die Rekrutierung der anfangs 17 Teilnehmer (von denen 13 über die gesamte Zeitspanne aktiv waren) erfolgte über das Online-Panel von respondi. Die Stichprobenselektion (Screening) erfolgte anhand der Kriterien Geräte- und Verkehrsmittelnutzung (Mindestbedingung war die Nutzung eines Smartphones sowie eines PKWs nicht älter als Baujahr 2017), sowie eine möglichst breite Streuung in Bezug auf Soziodemographie, Region sowie Art der verwendeten Fahrzeuge, Devices und Betriebssysteme, um so ein zwar im statistischen Sinne nicht repräsentatives, aber möglichst „typisches" Abbild der Zielgruppe zu geben.[11] (Eine bevölkerungsrepräsentative quantitative Studie folgt in Kap. 5)

Die Community wurde in drei Schritten realisiert. In der ersten Woche erfolgten eine Dokumentation des Mobilitätsverhaltens in Form eines Mobilitätstagebuchs (vgl. Abb. 2.3 für ein Muster eines Mobilitätstagebuchs), eine individuelle Exploration von Einstellungen, Motiven und Verhaltensweisen rund um Mobilität und digitale Mobilitätsservices, die Erfas-

[11] Für eine genauere Stichprobenbeschreibung siehe Gatzert et al. (2022, S. 30).

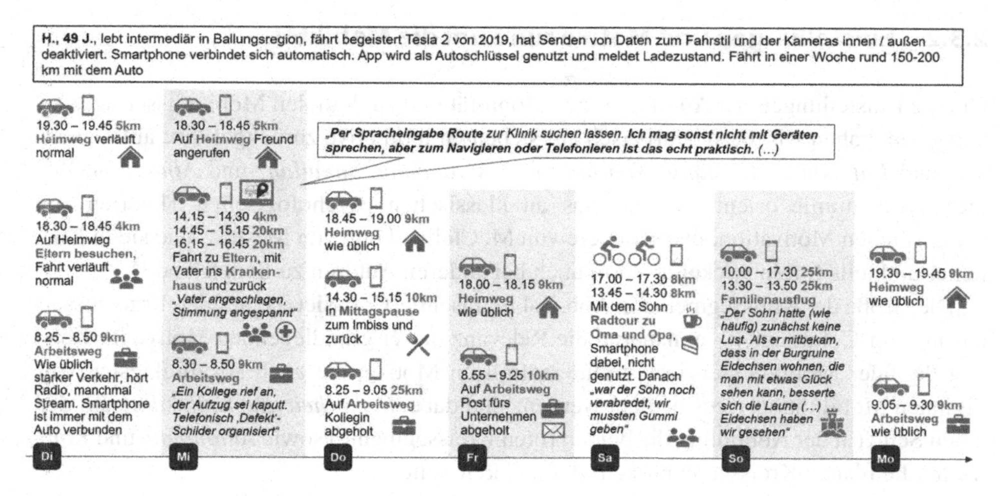

Abb. 2.3 Muster eines Mobilitätstagebuchs

sung datenrelevanter Informationen zum Kfz, zu Devices, Apps und Einstellungen. Zudem wurden die Teilnehmer gebeten, exemplarisch von einem Unternehmen (bspw. Autohersteller oder App-Betreiber) eine Auskunftsanfrage nach Art. 15 DSGVO[12] einzuholen.

In der zweiten Woche wurden auf Basis der Angaben individuelle Karten der Datenspuren erstellt. Die Individualisierung erfolgte in Zusammenarbeit mit mehreren Experten auf Basis der jeweils genutzten Smartphones, Apps, Autos, Sharing-Dienste und öffentlichen Verkehrsmittel sowie der individuellen Geräte-Einstellungen und Datenfreigaben (soweit diese erfasst werden konnten). In dieser Zeit hatten die Community-Teilnehmer keine festen Aufgaben, aber Diskussionsmöglichkeiten im Forum.

In der dritten Woche wurden Einstellungen, Motive, Bedürfnisse, Erfahrungen, Verhalten sowie die Nutzen- und Gefahrenwahrnehmung in Bezug auf Big Data in der Mobilität individuell sowie vor allem auf Gruppenebene exploriert. Es erfolgte eine Konfrontation mit dem eigenen „digitalen Fußabdruck"; vor und nach der Konfrontation mit den eigenen Datenspuren wurden das Wissen darüber und Bewertungen dazu erhoben. Darüber hinaus wurden die Erfahrungen und Bewertungen zur eingeholten Auskunft nach Art. 15 DSGVO erfasst, sowie abschließend Wünsche und weiterführende Ideen zu digitalen Mobilitätsangeboten und zum Umgang mit Mobilitätsdaten.

[12] Eine Auskunftsabfrage nach Art. 15 der Datenschutz-Grundverordnung gibt Bürgern das Recht, von Unternehmen oder anderen Organisationen Auskunft darüber verlangen, ob und wenn ja welche Daten dort über sie gespeichert sind bzw. verarbeitet werden. Sie stellt damit eine Grundlage dar zur Durchsetzung anderer Ansprüche der Betroffenen, wie zum Beispiel zur Berichtigung, Löschung oder Einschränkung der Datenverarbeitung (vgl. BFDI 2022).

2.3.2 Einstellungen und Motive rund um die Mobilität

Um die Einstellungen der Autofahrer zur Mobilität und zu digitalen Mobilitätsservices zu verstehen, haben wir diese heuristisch auf sieben Grundmotive zurückgeführt: auf *Sicherheit* und *Entlastung*, *Leistung*, *Kontrolle* und *Autonomie*, *Stimulanz* und *Affiliation*. Bei dieser Taxonomie orientieren wir uns an klassischen psychologischen Theorien zur menschlichen Motivation, insbesondere von McClelland und von Maslow, wie sie in ähnlicher und teils fortentwickelter Form auch bei anderen Autoren zu finden sind.[13]

Die Größe der Kreissegmente in Abb. 2.4 repräsentiert – basierend auf den Ergebnissen aus unserer Community – annähernd die Relevanz dieser grundlegenden Motive im Kontext digitaler Mobilitätsservices.[14] Die zentralsten Motive, die auch am direktesten von digitalen Mobilitätsservices bedient werden, sind dabei *Sicherheit* und *Entlastung* auf der einen Seite (in der Abbildung die beiden roten Kreissegmente) sowie *Autonomie* und *Kontrolle* (die blauen Kreissegmente) auf der anderen Seite:

Sicherheit ist dabei mehrdimensional zu verstehen und bezieht sich erstens auf die Verkehrssicherheit des Fahrzeugs, zweitens auf die eigene Sicherheit und körperliche Unversehrtheit im Straßenverkehr sowie drittens auf die Betriebssicherheit des Fahrzeugs und ganz allgemein die Mobilitätsgarantie. Auch befördert durch die zunehmende Entwicklung digitaler Assistenzsysteme ist die Steigerung der Sicherheit (im Straßenverkehr) der gelernte Hauptnutzen digitaler Mobilitätssysteme und wird am ehesten als rationaler Grund für Datennutzungen akzeptiert. Viele Teilnehmer sehen daher ein starkes Sicherheitspotenzial im autonomen Fahren und dessen Vorstufen: *„Ich hoffe, man arbeitet weiter an Sicherheitslösungen. Es wäre doch gut, wenn ständig die Vital-Daten ausgewertet werden, wie oft geht es einem nicht so gut, man ist vielleicht müde oder unauf-*

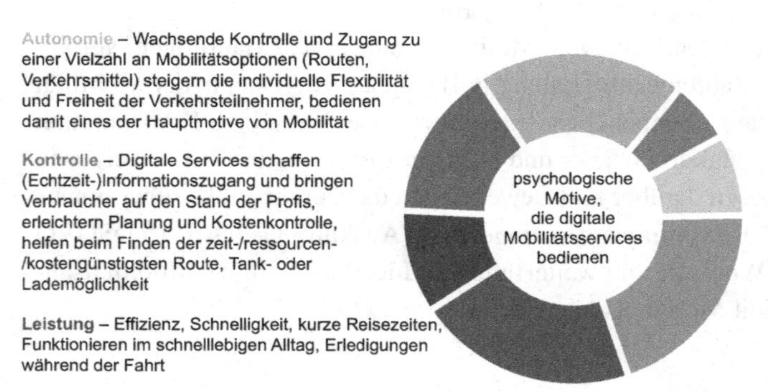

Autonomie – Wachsende Kontrolle und Zugang zu einer Vielzahl an Mobilitätsoptionen (Routen, Verkehrsmittel) steigern die individuelle Flexibilität und Freiheit der Verkehrsteilnehmer, bedienen damit eines der Hauptmotive von Mobilität
Kontrolle – Digitale Services schaffen (Echtzeit-)Informationszugang und bringen Verbraucher auf den Stand der Profis, erleichtern Planung und Kostenkontrolle, helfen beim Finden der zeit-/ressourcen-/kostengünstigsten Route, Tank- oder Lademöglichkeit
Leistung – Effizienz, Schnelligkeit, kurze Reisezeiten, Funktionieren im schnelllebigen Alltag, Erledigungen während der Fahrt
Entlastung – Digitale Services nehmen nervende Aufgaben ab, reduzieren Stress (z.B. durch Finden günstiger Routen, Verbindungen, Alternativen), steigern Bequemlichkeit
psychologische Motive, die digitale Mobilitätsservices bedienen
Stimulanz – Fahrgenuss, Spaß an innovativer Technik, Entertainment während der Fahrt, Neues erkunden mithilfe von Kartendiensten und deren Empfehlungen
Affiliation – Mit digitalen Services ist man unterwegs nie allein, sondern erreichbar und kommunikationsfähig. Sie helfen pünktlich zu Familie und privaten Terminen zu kommen
Sicherheit – Assistenzsysteme erhöhen die Betriebssicherheit des Fahrzeugs, die eigene Sicherheit im Fahrzeug, im Verkehr und bei Unfällen. Sicherheit ist der gelernte Hauptnutzen digitaler Mobilitätssysteme und lässt sich immer gut als rationaler Nutzungsgrund ins Feld führen

Abb. 2.4 Psychologische Mobilitätsmotive und deren Bedienung durch digitale Services

[13] Für Motivationstheorien und Motivtaxonomien vgl. Atkinson (1964), Heckhausen und Heckhausen (2010), Maslow (1954), McClelland (1985), im Überblick Zimbardo (1983, S. 375) oder für eine neuere, managementorientierte Zusammenstellung Häusel (2011).

[14] Siehe ausführlicher Gatzert et al. (2022, S. 33 f.).

merksam und dann ist es passiert. Ich würde mir auch wünschen, dass das (teil-)autonome Fahren kommen würde, wenn ich sicher sein kann, dass die Technik besser fährt, als ich. Warum nicht, besonders wenn das Auto merkt, dass meine Verfassung nicht so gut ist" (Debbie, 44 J.).

Andererseits wird auch kritisch hinterfragt, ob ein System tatsächlich die Sicherheit erhöht und nicht eher gefährdet, weil es z. B. technisch noch nicht ausgereift ist und sich der Nutzer zu sehr darauf verlässt: *„Wenn die Autos alleine fahren, geht das nur mit vielen Gefahren. Wir geben dann quasi unser Leben in die Hand eines Roboters, und da würde für mich der Fortschritt langsam enden"* (Yvonne, 28 J.). Hinzu kommen Autonomiebedenken von daten- und digitalkritischeren Autofahrern, wie: *„Das ist mir alles zu viel Überwachung. Ich möchte nicht in 1984 leben (George Orwell)"* (Andreas, 54 J.).

Entlastung korreliert mit den Motiven Sicherheit und Stimulanz. Digitale Services nehmen immer mehr unangenehme Aufgaben ab, reduzieren Stress, steigern die Bequemlichkeit und damit – im Sinne von Stimulanz – auch den Mobilitätsgenuss. Als Beispiele wurden hier vor allem genannt: Navigationsdienste, die vor Staus warnen und verkehrsgünstige Routen zur Stauvermeidung angeben; Apps öffentlicher Verkehrsanbieter, die bei Problemfällen Alternativen angeben; Einparkhilfen; Tempomat bei längeren Autofahrten, automatische Erinnerung an Wartungstermine, die sowohl die Sicherheit erhöhen als auch entlasten.

Autonomie ist seit jeher ein zentrales Mobilitätsmotiv, das auch in Zeiten überfüllter Straßen und Verkehrsmittel nichts an Relevanz eingebüßt hat, durch den zunehmenden Individualismus sogar noch wichtiger geworden ist. Die Reisemobilität und das entsprechende Filmgenre Roadmovie zelebrieren Autonomie als Freiheit. In der Alltagsmobilität steht die (zeitliche und räumliche) Flexibilität im Vordergrund, die in der heutigen als schnelllebig erlebten Welt immer wichtiger wird. Wichtig ist dabei, *„jederzeit auf ein Verkehrsmittel zurückgreifen zu können"* (Annette, 48 J.), *„unabhängig zu sein, ins Auto zu steigen und nicht lange auf öffentliche Verkehrsmittel warten zu müssen"* (Rita, 60 J.), *„jederzeit dorthin gehen zu können, wohin ich möchte"* (Hazel, 36 J.), *„frei sein, ohne auf etwas wie Fahrpläne zu achten"* (Debbie, 44 J.). Das Auto steht als termin- und ortsunabhängiges Verkehrsmittel prototypisch für Autonomie. Datengetriebene Dienste und Services, wie z. B. Verkehrsleitsysteme und Echtzeit-Navigationsservices, lassen die Autofahrer darauf hoffen, die autonomiegefährdenden Staus zu vermeiden. Bei beruflicher Mobilität mit öffentlichen Verkehrsmitteln sind Apps *„lebensnotwendig, weil ich mich dadurch besser koordinieren kann. Insbesondere bei Störungen (Streckenausfälle, Zugverspätungen) gibt es mir die Möglichkeit, genau abzuschätzen, ob ich meine Anschlussverbindung bekommen werde oder ob ich ggf. eine frühere Reiseverbindung wählen kann"* (Maik, 35 J.). Von der datengetriebenen multimodalen Mobilität versprechen sich Verbraucher eine weitere Steigerung ihrer Autonomie (und weitere Entlastung). Idealvorstellung ist dabei die „eine App für alles": *„Eine App, mit der man alle Mobilitätsanbieter recherchieren, buchen und bezahlen kann"* (Jochen, 54 J.); *„Eine App, die meine Mobilitätspräferenzen kennt und mir sagt, mit welchen Verkehrsmitteln ich in welcher Abfolge am besten zum Ziel komme"* (Helm, 49 J.); *„Wie cool das wäre, wenn man mit einer App alles abfrühstücken könnte und nicht zig nutzen muss"* (Angela, 35 J.).

Das grundlegende menschliche Motiv, ***Kontrolle*** wahrzunehmen und auszuüben (oder aber diese nicht zu verlieren oder wiederherzustellen), korreliert im Rahmen der Mobilität eng mit den Motiven Autonomie und Leistung. Digitale Services schaffen (Echtzeit-)Informationszugang und bringen Verbraucher auf den Stand von Profis, erleichtern Reiseplanung und Kostenkontrolle, helfen beim Finden von zeit-, ressourcen- und kostengünstigen Routen und Verbindungen, Tank- oder Lademöglichkeiten. Diese zunehmenden Kontrollmöglichkeiten, im Sinne von erhöhter Transparenz und deutlich erweiterten – realen und subjektiv erlebten – Handlungsspielräumen, steigern die individuelle Flexibilität und Effizienz, und bedienen damit zugleich auch das Autonomie- und das Leistungsmotiv.

Aber auch die anderen grundlegenden Motive in unserer Taxonomie sind wichtig in der Mobilität und werden durch digitale Services adressiert:

Leistung umfasst im psychologischen Sinne die erlebte eigene Effizienz, verbunden mit Stolz und Freude über eigene Erfolge. Dies umfasst im Kontext der Alltagsmobilität bedeutsame Aspekte wie Schnelligkeit und Zeitersparnis. Kurze Fahrtzeiten und die Möglichkeit von Erledigungen während der Fahrt, wie sie durch digitale Services unterstützt werden, helfen dabei, im schnelllebigen Alltag zu „funktionieren". Spontane Assoziationen dazu sind beispielsweise *„flexibel, günstig und schnell Dinge erledigen können"* oder *„weil ich keine Zeit zu verschwenden habe"* (Jochen, 54 J.).

Stimulanz umfasst Fahrgenuss und Spaß am Erkunden von Neuem. Das kann innovative Technik sein, Infotainment während der Fahrt oder das Erkunden und Auskundschaften neuer Reiseziele, Freizeitangebote, Restaurants etc. Dabei helfen Kartendienste und deren Empfehlungen. Navigationsservices fördern ein befreiendes und welteröffnendes individuelles Reisen, indem sie das autonome Erkunden fast jeden Orts auf der Welt ermöglichen. Dass Navigationsservices sämtliche Mobilitätsmotive bedienen, ist sicherlich auch ein Grund für deren Erfolg.

Affiliation, also die Suche nach sozialem Anschluss, ist insofern ein relevantes Motiv, als Mobilität immer in einen sozialen Kontext eingebunden ist – sei es, dass andere Menschen besucht werden, gemeinsame Reisen unternommen werden oder jemand allein unterwegs und damit für das soziale Umfeld abwesend ist. Digitale Services unterstützen das Affiliationsmotiv, machen die Mobilität sozial kompatibler und kommunikativer: Der Reisende ist unterwegs nicht allein, sondern erreichbar und kommunikationsfähig. Mit ihrer Hilfe werden Familie oder Termine pünktlich erreicht und mögliche Verspätungen können zeitnah kommuniziert werden. Eine Freisprechmöglichkeit und Sprachnachrichten zählen für die Autofahrer neben dem Navigationssystem zu den wichtigsten und hilfreichsten Innovationen.

Die Relevanz dieser sieben Motive in der Mobilität ist interindividuell und situativ unterschiedlich ausgeprägt. Übergreifend gilt jedoch wie schon dargestellt, dass sich in unserer Community *Sicherheit* und *Entlastung* einerseits sowie *Autonomie* und *Kontrolle* andererseits als die wesentlichsten Motive nicht nur in der Mobilität insgesamt, sondern auch bezüglich der Nutzung digitaler Mobilitätsservices zeigen. Dabei spannt sich ein *„Autonomie-Dilemma"* auf, ein Konflikt zwischen der steigenden Sicherheit, Autonomie und Kontrolle durch digitale Services auf der einen Seite und der sinkenden Autonomie gegenüber den digitalen Services und ihren Anbietern, mithin den Digitalkonzernen, auf der anderen Seite.

Diese Ängste und Befürchtungen betreffen dabei keineswegs nur Datenschutz und Privacy, vielmehr geht es um die generelle Abhängigkeit von digitalen Systemen, die eine Vielfalt an Gefährdungs- und Verlustdimensionen anspricht:

1. *Kontrollverlust:* Digitale Technologie und Big Data sind zu komplex, um sie überblicken und kontrollieren zu können. Bei Computern und Smartphones haben wir uns daran gewöhnt und kämpfen in der Regel nur dann mit Gefühlen von Kontrollverlust, wenn etwas nicht so funktioniert, wie wir es wünschen. Beim eigenen Auto, das bislang selbst gesteuert wird, das als Fahrzeug verstanden wird und eben nicht als Computer (auf vier Rädern), das prototypisch für unsere Autonomie steht, ist das Kontrollbedürfnis noch stärker ausgeprägt. Die zunehmende Entwicklung hin zum autonomen Fahren mit dem wachsenden Angebot digitaler Assistenten wird vermutlich dazu führen, dass Autofahrer sukzessive „lernen", bisherige Kontrollüberzeugungen abzugeben. Dafür müssen sie aber etwas bekommen, starken Nutzen und/oder neue Kontrollmöglichkeiten. Das wird bei jedem neuen Angebot neu auszuhandeln sein.
2. *Verlust eigener Kompetenzen:* Mit Hilfe digitaler Services begibt sich der Nutzer in eine entlastende Abhängigkeit, zugleich gehen aber auch bereits erworbene Kompetenzen verloren oder sie werden erst gar nicht aufgebaut, z. B. die Orientierung ohne Navigationsdienste, die analoge Informationssuche und Planung, kommunikative Kompetenzen, fahrerische Fertigkeiten etc. Hier reichen die Befürchtungen von der eigenen Regression in einen Zustand schwächerer Autonomie, die mit Begriffen wie „zu bequem", „faul", „träge" beschrieben wird, bis hin zum Zusammenbruch des Systems im Fall von Technikversagen, weil die Kompetenzen und Ressourcen fehlen, ohne digitale Hilfsmittel zurechtzukommen. (Angesichts der zunehmend als unsicher erlebten Lebenswelt wird diese Befürchtung möglicherweise zukünftig noch zunehmen.) *„Ich habe Angst, dass man immer fauler wird, dass man sich abhängig macht und zu sehr auf die Technik verlässt. Früher ging es auch ohne Navi"* (Annette, 48 J.); *„Ich hoffe, dass die Entwicklung nicht übertrieben wird, sonst wird man dadurch zu träge"* (Patrick, 26 J.); *„Bei totaler Abhängigkeit von solchen Systemen verlernen die Menschen, ohne diese Systeme zu leben. Bei Ausfall kommt es nach kürzester Zeit zu einem Zusammenbruch der Gesellschaft"* (Andreas, 54 J.).
3. *Abhängigkeit von Technik und Hilflosigkeit im Notfall* ist damit schon angesprochen. Der Nutzer ist davon abhängig, dass digitale Systeme fehlerfrei funktionieren. Er muss auch darauf vertrauen, weil er selbst wenig Einfluss auf die Funktion hat. Dem Versagen von Technik, Stromausfällen oder Hackerangriffen fühlt sich der Nutzer ausgeliefert, was aus Verbrauchersicht im Best Case zu Störungen in den eigenen Abläufen führt, im Worst Case existenzbedrohend sein kann. *„Wenn die Technik versagt, und alles ist auf das Funktionieren nur mit Technik ausgelegt, kann ein Stromausfall, ein Ausfall eines Gerätes machen, dass man stehenbleibt. … Ausfälle darf es nicht geben, gibt es aber"* (Debbie, 44 J.); *„Es kann ein hohes Risiko bestehen, da alles über das Internet läuft und von anderen Geräten oder Hackern ferngesteuert werden kann"* (Peter, 28 J.).

4. *Bedenken bzgl. Datenschutz und Privacy* werden nicht zuallererst genannt, wenn es um die Digitalisierung der Mobilität geht. Auch darin manifestiert sich die starke Nutzenorientierung der Verbraucher, die primär die (Kern-)Funktion und mögliche Funktionsausfälle der digitalen Systeme im Blick haben, weil sie damit tagtäglich umgehen, während Datenschutz- und Privacy-Themen abstrakter und entfernter sind und im Alltag schlichtweg seltener aufkommen.[15] Hier sehen Verbraucher zum einen die Gefahr, dass Digitalkonzerne sie mit Big Data kontrollieren und manipulieren, um möglichst hohen Profit zu erzielen. Zum anderen sehen sie die Gefahr, dass private (Bewegungs-)Daten öffentlich werden und somit jeder jederzeit von jedem aufspürbar und nachverfolgbar ist, was auch für kriminelle Zwecke genutzt werden kann. *„Der Mensch wird absolut gläsern, Hersteller können gefühlt alles sehen und mein Leben komplett verfolgen bei der Nutzung der Systeme"* (Julia, 34 J.); *„Extremes Sicherheitsrisiko, da die Daten einfach gehackt/verkauft werden können – dann weiß jeder, wo jeder ist"* (Hazel, 36 J.).
5. *Steigende Kosten:* respektive beschränkte Sparoptionen sind für autonomie- und kontrollorientierte Verbraucher ein weiteres Argument gegen eine zunehmende Digitalisierung des Autos. Dabei wird nicht nur dessen Anschaffung als kostenintensiv gesehen, sondern vor allem auch die Instandhaltung, die zunehmend professionalisiert wird und immer weniger Do-it-yourself und flexible Steuerung (bspw. das Aussetzen von Wartungsterminen) erlauben. Eine typische Aussage dazu: *„Vernetztes Auto? Nein, so einen Quatsch will ich auch nicht. Was nicht drin ist, kann auch nicht kaputt gehen. Am liebsten wären mir Autos ohne jegliche Elektronik, die man auch in the middle of nowhere mit Bordmitteln reparieren kann"* (Andreas, 54 J.).

Der beschriebenen Autonomie-Dilemmata sind sich die Verbraucher im Nutzungsalltag in der Regel nicht bewusst. Sie werden aber dann salient, wenn es Probleme gibt oder, wenn neue Nutzungsentscheidungen zu treffen sind. Der Erfolg digitaler Assistenten hängt nicht zuletzt davon ab, inwieweit es ihnen gelingt, den Kunden Lösungen für das Autonomie-Dilemma anzubieten: entweder durch einen besonders hohen Mobilitätsnutzen, für den die Bereitschaft besteht, auf Autonomie gegenüber den digitalen Angeboten und Anbietern zu verzichten. Und/oder durch die Implementierung von Autonomie- und Kontrollelementen, wie zum Beispiel Abschalt-, Eingriffs- oder Einstellungsmöglichkeiten. Auch die Erhöhung von Transparenz („was passiert wann und warum") kann bereits ein Beitrag sein, um subjektiv erlebten Kontrollverlust zu reduzieren.

Die Problematik der Balance zwischen Nutzen einerseits und Autonomie- und Kontrollbedarf anderseits zeigt exemplarisch die Imagination einer besonders digital-affinen Teilnehmerin der Community zur „Autofahrt in der Zukunft": *„Man muss nicht viel tun, einsteigen, dann fragt das Auto, ob man selber fahren möchte, wohin, und ob man gewisse Strecken bzw. Zwischenstopps möchte. Dann merkt man, dass die Heizung angeht und dass es ganz schnell warm wird, der Computer fragt auch, ob die Mitfahrerin es lieber wärmer oder kühler haben möchte, geht gut individuell, da jeder Sitz einzeln zu kontrollie-*

[15] Vgl. auch das „Nutzer-Paradoxon" in Knorre et al. (2020), z. B. ab S. 162.

ren ist. Die Autos fahren sehr leise und auch die Straßen sind sehr gut in Schuss, zumindest merkt man keine Schlaglöcher. Es gibt ein Tempolimit, das vom Computer kontrolliert wird. Man [der Fahrer] wird vorher getestet, ob man getrunken oder etwas anders eingenommen hat, was schläfrig machen kann" (Debbie, 44 J.). Trotz ihrer Begeisterung für autonomes Fahren baut sie in ihre Geschichte auch Kontrolloptionen ein: Das System macht nicht nur, sondern fragt in einigen Fällen auch nach (hier zu Strecke und Temperatur, allerdings nicht zu Tempolimit und Alkoholkontrolle).

2.3.3 Nutzen und Gefahren

Im Einklang mit den vorangehend aufgezeigten Einstellungen und Motiven sehen die meisten Community-Teilnehmer in Big Data sowohl Nutzen als auch Gefahren. Dabei zeigt sich, dass in allen Motivdimensionen der Nutzen dominiert, aber auch Gefahren gesehen werden.

Primär sehen die Teilnehmer vor allem einen Nutzen durch den Gewinn an *Kontrolle* und *Autonomie* in der Mobilität bzw. im Verkehr durch einen professionelleren (Echtzeit-) Informationszugang, eine verbesserte Planung, Navigation und Flexibilität. Auf der Kehrseite wird der Verlust an Autonomie und Kontrolle gegenüber Tech-Konzernen, an Privatsphäre und an Kompetenzen thematisiert. Mit Blick auf das Motiv der *Sicherheit* wird der Nutzen besonders in einer verbesserten Verkehrs- und Fahrsicherheit im Individualverkehr gesehen, sowie in der Hilfe bei Unfällen, beim Diebstahlschutz und in der Strafverfolgung. Gefahren werden hingegen mit Blick auf mögliche Hackerangriffe, Fehlfunktionen und Ausfälle, Unfälle durch autonome Fahrzeuge sowie Datenmissbrauch aufgezeigt. Ein großer Nutzen entsteht für die meisten Verkehrsteilnehmer vor allem mit Blick auf die Motive *Entlastung* und *Bequemlichkeit*, wobei gleichzeitig die Gefahr einer zu niedrigen „digital literacy" genannt wird.

An zweiter Stelle wird ein Nutzen bei den Motiven *Leistung* und *Effizienz* mit Blick auf eine Kosten- und Zeitersparnis deutlich, z. B. durch Erledigungen von unterwegs, kürzere Reisezeiten und das Finden von kostengünstigen Angeboten. Hier stehen auf der Kehrseite wiederum die Abhängigkeit von Konzernen und die eingeschränkten Möglichkeiten, aufgrund komplexer Technik selbst tätig werden zu können. Für die zusätzlichen gesellschaftlich orientierten Motive zu *Wirtschaft* und *Wohlstand* wird ein deutlicher Nutzen durch Innovation und neue Geschäftsmodelle sowie durch Kosteneinsparungen und betriebswirtschaftliche Effizienz gesehen. Als Kehrseite werden das Narrativ der geopolitischen Auseinandersetzungen angeführt, also der Wettbewerb der deutschen und europäischen Wirtschaft mit den USA und Asien und die Gefahr der Abhängigkeit von dortigen Unternehmen und Systemen.

Mit Blick auf die Verkehrssteuerung und neue Mobilitätsformen mit verbesserter Effizienz wird abschließend ein Nutzen für das ebenfalls gesellschaftliche Motiv des *Klimaschutzes* aufgezeigt, andererseits aber auch auf die Gefahr von erhöhtem Energieverbrauch durch digitale Systeme und auf mögliche umweltpolitische Probleme von Akkus hingewiesen.

In der Gesamtsicht zeigt sich der höchste Nutzen in der Autofahrer-Community in der verbesserten Navigation bzw. Orientierung, gefolgt von Zeitersparnis sowie Stauvermeidung. Als größte Gefahr wird nicht der Verlust von Privatsphäre genannt, sondern die mögliche Nutzung der Daten zu Ungunsten der „Datengeber", gefolgt von der Gefahr von Hacker-Angriffen und Katastrophen oder Unfällen aus dem möglichen Versagen von Technik.[16]

Aus der jeweiligen individuellen Nutzen- und Gefahrenwahrnehmung sowie der Frage, ob die Mobilitätsautonomie (= Nutzen) oder die (mangelnde) Autonomie gegenüber Technik/Daten (= Gefahren) fokussiert wird, lassen sich *drei grundlegende Einstellungstypen* unterscheiden.[17]

1. *Datenkritische* fokussieren sich mit ihrem hohen Autonomie-Bedürfnis besonders auf die Risiken von Big Data. Sie verzichten eher auf einen Nutzen, als Services zu verwenden, bei denen sie nicht sicher sind. Sie nutzen auch vergleichsweise weniger digitale Services und versuchen nach Möglichkeit (des Dienstes und ihrer Kompetenz), Sensibles zu deaktivieren (z. B. Standort, Tracking, Zugriff auf Fotos und Kontakte). Aber auch sie sind zum Daten-Teilen bereit, wenn sie einen echten Nutzen für sich oder die Gesellschaft sehen (z. B. bessere Steuerung des öffentlichen Verkehrs, Klimaschutz und Unterstützung von Start-ups). Sie brauchen Kontrolle, wollen aktiv Einstellungen und Daten freigeben. *„Ich bin da etwas paranoid. Ich stelle ab, was geht"* (Hazel, 36 J.).
2. *Abwägende* sehen sich im Spannungsfeld, wägen Nutzen gegen mögliche Transparenz-Kosten ab. Das muss nicht unbedingt ein intensiver Abwägungsprozess sein, sondern kann auch von Ankerreizen und Heuristiken getragen sein (z. B. *„bei essenziellem Nutzen nehme ich viel in Kauf und prüfe nicht so genau"*; Dissonanzvermeidung); *„wenn mich etwas misstrauisch macht, prüfe ich genauer"*. Das Selbstbild als mündige Verbraucher kann manchmal auch die Form der „kritischen Verbraucher" annehmen, die *„möglichst viel für ihr Geld"* wollen, d. h. ihren Nutzen maximieren und gleichzeitig möglichst wenige Datenspuren hinterlassen möchten. Dafür wird mitunter einiger Aufwand getrieben oder auch der Verbraucherschutz und Gesetzgeber bemüht. Sie sind sich bewusst, dass sie nur beschränkte Freiheitsgrade für die Abwägung haben, versuchen es aber trotzdem. Sie brauchen Kontrolle: Verständliche Informationen und die Möglichkeit, eigene Einstellungen vornehmen zu können. *„Datensparsamkeit ist wichtig. Manchmal ist die gewonnene Information aber so wichtig, dass die Datenspuren egal sind. Das wird immer neu abgewogen"* (Helm, 49 J.)
3. *Offensiv Resignierte* stellen technikaffin und -optimistisch den Nutzen digitaler Services über alles. Gefahren von Big Data sehen sie kaum und wollen sie auch nicht sehen, was bis zu aggressiver Abwehr gehen kann (weil dies überfordernd wirkt oder

[16] Für eine ausführlichere Liste der Nutzen und Gefahren mit der Rangliste in der Community siehe Gatzert et al. (2022, S. 50 f.).

[17] Vgl. für den nachfolgenden Text und die Zitate Gatzert et al. (2022, S. 52 f.), wo sich auch eine graphische Darstellung und Einordnung der Community-Teilnehmer nach Einstellungstypen findet.

Dissonanzen auslösen würde). Aber auch sie haben ihre Sensibilitäten und Grenzen: z. B. bei Zahlungs- und Kontaktdaten oder in Social Media, die sie aber zugleich beschwichtigen. Mit Nutzen-Argumenten sind sie für Innovationen zu gewinnen, die sie auch gerne durch ihre Nutzung unterstützen. *„Ich weiß, dass ich viele Spuren hinterlasse. Das hält mich nicht von der Nutzung ab. Solange wir in einer Demokratie leben, sehe ich da keine Probleme"* (Ella, 34 J.); *„Mir ist es vollkommen egal, ob einer Daten sammelt oder nicht. Wir sind sowieso alle gläsern"* (Angela, 35 J.).

Für alle Einstellungstypen gilt gleichermaßen, dass sie sowohl individuell als auch gesellschaftlich einen Nutzen von Big Data für die Mobilität sehen, aber es gleichzeitig für schwer durchschaubar und kontrollierbar halten, wie viele und welche Datenspuren sie hinterlassen.

Mit Blick auf die *Zukunft* ist aus Sicht der Community noch nicht entschieden, ob Mobilitätsdaten als Treiber von Sicherheit und Klimaschutz und damit im Sinne einer „besseren Gesellschaft" dienen können, oder eher als Türöffner für eine „Sicherheits- und Ökodiktatur", indem Nutzer kontrolliert und in ihrer Autonomie (zum Wohle der Gesellschaft) beschränkt werden (vgl. Gatzert et al. 2022, S. 54 f.): *„Mich begeistern die* ***Leichtigkeit****, die* ***Sicherheit*** *und die Ausgereiftheit der Geräte, die* ***individuellen Einstellungen*** *und das* ***autonome Fahren. Nicht so toll sind die Datenmengen und die vielen Kameras – man sagt, man braucht ALLES um effektiv arbeiten zu können****"* (Debbie, 44 J.); *„Zunächst einmal* ***muss*** *ich meine* ***Smartwatch mit dem Bordcomputer koppeln****, damit mein darauf gespeicherter* ***Führerschein überprüft*** *wird und die* ***Maut-Zahldaten*** *verbunden werden. Dann* ***muss ich noch in ein Röhrchen pusten (Alkohol/Drogentest)****, bevor ich dem Bordcomputer das Ziel sagen darf und er mich danach* ***belehrt****, dass die Strecke mit dem Bus auch nur 15 Minuten länger dauert. Wenn ich in die Nähe der City mit ausgebauter* ***Car2X-Infrastruktur*** *komme,* ***bietet er mir an, die Steuerung zu übernehmen*** *und ein* ***Valet-Parkhaus zu reservieren****. Dann setzt es mich an dem Bürohaus ab und fährt selbst in die Parkpalette"* (Jochen, 54 J.); *„Puh,* ***spätestens bei Vitaldaten wäre es bei mir vorbei****. Ich denke da an Gesundheitsdaten, die* ***in die falschen Hände gelangen*** *könnten. Ich posaune ja nicht herum, wenn ich z. B. schwer krank bin, also geht es auch niemanden etwas an. Ich persönlich ziehe da die letzte Schlusslinie. Beim* ***Alkoholpegel*** *ist es was Anderes, da es da um* ***allgemeine Sicherheit*** *geht. Aber das könnte ja* ***lokal verknüpft*** *werden und* ***nicht irgendwo gespeichert*** *werden"* (Hazel, 36 J.); *„Nein, das ist mir alles* ***zu viel Überwachung****. Ich* ***möchte nicht in 1984 leben*** *(George Orwell)"* (Andreas, 54 J.).

2.3.4 Digitaler Fußabdruck

Vor der Konfrontation mit ihrem eigenen digitalen Fußabdruck wurden die Teilnehmer der Community u. a. dazu befragt, wie sie ihre Datenspuren einschätzen und wie sehr sie auf einen geringen digitalen Fußabdruck achten (siehe Abb. 2.5 für einen Auszug der Fragen und Aufgaben).

Fragen an die Community vor der Konfrontation mit dem eigenen digitalen Fußabdruck

Fragen und Aufgaben an die Teilnehmer (Auszug, teils gekürzt):

- **Was meinst Du, inwieweit hinterlässt Du unterwegs Datenspuren?**
- **Wie gut fühlst Du Dich über Deine Datenspuren informiert?**
- **Wie gut willst Du über Deine Datenspuren informiert sein?**
- **Wie sehr achtest Du darauf, Deine Datenspuren gering zu halten?**
- Hast du Dich schon einmal darüber informiert, welche Daten von Dir gespeichert und verarbeitet werden?
- Aus der Erinnerung: Was meinst Du, was sammelt am meisten Daten bzw. womit hinterlässt Du am meisten Datenspuren? (Smartphone, Auto und Technik darin, Öffentliche Verkehrsmittel, Apps, ...)
- Aus der Erinnerung: Inwieweit werden die folgenden Daten erfasst und verarbeitet, wenn Du unterwegs bist? (Aktueller Standort, Geschwindigkeit, ...)
- **Community-Teilnehmer werden gebeten, Freigabeeinstellungen im Smartphone, Apps und Auto nachzusehen: Wie gut waren die Informationen zu den Mobilitätsdaten und Dateneinstellungen zu finden?**
- **War Dir bekannt, dass Du nach der DSVOG eine Auskunftsanfrage zur Erfassung Deiner personenbezogenen Daten stellen darfst? Hast Du schon mal eine solche Anfrage gestellt?**
- Zwischenfazit nach 1. Community-Woche: Was nimmst Du für Dich daraus mit? Gibt es etwas, das Dich überrascht hat?

Abb. 2.5 Fragen und Aufgaben an die Community-Teilnehmer *vor* der Konfrontation mit ihrem eigenen digitalen Fußabdruck. (Auszug, teils gekürzt)

Die Community-Teilnehmer sind sich bewusst, dass sie viele Datenspuren hinterlassen, insbesondere zu ihrem Standort und Bewegungsprofil, aber auch darüber hinaus:

- *„**Google und Facebook überwachen mich permanent**. Google möchte immer wieder, dass ich meine Zeitachse vervollständige, und Facebook macht mir Freundesvorschläge von Personen, die neben mir sitzen. Sehr **spooky, aber für mich nichts Dramatisches**. Natürlich denke ich, dass alle meine **Fahrten** aufgezeichnet werden. Meine Bankapp greift auf **GPS** zu, wenn ich darüber den nächsten Geldautomaten suche usw.“* (Angela, 35 J.).
- *„Ich denke, nicht die Speicherung einzelner Daten ist das Problem, sondern die **Verknüpfung und Analyse vieler verschiedener Daten ... Durch Bewegungs- Kontakt- und Verhaltensprofile bin ich ziemlich gläsern**“* (Andreas, 54 J.).

Bei der Frage, wie sehr die Teilnehmer darauf achten, ihre Datenspuren gering zu halten, zeigt sich ein gemischtes Bild.

Beispiele für Aussagen von Teilnehmern, die wenig auf eigene Datenspuren achten:

- *„Das **Offensichtliche versuche ich zu vermeiden,** bspw. den Standort auf Facebook, weil es meine unmittelbaren Kontakte nichts angeht, wo ich bin. **Über alles andere mache ich mir keine Gedanken, weil man es eh nie ganz unterbinden kann**. Wenn ich irgendwo was abgeschaltet habe (GPS bei der Bankapp bspw.), dann hat das etwas mit **Akkusparen** und/oder **Datensparen** zu tun, weil ich über beides nicht unendlich verfüge“* (Angela, 35 J.).

- *„Ich **achte nicht sehr doll darauf**. Bei mir ist das tatsächlich auch so, dass ich **keine Lust** habe, **mich groß damit zu beschäftigen** und nachzuforschen"* (Yvonne, 28 J.).
- *„Interessiert mich nicht, ich **kann eh nichts ändern**"* (Beatrice, 37 J.).

Beispiele für Aussagen von Teilnehmern, die viel auf eigene Datenspuren achten oder dies zumindest intendieren:

- *„**Datensparsamkeit ist wichtig**. Ich achte dabei auf Zahlungsinformationen, Standort, personenbezogene Adress- und Kontaktdaten, Zugriffszeit … **Manchmal ist die gewonnene Information so wichtig, dass die Datenspuren egal sind**. Das wird aber **immer neu abgewogen**"* (Helm, 49 J.).
- *„Ich will **am besten nichts preisgeben**, aber **dann bekommt man keinen Service oder gar die App nicht**. Das ist eine **Art Erpressung**. Ähnlich ist es bei den Einstellungen, da kann man nur bedingt ablehnen"* (Debbie, 44 J.).
- *„Ich **tue viel, so gut, wie es nun mal geht**. In der heutigen Entwicklung ist es **schwer, auf seine Datenspuren zu achten**. Viele achten nicht darauf, weil sie die **Zeit** und das **Geld** nicht haben, **sich gut damit zu befassen**. Auch ich achte für meine Bedürfnisse zu wenig auf meine Datenspuren"* (Patrick, 28 J.).

Eine Zwischenposition nimmt folgende Aussage ein:

- *„**Solange für mich der Dienst als solcher vorteilhaft ist, bin ich gern bereit, hierfür mit meinen Daten zu zahlen**. Jedoch entscheide ich mich auch durchaus, einen Dienst nicht zu nutzen, wenn ich mit der Menge an zur Verfügung gestellten Daten nicht einverstanden bin. Ich **achte** darauf, **welche Daten ich preisgebe**. Wie sie am Ende **verwendet** werden, **überprüfe ich anschließend nicht**"* (Ella, 34 J.).

Obwohl die Kosten-Nutzen-Abwägung der Datensparsamkeit damit von den Einstellungstypen abhängt (vgl. dazu Abschn. 2.3.3), ist sie grundsätzlich für *alle* unangenehm, oft schwierig, verspricht wenig Belohnung und verursacht damit kognitive Dissonanzen. Für die Nutzer stellt sich die Frage, ob sich die kognitiv und emotional aufwändige Prüfung von Datenfreigaben vor dem Hintergrund der oft eingeschränkten Wahlmöglichkeiten lohnt; der Nutzen erscheint nicht sehr hoch. Ausnahmen sind der Nutzen mit Blick auf das Sparen von Akku und Datenvolumen (vgl. die vorherigen Zitate). Schwierig ist hingegen die Einschätzung, ob die weitergegebenen Daten als (abstrakter) Preis für die Nutzung von Services angemessen sind. Denn bei „kostenlosen" Services wird häufig davon ausgegangen, dass die Weitergabe der Daten nicht nur für Funktionalitäten notwendig ist, sondern eben auch der Preis für deren Nutzung ist: *„‚**kostenlose' Dienstleistungen** der Apps muss ich **mit meinen Daten ‚bezahlen'**"* (Andreas, 54 J.).

Die Einschätzung der eigenen Datenspuren ist nur teilweise auf Basis von „sicherem Wissen" abgeleitet, beispielsweise durch selbst vorgenommene Einstellungen oder durch das Lesen von AGB sowie Informationen aus Medien. Die Möglichkeit einer Auskunftsanfrage nach der DSGVO zu personenbezogenen Daten, die gespeichert und verarbeitet werden, ist den meisten zwar bekannt, wurde aber bisher wenig genutzt (Gatzert et al. 2022, S. 72).[18] Häufig kommen daher Vermutungen und Heuristiken zum Tragen.[19] Als größter Datensammler wird von der Community (realistisch) das Smartphone eingeschätzt, das Auto und Sharing-Dienste weniger, und öffentliche Verkehrsmittel am schwächsten.

Ausgewählte Aussagen aus der Community zum „Datensammler *Smartphone*" sind:

- *„Das Smartphone finde ich die* ***größte Gefahr,*** *weil* ***wir alle damit vernetzt*** *sind und es* ***täglich benutzen****. Und man dies auch* ***nicht vermeiden kann****"* (Patrick, 26 J.).
- *„Mein Smartphone ist* ***immer dabei*** *und ich bin* ***immer erreichbar****. Meine* ***Apps*** *auf dem Smartphone benutze ich* ***sehr häufig*** *und* ***wahrscheinlich sind sie auch immer aktiv****"* (Annette, 48 J.).
- *„Ähnlich wie bei den Apps verhält es sich auch bei dem Smartphone selbst. Hier werden* ***Daten im Hintergrund gesammelt*** *(wie z. B. GPS-Koordinaten). Durch die Nutzung des Smartphones und die Verbindung mit dem Internet denke ich, dass ich* ***für das Technologieunternehmen*** *(z. B. Apple oder Samsung)* ***oder den Telekommunikationsanbieter*** *(z. B. Deutsche Telekom, Vodafone, O2 etc.)* ***relativ transparent bin*** *und durch die ständige Verbindung per Internet oder Mobilfunknetz Daten hinterlasse. Meine* ***Apps*** *auf dem Smartphone* ***nutze ich am häufigsten, auch wenn damit ein hohes Sicherheitsrisiko einhergeht,*** *da eine Vielzahl persönlicher Daten gespeichert und weitergegeben wird"* (Maik, 35 J.).

Insbesondere beim *Auto* zeigt sich eine große Bandbreite in der individuellen Einschätzung, in Abhängigkeit vom eigenen Modell, eigenen Verhalten oder expliziten Wissen über das eigene Modell (Gatzert et al. 2022, S. 68):

- *„Ich denke, dass ich mit dem Auto nur* ***wenig Datenspuren*** *hinterlasse, auch wenn ich dies mit am häufigsten nutze. Daten können nur hinterlassen werden, wenn z. B. das* ***Navigationssystem eingeschaltet*** *und bestimmte* ***Online-Funktionen aktiviert*** *sind"* (Maik, 35 J., fährt Toyota CH-R 2017 mit Navigationssystem und Apple Car Play System).
- *„Hat ja nur eine Fernsteuerungs-SIM …* ***Mobilfunkempfang*** *gibt es auch nicht immer … Der* ***Bordcomputer ist relativ dumm****"* (Jochen, 54 J., fährt Audi A3 Sportback e-tron 2018 connected mit MyAudi App und externem Navigationsgerät, hat diverse Features getestet).

[18] Im Rahmen der Community eingeholte Auskunftsanfragen nach DSGVO wurden seitens der Teilnehmer von „verständlich" (Deutsche Bahn, Kölner Verkehrs-Betriebe) bis „überfordernd" (Garmin, Audi) bezeichnet, siehe Gatzert et al. (2022, S. 82).

[19] Vgl. Gatzert et al. (2022, S. 65) für eine ausführlichere Darstellung.

- *„Ich hoffe dass mein Auto diskret ist. Jedoch zählt das natürlich die* ***gefahrenen Kilometer*** *und wie viele Kilometer ich noch* ***bis zur nächsten Inspektion*** *habe"* (Annette, 48 J., fährt Mitsubishi Space Star 2018).
- *„Habe* ***kein Connected Car****, somit wohl weniger Daten"* (Debbie, 44 J., fährt Mini One 2017 mit Navigationsgerät; connected gab es *„leider erst ab 2018"*).
- *„Natürlich werden viele Daten gesammelt. Dies hält mich indes nicht von der Nutzung ab"*
- (Ella, 34 J., fährt Audi Q8 2021 connected mit MyAudi App).
- *„Ausgehend vom alltäglichen Benutzen meines* ***Handys*** *wird alles in diesem Zeitraum überwacht"* (Rita, 60 J., fährt Audi A1 Sportback 2020 connected mit MyAudi App).
- *„Ich weiß noch, dass ich das Menü durchsucht habe und* ***alles ausgestellt hatte, was geht****"*
- (Hazel, 36 J. fährt Tesla X 2018 mit Telematik-Box).
- *„* ***Wird zukünftig immer mehr****, da es ja auch* ***regulatorische Vorgaben*** *gibt"* (Andreas, 54 J. fährt VW Caddy Maxi 4Motion 2010 mit Android Auto).

Bei den *ÖPV- und Sharing-Diensten* ist den Teilnehmern bewusst, dass eine digitale Buchung oder Zahlung grundsätzlich mehr Daten generiert (Gatzert et al. 2022, S. 69):

- *„* ***Solange ich nicht mit Apps Tickets kaufe****, sondern Streifenkarte nutze, dann wird allerhöchstens anonym gezählt, wie viele Beine in einen Bus ein- oder aussteigen"* (Andreas, 54 J.).
- *„Im öffentlichen Personennah- und -fernverkehr* ***muss genau abgewogen werden, ob es sich um ein digitales Ticket oder ein Automatenticket handelt****, welches auf der Reise genutzt wird. Die Automatentickets werden in Deutschland (im Vergleich zu anderen digitalisierten Ländern, wie z. B. Japan) nicht weiter erfasst, da hierfür noch die Erfassungsmethoden fehlen (z. B. Sicherheitsschranken an den Nahverkehrsbahnhöfen). Bei den Online-Tickets werden bestimmte persönliche Daten gesammelt, um beispielsweise die E-Mail-Werbung darauf anzupassen oder die Zugauslastung und die damit verbundene Verfügbarkeit von Spartickets zu gewährleisten"* (Maik, 35 J., Intensivnutzer öffentlicher Verkehrsmittel, DB Navigator).
- *„Mieträder werden häufig* ***über Apps gebucht*** *und dementsprechend wird wieder* ***alles gesammelt****. Mieträder auf Urlaubsinseln (z. B. Terschelling) eher nicht, da noch analog und bar bezahlt wird. Mietautos so wie eigenes Auto.* ***BMW wirbt*** *jetzt sogar damit, dass man seine* ***eSim in einen Leihwagen mitnehmen kann und dort im fremden Auto sofort alles wie gewohnt nutzen kann****, da die eSim ja nur noch virtuell ist und man noch nicht mal mehr ein Handy dafür braucht"* (Andreas, 54 J.).
- *„Die* ***Wege*** *etc. werden gespeichert"* (Beatrice, 37 J.).
- *„Sammelt zum Teil auch deine Daten, weil man ja auch ein* ***Formular ausfüllt*** *oder du zum Beispiel bei einem Elektro-Scooter dein* ***Handy einchecken*** *musst"* (Patrick, 26 J.).
- *„Bei Mietfahrzeugen, Mietfahrrädern etc. sollte es in der Regel eher so sein, dass* ***nur Daten gespeichert und weitergeleitet werden, die mit dem Mietvorgang in einem***

engen Verhältnis stehen*. Jedoch denke ich, dass hier* ***nicht allzu viele Daten gespeichert*** *werden (außer die Verleihfirma hat ein Interesse daran, eine Art* ***Mobilitätsprotokoll*** *zu erstellen und darauf aufbauend ihren Service auszubauen)"* (Maik, 35 J.).

Trotz des grundsätzlichen Bewusstseins fehlt es den Nutzern an Transparenz und nützlichen Informationen zu ihren Datenspuren. Insbesondere die Komplexität langer und oft schwer verständlicher AGB und Datenschutzhinweise überfordert und demotiviert. Darüber hinaus sind die Einstellungen für Datenfreigaben in Geräten und Anwendungen oft schwer finden, beim Auto beispielsweise häufig schwieriger als bei einem iPhone (Gatzert et al. 2022, S. 71):

- *„Man muss deutlich zwischen Smartphone und Auto differenzieren. Auf Grund der sehr* ***übersichtlich*** *gehaltenen Oberfläche des* ***iPhones*** *war es sehr* ***einfach, alle relevanten Daten binnen kurzer Zeit*** *zu finden. Weitaus* ***schwieriger*** *gestaltete sich dies bei meinem* ***Auto****. Eine* ***Datenschutzerklärung****, welche die Erhebung der Daten durch das Auto regelt, wurde* ***nicht ausgehändigt****. Ebenso finden sich* ***keine Informationen in der Bedienungsanleitung*** *des Fahrzeugs"* (Maik, 35 J., Toyota CH-R 2017 mit Navigations- und Apple Car Play System).
- *„Es existiert* ***kein Standard, an welcher Stelle*** *in der App bzw. im Auto diese Informationen hinterlegt sind. Manchmal sind die Einstellungen auf* ***verschiedene Untermenüs innerhalb der App*** *verteilt. Ich habe das Gefühl gewonnen, dass ich* ***an einigen Stellen gar nicht sicher sein kann, ob alle Einstellungen in meinem Sinne (also eher datensparsam) hinterlegt sind****"* (Helm, 49 J., Tesla 2 2019, hat in der Tesla-App einen Teil der Funktionen deaktiviert).
- *„Alles was ich in Einstellungen finden kann, ist total easy, aber in den Apps selbst habe ich oft keine Einstellung gefunden"* (Andreas, 54 J.).

Es entsteht ein Gefühl von *Kontrollverlust* (undurchschaubare Vernetzung von Daten) und *Autonomieverlust* (keine Wahlmöglichkeit bzgl. der Datenfreigabe, wenig Optionen zum Ablehnen, fehlende Alternativen bei Services). Auch das *Nutzer-Paradoxon* wird wieder deutlich (Knorre et al. 2020), indem einerseits als *Nutzer* (digitale) Angebote in Anspruch genommen werden möchten, ohne sich mit Datenfreigaben beschäftigen zu müssen, während andererseits als *Bürger* diesbezüglich mehr Information und Kontrolle gefordert werden. Die Nutzerrolle dominiert aber in der Regel, da der Nutzen als „Belohnung" sofort und immer wieder erlebt wird, die Kosten hingegen höchstens mittelbar und eher abstrakt offensichtlich werden.

Als Zwischenfazit wird in der Community damit schon *vor* der Konfrontation mit dem eigenen digitalen Fußabdruck deutlich, dass der Nutzen von Big Data den beteiligten Stakeholdern *erklärt* werden muss, dass *Transparenz* bzgl. der weitergegebenen Daten geschaffen wird, und dass die Nutzer eine echte *Wahlfreiheit* bzgl. der Freigabe von Daten haben – und zwar über die reine Wahl der Nutzung von Services hinaus (die ggf. eine Datenfreigabe erzwingen).

Fragen an die Community nach der Konfrontation mit dem eigenen digitalen Fußabdruck

Offene Fragen an die Teilnehmer u.a. (Auszug, teils gekürzt):

- Welchen Eindruck hast Du gewonnen? Wie haben die Informationen auf Dich gewirkt? Gibt es etwas, was Dich positiv oder negativ überrascht hat?
- Wie hast Du Dich beim Lesen gefühlt?
- Wie würdest Du das Ergebnis für Dich in 1-2 Sätzen zusammenfassen?
- Wie haben die Informationen auf Dich gewirkt?

Quantitative Fragen (nach dem Lesen):

- Was meinst Du, inwieweit hinterlässt Du unterwegs Datenspuren: *gar nicht (1) - sehr stark (5)*
- Die Informationen waren mir: *bekannt (1) – neu (5)*
- Die Menge an erfassten und verarbeiteten Daten ist: *viel weniger (1) – viel mehr als erwartet (5)*
- Die Erfassung und Verarbeitung meiner Mobilitätsdaten finde ich: *in Ordnung (1) – kritisch (5)*
- Aus meiner Sicht ist bei der Verarbeitung meiner Mobilitätsdaten der Nutzen für mich // die Gefahr für mich: *sehr gering (1) – sehr hoch (5)*

(In Anlehnung an Gatzert et al. 2022, S. 42)

Abb. 2.6 Fragen und Aufgaben an die Community-Teilnehmer *nach* der Konfrontation mit ihrem eigenen digitalen Fußabdruck. (Auszug, teils gekürzt)

Nach der Konfrontation mit dem eigenen digitalen Fußabdruck mit Hilfe der individualisierten Datenkarte (vgl. Abb. 2.6 sowie Abb. 2.1 in Abschn. 2.2) wurden die Community-Teilnehmer u. a. dazu befragt, wie die Informationen auf sie gewirkt haben und wie sie die Menge der erfassten und verarbeiteten Daten einschätzen.

Während der Großteil der Nutzer aufgrund der bereits vorhandenen Sensibilisierung bzgl. der Datenspuren insgesamt kaum von den Informationen zum eigenen Fußabdruck überrascht ist, wurden dennoch deren *Menge und Vernetzung* unterschätzt. Bei negativ überraschten Nutzern wird ein Handlungsimpuls ausgelöst. *„Ich werde definitiv mehr darauf achten, welche Rechte ich welchen Firmen gebe, auf meine Daten zuzugreifen"* (Yvonne, 28 J.) *„In Zukunft werde ich wahrscheinlich … mehr auf meine Datenspuren achten"* (Beatrice, 37 J.). Bei den Reaktionen in der Community ist das Auto weniger im Fokus, was sich möglicherweise auf die weniger leicht zu findenden Einstellungen, die weniger bekannte Nutzung von Big Data in diesem Kontext sowie die Beziehung zum Auto und zum Hersteller zurückführen lässt.

Anhand von sechs Einzelbeispielen werden in Gatzert et al. (2022, S. 75–80) ausführlich die unterschiedlichen Reaktionen von Community-Teilnehmern in einem Vorher-Nachher-Vergleich aufgezeigt. So zeigt das Beispiel „Ella" (offensiv-resignativ), dass ein starker digitaler Fußabdruck nicht notwendigerweise zu mehr Datensparsamkeit führen muss. Ella hat ihre starken Datenspuren erwartet, und nimmt diese aufgrund des als sehr hoch empfundenen Nutzens auch in Kauf. *„Wie erwartet, verteile ich Daten wie das Krümelmonster Krümel."*

„Annette" (datenkritisch) mit ihrem vergleichsweise schwachen digitalen Fußabdruck hingegen ist negativ überrascht und zeigt Handlungsimpulse: *„Es ist erschreckend, wie* *transparent ich bin. Es gibt wirklich Rückschlüsse auf meine gespeicherten Daten. Man möchte doch auch mal Dinge unternehmen, ohne dass die Schritte und die Bewegung aufgezeichnet werden.*"; „*Ich werde einiges unternehmen müssen, um meine Bewegungsdaten zu reduzieren.*"

Die aufbrechend offensiv-resignative „Yvonne" mit ihrem starken Fußabdruck sieht vor der Konfrontation vor allem den Nutzen ihrer digitalen Anwendungen und möchte sich nicht näher mit den freigegebenen Daten beschäftigen. „*Auch hier achte ich nicht sehr doll drauf. Mir fehlt einfach die Lust, nachzuforschen.*" Die Konfrontation mit dem eigenen digitalen Fußabdruck löst jedoch einen Handlungsimpuls aus: „*Letztendlich wurde mir bestätigt, dass ich zu viele Daten von mir preisgebe. Mir ist negativ aufgefallen, wie viele Daten ich tatsächlich zur Verfügung stelle, bin erstaunt und etwas unzufrieden.*"; „*Ich werde nun besser aufpassen.*"

Bei der offensiv-resignativen und hoch digital-affinen „Angela" zeigt sich, dass die Gegenüberstellung mit dem eigenen digitalen Fußabdruck die Resignation sogar noch verstärken kann. Es zeigt sich eine Überbetonung des Nutzens und verstärkte Abwehr vom Gefahrendenken. „*Was habe ich jetzt davon, dass ich das alles weiß? Wie kann ich damit in Zukunft umgehen?*"; „*Von mir aus darf alles verwendet werden, ich habe da keinen Stress mit. Wenn meine Daten in meinem privaten Umfeld die Runde machen würden, würde ich das nicht wollen.*"

Die abwägende und ebenfalls digital-affine „Debbie" zeigt als (daten)kritische Verbraucherin eine höhere Gefahrenwahrnehmung nach der Konfrontation bei gleichbleibender Nutzenwahrnehmung. Die Widersprüche aus dem Nutzen, den sie sieht, bei gleichzeitigen Gefahren, verursachen ein Gefühl von Hilflosigkeit und lösen einen Wunsch nach mehr Schutz und stärkeren Verbraucherrechten aus. „*Ich habe eigentlich mit diesem Ergebnis gerechnet. Mit nur einigen Dateneingaben habe ich mich vollkommen als gläserner Mensch gezeigt. Das macht einem schon Angst, auch wenn ich nicht ganz so vernetzt bin wie andere.*"; „*Ich möchte mehr Verbraucherrechte, die die Datensammlerei einschränken, ohne dass ich von Services ausgesperrt werden kann.*"

Der ebenfalls abwägend kritische Verbraucher „Jochen" ist handlungs- und autonomieorientiert, und davon überzeugt, dass er aus Big Data viel Nutzen mit wenig Kosten generieren kann, weswegen er seinen digitalen Fußabdruck als nicht wirklich zutreffend ansieht. „*Etwas fernab der Realität, weil mein tatsächliches Nutzungsprofil nicht in die Auswertung eingeflossen ist. Ich weiß ja selbst am besten, wie datensparsam/verfälschend ich agiere. Von daher mache ich mir keine Sorgen.*"

Daten, die aus Sicht der Community-Teilnehmer grundsätzlich erfasst werden dürfen, sind solche, die notwendig für die Funktion sind, einen nachvollziehbaren Nutzen für den Einzelnen oder die Gemeinschaft haben, sowie (ggf. anonymisiert) Standort und Bewegungsdaten (z. B. zur Stauvermeidung, besseren Reiseplanung, Strafverfolgung). Daten, bei denen nachgefragt werden sollte, sind solche, die zu privat sind, unnötig für die Funktion, für Marketing- und Verkaufszwecke oder für die Vernetzung mit Social Media genutzt werden (Gatzert et al. 2022, S. 81).

Zusammenfassend zeigt sich, dass (zumindest bei einigen Teilnehmern) durch mehr Aufklärung ein Bewusstsein für Datensparsamkeit geweckt werden kann, der Einstellungstyp aber i. d. R. nicht gewechselt wird. Die Teilnehmer erwarten außerdem, dass die Nutzung von Daten – abgesehen von deren Notwendigkeit für die Funktionalität von Geräten und Anwendungen – *begründet* wird.

2.3.5 Bereitschaft zum Data Sharing

Bei der Frage, ob und ggf. mit wem die Nutzer ihre Daten teilen würden, zeigt sich eine recht differenzierte Einschätzung. Wesentliche Kriterien, die der jeweiligen Akzeptanz oder Ablehnung zugrunde liegen, sind vermuteter Nutzen und Nutzungszweck, also welche Services oder Hilfeleistungen damit erbracht werden können, die Plausibilität der Datenverwendung für diesen Zweck sowie mögliche Nachteile, die aus der Datennutzung für den Nutzer oder sein Umfeld entstehen könnten. Vermuteter Nutzen und potenzielle Nachteile beziehen sich auf die volle Bandbreite der oben beschriebenen Motive, wobei Sicherheit die höchste Relevanz hat. Dementsprechend wird das Teilen von Unfallinformationen mit Polizei und Rettungsdiensten sowie zur Schadenrekonstruktion mit dem Versicherer als grundsätzlich sinnvoll, allerdings auch situationsabhängig gesehen (höhere Relevanz und Akzeptanz bei schwereren Unfällen). Das Teilen der Unfallinformationen mit der Werkstatt können sich manche Autofahrer noch insoweit als sinnvoll rekonstruieren, als dadurch sicherheitsrelevante Reparaturen besser eingeschätzt werden können. Das Teilen der Unfallinformationen mit Familie und Freunden wird als hoch situativ und gleichzeitig ambivalent erlebt. Beispiel: *„Wenn ich auf einer einsamen Landstraße vor einen Baum fahre und keinen Notruf mehr absetzen kann, halte ich das [Teilen mit Polizei, Rettungsdienst] für sehr sinnvoll. Das würde aber nur dort funktionieren, wo ein gutes Mobilfunknetz ausgebaut ist. [Teilen mit Familie und Freunden] könnte von Interesse sein, aber je nachdem machen die sich dann mehr Sorgen, als dass es hilft. Wenn, dann nur nach Feuerwehr / Krankenwagen mit direktem Hinweis, dass mit mir (hoffentlich) alles ok ist. Wenn ich bei einem Unfall versterben sollte, fände ich es mega beschissen, wenn meine Familie das über eine App erfahren würde“* (Andreas, 54 J.). Dieses Beispiel verdeutlicht die differenzierten Überlegungen der Verkehrsteilnehmer, die mit entsprechend differenzierten Informationen zur Datennutzung versorgt werden müssen. Es verdeutlicht zugleich, dass sich die deutschen Autofahrer der Defizite im Mobilfunkausbau sehr bewusst sind und diese ebenso kritisch sehen (weil wichtige Services nicht überall nutzbar sind) wie auch als entlastend, weil sie vor einem ausufernden Datensammeln schützen. Auch hier zeigt sich wiederum das Autonomie-Dilemma.

Dies deckt sich mit den Ergebnissen unserer vorhergehenden, repräsentativen Befragung aus dem Jahr 2018, wonach der Nutzenaspekt und die Nachvollziehbarkeit wesentliche Akzeptanzbedingungen der Datenweitergabe sind. Dort zeigte sich auch, dass bezüglich der „Profiteure“ der Datennutzung der Eigennutzen höher auf die Bereitschaft zum Datenteilen einwirkt als die Nutzung für ein mögliches Gemeinwohl (Knorre et al. 2020,

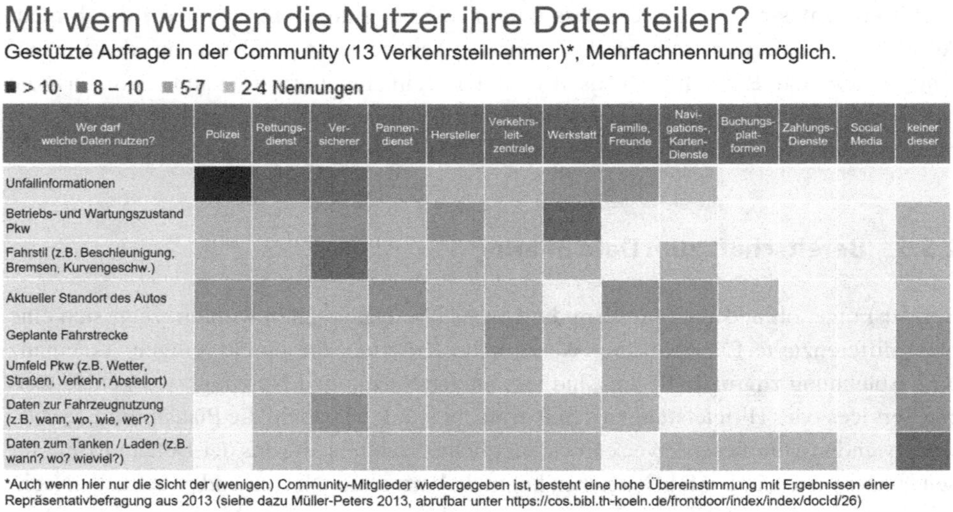

Mit wem würden die Nutzer ihre Daten teilen?
Gestützte Abfrage in der Community (13 Verkehrsteilnehmer)*, Mehrfachnennung möglich.
■ > 10 ■ 8 – 10 ■ 5-7 ■ 2-4 Nennungen

Wer darf welche Daten nutzen?	Polizei	Rettungs-dienst	Ver-sicherer	Pannen-dienst	Hersteller	Verkehrs-leit-zentrale	Werkstatt	Familie, Freunde	Navi-gations-, Karten-Dienste	Buchungs-platt-formen	Zahlungs-Dienste	Social Media	keiner dieser
Unfallinformationen													
Betriebs- und Wartungszustand Pkw													
Fahrstil (z.B. Beschleunigung, Bremsen, Kurvengeschw.)													
Aktueller Standort des Autos													
Geplante Fahrstrecke													
Umfeld Pkw (z.B. Wetter, Straßen, Verkehr, Abstellort)													
Daten zur Fahrzeugnutzung (z.B. wann, wo, wie, wer?)													
Daten zum Tanken / Laden (z.B. wann? wo? wieviel?)													

*Auch wenn hier nur die Sicht der (wenigen) Community-Mitglieder wiedergegeben ist, besteht eine hohe Übereinstimmung mit Ergebnissen einer Repräsentativbefragung aus 2013 (siehe dazu Müller-Peters 2013, abrufbar unter https://cos.bibl.th-koeln.de/frontdoor/index/index/docId/26)

Abb. 2.7 Bereitschaft zum Daten-Teilen, nach Art der Information und Empfänger

S. 175 f.). Auch dieses Ergebnis – Eigennutz vor Gemeinwohl – wurde im Rahmen der Community nochmals bestätigt, wobei bezüglich des Gemeinwohls ebenfalls die konkrete Verwendung eine große Rolle spielt. So wird etwa die Verwendung für (insbesondere medizinische) Forschungszwecke als besonders sinnvoll angesehen. Auf der anderen Seite kann Eigennutz nicht nur in Form von Services oder Sicherheitsgewinnen bestehen, sondern auch schlichtweg in Bezahlung. Typische Aussagen dazu waren beispielsweise *„käuflich bin ich, es kommt auf den Preis an"* (Ella, 34 J.) oder *„warum nicht, Daten werden sowieso gesammelt, ... wenn es nicht zu persönlich wird, dann ja, wenn es sich wirklich lohnt"* (Debbie, 44 J.).

Ergänzend haben wir in Bezug auf Fahrzeugdaten einschätzen lassen, mit welchen konkreten Institutionen oder Dienstleistern die Nutzer bereit wären, ihre Daten zu teilen. Die Ergebnisse in Abb. 2.7 zeigen die wiederrum recht differenzierte Bewertung, wobei insbesondere Polizei, Versicherer und Rettungsdienste als „legitime" Empfänger angesehen werden, während beispielsweise Verkehrsleitzentralen und Autohersteller als weniger und Zahlungsdienstleister oder Social-Media-Plattformen als gar nicht zugangsberechtigt wahrgenommen werden.

Auch wenn die geringe Teilnehmerzahl der Community natürlich nur eine Tendenzaussage erlaubt, stehen die Ergebnisse in hoher Übereinstimmung zu einer Studie aus dem Jahr 2013, bei der anlässlich der EU-weit verbindlichen Einführung des e-Calls die Legitimität der Datenweitergabe an verschiedene Empfänger erfragt wurde (Müller-Peters 2013, S. 37 f.).[20]

[20] Im Kontext des e-Calls wurde neben den oben genannten Empfängern auch dem Pannendienst eine größere Legitimität zugeschrieben.

Bezüglich der Frage, wem sie Zugriff auf die eigenen Mobilitätsdaten geben würden, sahen sich die Teilnehmer der Community durchaus selbst in der Verantwortung, entsprechende Einstellungen vorzunehmen. Zugleich bestand aber auch der Eindruck, dieser Verantwortung als Verbraucher und Verkehrsteilnehmer nicht oder allenfalls in Teilen gerecht werden zu können. Das liegt vor allem an der schon oben beschriebenen Komplexität des Themas (beispielsweise den undurchsichtigen Voreinstellungen und Einstellungsoptionen in den Fahrzeugen), aber auch an Gewohnheiten und der Bequemlichkeit. Damit verbunden werden konkrete Wünsche an Anbieter, Politik und Medien gerichtet:

- An die *Anbieter* wird vor allem die Erwartung an die Auffindbarkeit und Handhabbarkeit (Usability) der entsprechenden Geräteeinstellungen gestellt, verbunden mit dem Wunsch nach einer generell sparsameren Datenerfassung und automatisierter Datenlöschung.
- Von der *Politik* werden vor allem ein klarer Ordnungsrahmen, vermehrte Aufklärung und die konsequente Umsetzung der bestehenden Rechtslage erwartet. (Als Beispielaussage dazu: *„Es geht nicht, wie im Fall Tesla, dass man per Gesetz nicht ständig seine Dashcam laufen lassen darf, aber dieses Auto es trotzdem tut. Dann werden auch noch diese eigentlich unzulässigen Daten als Beweismittel zugelassen. Ist dies noch konform? Mehr Schutz vor Datenklau und Missbrauch"* (Debbie, 44 J.)).
- Der Wunsch nach mehr Aufklärung – und zwar in sachlicher statt reißerischer Form – richten die Teilnehmer ebenso an die *Medien*, eingebettet in den Wunsch nach einer besseren „Befähigung" der Bürger in ihrer Rolle als „mündige" Verbraucher.

Zugleich war den Teilnehmern aber bewusst, dass gerade auch durch die Nutzer selbst eine aktivere Informationssuche und eine bewusstere Entscheidungsfindung erfolgen sollte, oder dass mitunter auch auf datensparsamere Geräte ausgewichen werden könnte. Entsprechend bekannte sich ein erheblicher Anteil der Teilnehmer dazu, in Zukunft stärker als bisher auf die eigenen Datenspuren achten zu wollen.

Zur Einordnung der letztgenannten Aussage ist allerdings zu beachten, dass bezüglich des Schutzes der Privatsphäre die Einstellungen und das Verhalten der Nutzer vielfach weit auseinandergehen, d. h. dass Vorsätze wie „selektive Datenweitergabe" und „Wahrnehmung von Eigenverantwortung" im Alltag leicht untergehen und Aspekten der Bequemlichkeit oder der Erzielung kurzfristiger Vorteile untergeordnet werden.[21] Daher haben wir die Community-Teilnehmer nach etwas mehr als einem halben Jahr nochmals dazu befragt, inwieweit tatsächlich ein Verhaltenswandel eingetreten ist, oder ob die „guten Vorsätze" im Alltag wieder untergegangen sind. Nicht unerwartet zeigen die Ergebnisse ein teils/teils, wobei eine deutliche Abhängigkeit vom Einstellungstyp (vgl. Abschn. 2.3.3) und dabei tendenziell eine noch stärkere Polarisierung zu beobachten ist: Während die „Offensiv-Resignierten" unter den Teilnehmern ihr Verhalten nicht geändert

[21] Vgl. zur Einstellungs-Verhaltensdiskrepanz auch das „Nutzer-Paradoxon" in Knorre et al. (2020, S. 162 f.).

und auch nicht mit Dritten darüber kommuniziert haben, hatten die „Datenkritischen" – und zum Teil auch die „Abwägenden" – ihr Verhalten in Teilen angepasst. Aussagen dazu sind:

- *„Ich achte noch genauer darauf, was ich teile."*
- *„Ich nutze definitiv kaum noch Apps und habe überall das Tracking ausgeschaltet!"*
- *„Ich bin heute vorsichtiger als noch vor ein paar Jahren, gebe nicht mehr so schnell meine persönlichen Daten heraus, nur um Vorteile daraus zu ziehen. Auch lese ich mir immer stärker die AGB von allem, was ich installiere, durch."*
- *„Ich habe mehr auf Datensicherheit geachtet, benutze nur noch kaufpflichtige Virenprogramme. Ich versuche auch, meinen Standort noch weniger freizugeben."*
- *„Allgemein bin ich vorsichtiger bei der Datenfreigabe, den installierten Apps. Auch schalte ich oft das Mikrofon bei Alexa aus, wie auch beim Smartphone, da noch die Kamera."*

Zudem gibt die Mehrzahl der „Datenkritischen" und „Abwägenden" an, mit ihren Freunden, Partnern oder Kindern über das Thema gesprochen zu haben.

2.3.6 Fazit

Tab. 2.2 fasst die zentralen Ergebnisse des Abschn. 2.3 zusammen.

Tab. 2.2 Zusammenfassende Erkenntnisse aus Abschn. 2.3 (Gatzert et al. 2022, S. 46, 56, 83, 94)

1. **Einstellungen und Motive (Abschn. 2.3.2):**
• Autonomie ist *das* dominierende Motiv von Mobilität • Das eigene Auto erfüllt dieses Motiv besonders gut: frei, flexibel, anregend • Unsere digitalen Begleiter sind mehr als einfach nur „Technik": Sie sind für die Nutzer Assistent, verlässlicher Freund und Schlüssel zu einem Universum von Möglichkeiten • Gerade für die Mobilität sind die digitalen Helfer unverzichtbar geworden: Leichter, schneller, sicherer – und für viele unverzichtbar! • Die Kehrseite unserer Mobilität sind Stau und Stress. Big Data verspricht den Ausweg. Leise und fließend, autonom, komfortabel und hoch individualisiert lautet die Verheißung des digitalisierten Verkehrs • Damit erreichen digitale Services in der Mobilität zentrale menschliche Motive, allen voran Entlastung, Autonomie und Kontrolle • Zugleich macht die Technik abhängig, wir werden hilflos, gläsern und ausgeliefert. Es resultiert ein Autonomie-Dilemma

(Fortsetzung)

Tab. 2.2 (Fortsetzung)

<table>
<tr><td colspan="2">2. Nutzen und Gefahren (Abschn. 2.3.3):</td></tr>
<tr><td colspan="2">• Weder Euphorie noch Panik: Sowohl Nutzen als auch Gefahren sowohl aus Perspektive als Verkehrsteilnehmer als auch als Bürger*
• In der Summe überwiegt in Community der wahrgenommene Nutzen von Big Data,** aber auf allen Motivdimensionen gibt es sowohl Chancen als auch Risiken**
• Navigation, Zeiteffizienz, Verkehrslenkung, Vernetzung der Verkehrssysteme … die Liste der Chancen ist lang
• Die Sorgen gelten Sicherheitsaspekten sowie der Frage, ob sich die Daten auch gegen deren „Geber“ wenden können
• Es lassen sich drei Grundeinstellungen ableiten: datenkritisch, abwägend, sowie offensive Resignation
• Mobilitätsdaten im Dienst einer besseren Gesellschaft? Ob als Treiber von Sicherheit und Klimaschutz oder eher als Türöffner einer Sicherheits- und Ökodiktatur bleibt auszuhandeln!</td></tr>
<tr><td colspan="2">*Dennoch ist die Kosten-Nutzenabwägung aus der Perspektive als Bürger in der Regel kritischer denn als Verbraucher, vgl. dazu das Nutzer-Paradoxon in Knorre et al. (2020)</td></tr>
<tr><td colspan="2">**Ähnliche Ergebnisse zeigen sich in der quantitativen Befragung (Kap. 5), wobei dort die Risiken leicht überwiegen</td></tr>
<tr><td colspan="2">3. Digitaler Fußabdruck (Abschn. 2.3.4):</td></tr>
<tr><td>Grundsätzlich …
• Die Mehrheit geht davon aus, viele Datenspuren zu hinterlassen; vor allem Standort und Bewegungsprofile
• Smartphone/Apps werden realistisch als größte Datensammler eingeschätzt, Auto und Sharing weniger
• Die Beschäftigung mit den eigenen Datenspuren verursacht emotionalen und kognitiven Aufwand, oft Überforderung, und verspricht wenig Belohnung. Die Kosten-Nutzen-Abwägung fällt schwer
• Die Einschätzung der eigenen Datenspuren basiert überwiegend auf Heuristiken, nur wenig auf Wissen
• Fehlende Normierung erschwert die bewusste Einstellung von Datenfreigaben. Das gilt besonders beim Auto</td><td>… und nach der Konfrontation mit den eigenen Datenspuren
• Der eigene Fußabdruck überrascht wenig; aber Menge und Vernetzung der Daten werden unterschätzt!
• Reaktionen hängen stark vom Nutzertyp ab. Ein starker digitaler Fußabdruck motiviert nicht unbedingt zu mehr Datensparsamkeit; gleichzeitig kann schon ein schwacher Abdruck Handlungsimpulse auslösen
• Die Information kann auch überfordern und den Wunsch nach mehr Verbraucherrechten auslösen
• Die Nutzung von Daten muss intuitiv verständlich sein oder explizit und nachvollziehbar begründet werden!
• DSGVO-Auskünfte sind meist keine Lösung. Ihre Masse und Komplexität können eine resignative Haltung noch verstärken</td></tr>
<tr><td colspan="2">4. Bereitschaft zum Daten-Sharing (Abschn. 2.3.5):</td></tr>
<tr><td colspan="2">• Nutzer geben sich wählerisch: Datenweitergabe nicht an „jedermann“, sondern im Idealfall nur für unmittelbaren Nutzen und nach Plausibilität
• Datenfreigabe lieber für Eigennutz als für Gemeinwohl, der Gegenwert ist besser fassbar
• Verbraucher sehen Politik und OEMs in der Verantwortung – und sich selbst!
• Hoher Handlungsbedarf bei allen: Die Verbraucher wollen befähigt werden!
• Datenkritische Einstellungen münden nicht notwendigerweise auch in entsprechendem Verhalten. Eine Sensibilisierung kann aber durchaus zu einem sparsameren und selektiveren Umgang mit den eigenen Daten führen</td></tr>
</table>

Literatur

Literatur zu Abschn. 2.1

Ammoser H, Hoppe M (2006) Glossar Verkehrswesen und Verkehrswissenschaften: Definitionen und Erläuterungen zu Begriffen des Transportund Nachrichtenwesens. Verlag Inst. für Wirtschaft und Verkehr, Dresden

BMW (o.J.-a) Der BMW Driving Assistant Professional. https://www.bmw.de/de/landingpage/der-bmw-driving-assistant-professional.html. Zugegriffen am 05.01.2022

BMW (o.J.-b) Ambient Air Paket. https://www.bmw.de/content/dam/bmw/marketDE/bmw_de/topics/offers-and-services/bmw-original-accessories/pdf/Ambient_Air.pdf.asset.1542885346227.pdf. Zugegriffen am 05.01.2022

Dahlmann D (2017) Mobilität. In Kühnhardt L, Mayer T (Hrsg) Bonner Enzyklopädie der Globalität. Springer VS, Wiesbaden, S 685–695

Dumauthioz M, Löhrer T, Singler S (2019) Shape the future of mobility. Für ein zukunftsfähiges Schweizer Mobilitätssystem. Barrieren, Stossrichtungen und Handlungsempfehlungen für ein Mobilitätsökosystem. https://www.pwc.ch/de/publications/2019/PwC-Future-of-Mobility-web.pdf. Zugegriffen am 31.07.2022

Dziekan K, Zistel M (2018) Öffentlicher Verkehr. In: Schwedes O (Hrsg) Verkehrspolitik. Springer VS, Wiesbaden, S 347–372

Gertz C (2013) Auf dem Weg zum Mobilitätsverbund. Wie ÖPNV-Unternehmen und Verbünde die Marktführerschaft bei der Vernetzung von multimodalen Angeboten behalten können. Der Nahverkehr. Öffentlicher Personenverkehr in Stadt und Region, 24–28

Hasse F, Jan M, Ries JN, Wilkens M, Barthelmess A, Heinrichs D, Goletz M (2017) Digital mobil in Deutschlands Städten. https://www.pwc.de/de/offentliche-unternehmen/mobilitaetsstudie-2017.pdf. Zugegriffen am 30.07.2022

Holz-Rau C (2018) Motorisierter Individualverkehr. https://shop.arl-net.de/media/direct/pdf/HWB%202018/Motorisierter%20Individualverkehr.pdf. Zugegriffen am 31.07.2022

Jost T (2021) Kundenbeziehungsmanagement in der Versicherungswirtschaft. Ein Perspektivwechsel vor dem Hintergrund der Digitalisierung und der Entwicklung von Ökosystemen. Dissertation, Universität Leipzig

Kagermann H (2017) Die Mobilitätswende: Die Zukunft der Mobilität ist elektrisch, vernetzt und automatisiert. In: Hildebrandt A, Landhäußer W (Hrsg) CSR und Digitalisierung. Der digitale Wandel als Chance und Herausforderung für Wirtschaft und Gesellschaft. Springer Gabler, Berlin, S 357–372

Kemming H, Reutter U (2012) Mobilitätsmanagement. Eine historische, verkehrspolitische und planungswissenschaftliche Einordnung. In: Reutter U, Stiewe M (Hrsg) Mobilitätsmanagement. Wissenschaftliche Grundlagen und Wirkungen in der Praxis. Klartext, Essen, S 16–29

Linden E, Wittmer A. (2018) Zukunft Mobilität: Gigatrend Digitalisierung und Megatrends der Mobilität. https://www.alexandria.unisg.ch/253291/2/Zukunft%20Mobilit%C3%A4t%20-%20Gigatrend%20Digitalisierung_A5_final.pdf. Zugegriffen am 31.07.2022

Petersen R, Schallaböck K (1995) Mobilität für morgen. Chancen einer zukunftsfähigen Verkehrspolitik. Birkhäuser Springer, Berlin

Rammert A (2019) Akteure des Mobilitätsmanagements. Zentrale Herausforderungen für die Gestaltung von Mobilität. https://www.bbsr.bund.de/BBSR/DE/veroeffentlichungen/izr/2019/1/downloads/akteure.pdf?__blob=publicationFile&v=1. Zugegriffen am 31.07.2022

Schellhase R (2000) Mobilitätsverhalten im Stadtverkehr. Eine empirische Untersuchung zur Akzeptanz verkehrspolitischer Maßnahmen. Deutscher Universitätsverlag, Wiesbaden

Schwedes O, Sternkopf B, Rammert A (2017) Mobilitätsmanagement. Möglichkeiten und Grenzen verkehrspolitischer Gestaltung am Beispiel Mobilitätsmanagement. https://www.ivp.tu-berlin.de/fileadmin/fg93/Forschung/Projekte/Mobilit%C3%A4tsmanagement/Endbericht_MobMan.pdf. Zugegriffen am 31.07.2022

Literatur zu Abschn. 2.2

ADAC (2022a) Spion im Auto: Diese Fahrzeugdaten werden gespeichert. https://www.adac.de/rund-ums-fahrzeug/ausstattung-technik-zubehoer/assistenzsysteme/daten-modernes-auto/. Zugegriffen am 28.06.2022

ADAC (2022b) eCall: So funktioniert das automatische Notrufsystem im Auto. https://www.adac.de/rund-ums-fahrzeug/unfall-schaden-panne/unfall/ecall/. Zugegriffen am 05.01.2022

Audi (2016) Audi Fit Driver. https://www.audi-mediacenter.com/de/audi-auf-der-ces-2016-5294/audi-fit-driver-5300. Zugegriffen am 05.01.2022

Autosieger (o.J.) Ford EKG-Sitz mit Puls-Kontrolle checkt Herz und Zucker. https://www.autosieger.de/ford-ekg-sitz-mit-puls-kontrolle-checkt-herz-und-zucker-article27369.html. Zugegriffen am 05.01.2022

Baumann U, Wittich H (2021) Die wichtigsten Antworten zur EU-Tempobremse. Auto-Motor-Sport. https://www.auto-motor-und-sport.de/verkehr/isa-automatisches-tempolimit-ab-2022. Zugegriffen am 05.01.2022

BMBF (o.J.) Unterstützung der Fahrzeuginsassen durch intelligentes Fahrzeuginterieur. https://www.interaktive-technologien.de/projekte/incarin. Zugegriffen am 05.01.2022

BMVI (2017) „Eigentumsordnung" für Mobilitätsdaten? Eine Studie aus technischer, ökonomischer und rechtlicher Perspektive. https://docplayer.org/64209119-Eigentumsordnung-fuer-mobilitaetsdaten-eine-studie-aus-technischer-oekonomischer-und-rechtlicher-perspektive.html. Zugegriffen am 18.09.2021

BMVI (2021) Moderne Personenbeförderung – fairer Wettbewerb, klare Steuerung. https://www.bmvi.de/SharedDocs/DE/Artikel/StV/personenbefoerderungsgesetz.html. Zugegriffen am 14.01.2022

BMVI (2022) Neue Fahrzeugsicherheitssysteme. https://www.bmvi.de/SharedDocs/DE/Artikel/StV/Strassenverkehr/neue-fahrzeugsicherheitssysteme.html. Zugegriffen am 05.01.2022

Continental (2021) Continental Cabin Sensing: Innenraumsensorik für anspruchsvolles Design und erhöhte Sicherheit. https://www.continental.com/de/presse/pressemitteilungen/20211013-cabin-sensing/. Zugegriffen am 05.01.2022

ETSC (2017) Briefing: Intelligent Speed Assistance (ISA). https://etsc.eu/briefing-intelligent-speed-assistance-isa/. Zugegriffen am 05.01.2022

Europäisches Parlament (2019) Sicherer Straßenverkehr: Lebensrettende Technik für Neufahrzeuge. https://www.europarl.europa.eu/news/de/press-room/20190410IPR37528/sicherer-strassenverkehr-lebensrettende-technik-fur-neufahrzeuge. Zugegriffen am 05.01.2022

Focus (2019) Das Auto mildert den Stress. https://www.focus.de/auto/news/fahrerueberwachung-per-kamera-das-auto-mildert-den-stress_id_10913817.html. Zugegriffen am 06.01.2022

Ford (2016) Neues Ford-Forschungslabor zur Integration von „Wearables" ins Fahrzeug gegründet. https://media.ford.com/content/fordmedia/feu/de/de/news/2016/01/12/neues-ford-forschungslabor-zur-integration-von-wearables-ins-fah.html. Zugegriffen am 05.01.2022

Free Now (o.J.) https://www.free-now.com/de/. Zugegriffen am 07.06.2022

Garmin (2021) Datenschutzrichtlinie für Garmin Connect, Garmin Sports und kompatible Garmin-Geräte.https://www.garmin.com/de-DE/privacy/connect/policy/#ihreRechte. Zugegriffen am 10.07.2021

Gatzert N, Knorre S, Müller-Peters H, Wagner F (2022) Big Data in der Mobilität – das Grünbuch. Goslar. https://raum-mobiler-daten.de/files/downloads/20220405_Big%20Data%20in%20der%20Mobilita%CC%88t_Greenbook.pdf. Zugegriffen am 12.04.2022

Here (2022) Connected, comfortable and safe. https://www.here.com/news/here-connected-cars-location-intelligence-news-story. Zugegriffen am 05.01.2022

Hoberg F (2020) Alkoholtest-Vorrichtung wird 2024 Pflicht. https://www.mobile.de/magazin/artikel/alkoholtest-vorrichtung-pflicht-2024-32370. Zugegriffen am 07.01.2022

Hoberg F (2021) Gesundheitsassistent Auto: Auto der Zukunft – das „Gesundheitszentrum. https://www.envivas.de/magazin/gesundheitswissen/gesundheitsassistent-auto/. Zugegriffen am 05.01.2022

Hornung G (2015) Verfügbarkeitsrechte an fahrzeugbezogenen Daten. Datenschutz und Datensicherheit 6:359–366

Hyundai (2017) Hyundai Motor Company introduces a health + mobility concept. https://www.hyundai.news/eu/articles/press-releases/hyundai-motor-company-introduces-a-health-mobility-concept.html. Zugegriffen am 05.01.2022

IZM (o.J.) INSITEX project: active passenger security through technical textiles. https://www.izm.fraunhofer.de/content/dam/izm/en/documents/Abteilungen/System_Integration_Interconnection_Technologies/TexLab/InSiTex.pdf. Zugegriffen am 05.01.2022

Jungbluth M (2019) Wird das automatisierte und vernetzte Auto zur digitalen Zwangsjacke für Verbraucher? In: Roßnagel A, Hornung G (Hrsg) Grundrechtsschutz im Smart Car. DuD-Fachbeiträge. Springer Fachmedien, Wiesbaden, S 381–398

Klarna (o.J.) Klarna's mobile shopping report. https://insights.klarna.com/mobile-shopping/. Zugegriffen am 28.06.2022

Knorre S, Müller-Peters H, Wagner F (2020) Die Big-Data-Debatte. Chancen und Risiken der digital vernetzten Gesellschaft. Springer, Berlin

Köllner C (2018) I.D. Vizzion fährt autonom und ist lernfähig. https://www.springerprofessional.de/automatisiertes-fahren/elektromobilitaet/i-d-vizzion-faehrt-autonom-und-ist-lernfaehig/15510258. Zugegriffen am 05.01.2022

Köllner C (2019) Wenn das Auto zum Gesundheitsmanager wird. https://www.springerprofessional.de/ergonomie%2D%2D-hmi/gesundheitsmanagement/wenn-das-auto-zum-gesundheitsmanager-wird-/15507094. Zugegriffen am 05.01.2022

Krauß C, Waidner M (2015) IT-Sicherheit und Datenschutz im vernetzten Fahrzeug. Datenschutz und Datensicherheit 6:383–387

Mdr (2020) Was ihr Smartphone über ihren Charakter verrät. https://www.mdr.de/wissen/was-smartphone-nutzung-charakter-persoenlichkeitsmerkmale-verraet-100.html. Zugegriffen am 07.01.2022

Mercedes Benz (2008) Attention Assist: Müdigkeitserkennung warnt rechtzeitig vor dem gefährlichen Sekundenschlaf. https://group-media.mercedes-benz.com/marsMediaSite/de/instance/ko/ATTENTION-ASSIST-Muedigkeitserkennung-warnt-rechtzeitig-vor-dem-gefaehrlichen-Sekundenschlaf.xhtml?oid=9361586. Zugegriffen am 06.01.2022

Mercedes Benz (o.J.-a) Mercedes Benz Intelligent Drive. https://www.mercedes-benz.de/passenger-cars/technology-innovation/intelligent-drive/why-intelligent-drive.module.html. Zugegriffen am 05.01.2022

Mercedes Benz (o.J.-b) Air-Balance Paket. https://www.mercedes-benz.de/passengercars/mercedes-benz-cars/models/eqc/comfort.pi.html/mercedes-benz-cars/models/eqc/comfort/comfort-gallery/air-balance. Zugegriffen am 05.01.2022

Mercedes Benz (o.J.-c) Attention assist. https://www.mercedes-benz.de/passengercars/mercedes-benz-cars/models/v-class/v-class-447/safety.pi.html/mercedes-benz-cars/models/v-class/v-class-447/safety/assistance-systems/attention-assist. Zugegriffen am 06.01.2022

Mobimeo (o.J.) Multimodale Apps, die Menschen bewegen. https://mobimeo.com/produkte. Zugegriffen am 14.01.2022

Oppermann B (2013) Medizintechnik im Auto: Was die Maschine über ihre Insassen erfährt. https://medizin-und-technik.industrie.de/allgemein/am-puls-des-fahrers/. Zugegriffen am 05.01.2022

Pudenz K (2013) Zukunft bei Ford: Auto überwacht Pulsfrequenz und Blutzuckerspiegel. https://www.springerprofessional.de/automobil%2D%2D-motoren/zukunft-bei-ford-auto-ueberwacht-pulsfrequenz-und-blutzuckerspie/6562010. Zugegriffen am 05.01.2022

Reach Now (o.J.). https://www.reach-now.com/de/. Zugegriffen am 14.01.2022

Ritzer-Angerer P (2021) Digitalisierung des Personennahverkehrs – das neue Personenbeförderungsgesetz. ifo Schnelldienst 9/2021, 74. Jg. https://www.ifo.de/DocDL/sd-2021-09-ritzer-angerer-personenbefoerderungsgesetz.pdf. Zugegriffen am 15.01.2022

ShareNow (o.J.) Carsharing in Deutschland. https://www.share-now.com/de/de/. Zugegriffen am 18.01.2022

Stachl C, Au Q, Schoedel R, Gosling SD, Harari GM, Buschek D, Völkel ST, Schuwerk T, Oldemeier M, Ullmann T, Hussmann H, Bischl B, Bühner M (2020) Predicting personality from patterns of behavior collected with smartphones. PNAS 117(30):17680–17687

Vieweg C (2015) Der Arzt fährt mit. ZEIT Online. https://www.zeit.de/mobilitaet/2015-05/autofahrer-gesundheit-sensoren-autotechnik/komplettansicht. Zugegriffen am 05.01.2022

Volkswagen (o.J.) ID. Vizzion. https://www.volkswagen.de/de/elektrofahrzeuge/elektrofahrzeug-konzepte/id-vizzion.html. Zugegriffen am 05.01.2022

Voss M, Viehmann S (2016) ADAC deckt auf: Diese Daten senden moderne Autos ständig an den Hersteller. Focus. https://www.focus.de/auto/ratgeber/sicherheit/datenhungrige-autos-adac-deckt-auf-diese-daten-senden-moderne-autos-staendig-an-den-hersteller_id_5580278.html. Zugegriffen am 13.01.2022

ZDF (2021) Geheimagent Tesla. Wie das Kultauto Daten sammelt. Frontal. https://www.zdf.de/politik/frontal/datenkrake-tesla-das-auto-als-spion-102.html. Zugegriffen am 05.01.2022

Zimmer J (2017) Autos werden zum Gesundheitsassistenten. https://www.horizont.net/tech/nachrichten/CES-Autos-werden-zum-Gesundheitsassistenten-145210. Zugegriffen am 05.01.2022

Literatur zu Abschn. 2.3

Atkinson JW (1964) An introduction to motivation. Van Nostrand, Princetown

BFDI (Bundesbeauftragte für den Datenschutz und die Informationsfreiheit) (2022) Das Recht auf Auskunft (Art. 15 DSGVO). https://www.bfdi.bund.de/DE/Buerger/Inhalte/Allgemein/Betroffenenrechte/Betroffenenrechte_Auskunftsrecht.html. Zugegriffen am 11.08.2022

Diehl T, von Corvin B, Pirzer J (2021) Digitale ethnographie – the new normal: close from a distance? https://www.marktforschung.de/wissen/fachartikel/marktforschung/digitale-ethnographie-the-new-normal-close-from-a-distance/. Zugegriffen am 26.07.2022

Gatzert N, Knorre S, Müller-Peters H, Wagner F (2022) Big Data in der Mobilität – das Grünbuch. Goslar. https://raum-mobiler-daten.de/files/downloads/20220405_Big%20Data%20in%20der%20Mobilita%CC%88t_Greenbook.pdf. Zugegriffen am 12.04.2022

Häusel HG (2011) Die wissenschaftliche Fundierung des Limbic Ansatzes. https://www.haeusel.com/wp-content/uploads/2016/03/wiss_fundierung_limbic_ansatz.pdf. Zugegriffen am 12.04.2022

Heckhausen J, Heckhausen H (2010) Motivation und Handeln, 4. Aufl. Springer, Berlin

Knorre S, Müller-Peters H, Wagner F (2020) Die Big-Data-Debatte. Chancen und Risiken der digital vernetzten Gesellschaft. Springer, Berlin

Maslow AH (2018) Motivation and personality (Motivation und Persönlichkeit), 15. Aufl. Rowohlt, Reinbek bei Hamburg (Englisch 1954)

McClelland DC (1985) Human motivation. Scott, Foresman, Glenview

Müller-Peters H (2013) Der vernetzte Autofahrer – Akzeptanz und Akzeptanzgrenzen von eCall, Werkstattvernetzung und Mehrwertdiensten im Automobilbereich. Schriftenreihe Forschung am IVW Köln 3. https://cos.bibl.th-koeln.de/frontdoor/index/index/docId/26. Zugegriffen am 03.03.2023

Rothmund J (2021) Nachhaltigkeit im Fokus – Motive, Verhalten und Anforderungen der Verbraucher:innen. Rothmund insights, Köln

Zimbardo PG (1983) Psychologie, 4. Aufl. Springer, Berlin

Big Data in der Mobilität und die Perspektive der Stakeholder: Wer sind die Anspruchsberechtigten und zu welchen Ansprüchen sind sie berechtigt?

3

Die 2020 erschienene Studie zur Big Data-Debatte (Knorre et al. 2020) endete mit einem Fazit, das sich, etwas verkürzt, wie folgt zusammenfassen lässt: Es ist nicht mehr die Frage, ob und wo (personengebundene) Daten im Alltagsleben gesammelt und gespeichert werden, sondern unter welchen Bedingungen und vor allem zu welchen Zwecken sie genutzt werden. Das sahen schon vor zwei Jahren auch die Nutzer so: Die Befragung ergab, dass die Zustimmung zur Nutzung von Big Data insgesamt überwiegt, wenn es einen konkreten Nutzen gibt (Knorre et al. 2020, S. 157).

Die Zukunft – so die damalige Studie weiter – liegt eher in einem Denkansatz, der den Bürger und Nutzer[1] nicht als hilfsbedürftiges Schutzobjekt betrachtet, sondern als Datensouverän, der seine Daten sowohl für seinen persönlichen Nutzen als auch für den Aufbau einer bestmöglichen Dateninfrastruktur zur Verfügung stellt. Es ist eine Dateninfrastruktur zu schaffen, für die Massendaten nach definierten Regeln geteilt werden oder sogar geteilt werden müssen, damit sich jeder Stakeholder, insbesondere Hochschulen, Forschungsinstitute, Unternehmen oder Start-ups, daraus bedienen kann. Auch dafür gab es in der damaligen Umfrage eine beachtliche Zustimmung.

Schon damals wurde aus diesem Befund die Schlussfolgerung gezogen, dass Akteure, deren Umgang mit Daten auf klaren ethischen Handlungsgrundsätzen beruht, die Gewinner der Big Data-Debatte sein werden. Warum? Weil sie die besten Chancen haben, das Vertrauen ihrer Stakeholder zu erlangen und damit ihre Handlungsmöglichkeiten – ob politisch oder ökonomisch – erweitern. Vertrauen reduziert die Komplexität eines Expertenthemas wie Big Data und ist deshalb die eigentliche Währung der digitalen Wirtschaft. Von allen Akteuren, welche die Datenschätze nutzen wollen, wird zu-

[1] Die in dieser Studie gewählte männliche Form bezieht sich immer zugleich auf weibliche und männliche Personen. Sie wird in Abschn. 3.3 zugleich zur Anonymisierung eingesetzt.

N. Gatzert et al., *Big Data in der Mobilität*,
https://doi.org/10.1007/978-3-658-40511-3_3

künftig erwartet, die Chancen von Big Data bzw. Künstlicher Intelligenz proaktiv zu nutzen, und zwar sowohl für privatwirtschaftliche Zwecke als auch für gesellschaftliche Interessen, z. B. für bessere Medikamente, höhere Sicherheit oder klimaschonenderes Reisen und Wohnen. Das – so schloss die Studie – ist vielleicht das positive sinnstiftende Narrativ, welches sich zukünftig der Big Brother-Dystopie entgegenstellen ließe (Knorre et al. 2020, S. 54).

Genau daran setzt das nun folgende Kapitel an. Untersuchungsgegenstand sind die Perspektiven der Stakeholder, von deren Verhalten und den daraus entstehenden Beziehungen untereinander es abhängt, ob sich diese positiven, öffentlich geteilten Narrationen durchsetzen, ob sich Anwendungen mit markt- und gesellschaftsrelevantem Nutzen entwickeln und damit letztlich zugleich die Potenziale von Big Data für die Lösung so vieler gesellschaftlicher Probleme genutzt werden können.

Wie dringend letzteres gerade im Zusammenhang mit Mobilität ist, zeigen die Veränderungen im Mobilitätsverhalten, die infolge der Corona-Pandemie festgestellt wurden. So zeigt die Befragung des Instituts für Verkehrsforschung des Deutschen Zentrums für Luft- und Raumfahrt, dass der öffentliche Verkehr der Verlierer der Pandemie ist, während sich die regelmäßige Nutzung des Autos im Alltag auf einem höheren Niveau befindet als vor der Pandemie. Letzteres gilt auch deshalb, weil ein großer Anteil derjenigen, die vor der Pandemie regelmäßig verschiedene Verkehrsmittel benutzten, nunmehr ausschließlich mit dem Auto unterwegs ist (DLR 2021). Zu beobachten sind also Mobilitätsentscheidungen, die insbesondere „dem Ziel einer nachhaltigen, klimafreundlichen Mobilität entgegenwirken" (DLR 2021).

Soweit ist das Problem geschildert. Was aber kann die Lösung sein? Hier wird man einmal mehr nicht an der Frage, wie die Potenziale von Big Data in der Mobilität zu heben sind, vorbeikommen. Schon der Anlauf, den vor der Pandemie erreichten „modal split" im Mobilitätsverhalten wiederherzustellen, dürfte schwer genug sein. Gleichzeitig muss eine klima- und umweltfreundliche Nutzung des Autos her, die weit über die Elektromobilität hinausgeht. Eine Hypothese wäre, dass es datengestützte, individuelle Mobilitätsangebote braucht, die jedem Verkehrsteilnehmer den besten Weg zu seinem Zielort weisen – und zwar mit einer Auswahl von Verkehrsmitteln, die seinen persönlichen Präferenzen entspricht, natürlich abhängig von Wetterlage, Verkehrsdichte oder Supersparpreisen, aber auch von Fitness, Arbeitsbedürfnissen oder Kulturinteressen.

Es liegt an den Stakeholdern im gesellschaftlichen Themenfeld der Mobilität, Verständigungen über datenbasierte Mobilitätslösungen zu finden, die die Akzeptanz der Nutzer finden können. Dies entspricht ihrer „Digital Social Responsibility" (Knorre et al. 2020, S. 45). Es sind schließlich die Verkehrsteilnehmer, die ihre Mobilitätsdaten als Datensouverän „spenden" oder sie aber unbewusst abgeben (s. Kap. 2). Sie haben ihrerseits nicht nur einen Anspruch auf den Schutz ihrer Daten, sondern zugleich darauf, dass die Zwecke der Datenerhebung bekannt sind, öffentlich diskutiert und nutzenstiftend umgesetzt werden.

3.1 Das Stakeholder-Paradigma und seine Bedeutung für die Nutzung von Mobilitätsdaten

Der Begriff des Stakeholders ist eng mit dem des Shareholders verbunden. Der erste wurde in der ökonomischen Theoriebildung in Auseinandersetzung mit dem zweiten entwickelt. Ausgangspunkt ist eine Kontroverse, die zwei Wirtschaftswissenschaftler in der Harvard Law Review bereits Anfang der 1930er-Jahre in der Weltwirtschaftskrise führten. In diesem als „Berle-Dodd Dialog" (Weiner 1964) bekannten Streit argumentiert A.A. Berle gegen die, seiner Ansicht nach, übermächtigen Topmanager und deren Hang zur Selbstbedienung. Dabei sei das Management lediglich Treuhänder der Aktionäre. Das einzige Ziel eines Unternehmens bestehe deshalb darin, Erträge für seine Aktionäre zu schaffen. Demgegenüber vertrat E. Merrick Dodd die Auffassung, das Management müsse auch die Interessen der Beschäftigten, Kunden, Lieferanten und der Gesellschaft insgesamt in seinen Entscheidungen berücksichtigen.

Der Nobelpreisträger Milton Friedman (1970) griff Berles These wieder auf und propagierte medienwirksam im New York Times Magazine „The Social Responsibility of Business Is to Increase Its Profits", wobei er gleichzeitig die Verpflichtung der Unternehmen betonte, beim Profitstreben die Gesetze („the rules of the game") einzuhalten. In der Betriebswirtschaft nahm Alfred Rappaport 1986 diesen Gedanken auf und interpretierte Shareholder Value im Sinne einer langfristigen Maximierung des Unternehmenswerts, was auch die Interessen der Stakeholder mit einbezog (Honold 2020). Doch durch die Finanzmarkt-Exzesse in den Folgejahren geriet der Begriff in Misskredit und in dem alten Streit der Konzepte schlug das Pendel zunehmend zugunsten des Stakeholder-Paradigmas aus.

Freeman verband dies bereits 1984 sowie in den Folgejahren mit der Vorstellung, dass Gewinnmaximierung nicht der Zweck von Wirtschaft sein sollte, sondern vielmehr eine möglichst langanhaltende Wertschöpfung für möglichst viele Stakeholder. Sowohl der Staat als auch Unternehmen dienten demnach einem jeweils spezifischen Sinn und Zweck, einem Purpose (Freeman 2010, S. 29) – Wohlstand der Gesellschaft, Gesundheit, eine intakte Natur oder Bildung für alle. Von Freeman stammt auch die wohl meistzitierte Definition des Stakeholder-Begriffs: „A Stakeholder in an organization is any group or individual who can affect or is affected by the achievement of the organization's objectives" (Freeman 2010, S. 9). Es ist demnach einerseits die Betroffenheit von Personen oder Gruppen, die sie zu Stakeholdern macht, andererseits aber auch ihr Einfluss auf eine Idee, ein Projekt oder eine Organisation.[2]

Stakeholder Kapitalismus – diesen Begriff prägte dann Anfang 2021 der Gründer des Weltwirtschaftsforums Davos, Klaus Schwab (2021). Seiner Ansicht nach existieren drei

[2] Eine adäquate deutsche Übersetzung des Stakeholderbegriffs ist nur ansatzweise möglich. Von Anspruchs- und Bezugsgruppen zu sprechen, wird der Vielschichtigkeit der Vorstellung, über „stakes" zu verfügen, nur ansatzweise gerecht. Deshalb verwendet diese Studie grundsätzlich den Begriff der Stakeholder.

Modelle des Kapitalismus: Der diskreditierte Shareholder-Kapitalismus, noch in vielen westlichen Unternehmen vorherrschend, der Staatskapitalismus, der vornehmlich in Schwellenländern en vogue sei, und der Stakeholder-Kapitalismus, für den er sich stark mache. Damit holte er ein Konzept aus der Schublade, welches er nach eigenen Angaben erstmals 1971 bei der Gründung des Weltwirtschaftsforums in Davos beschrieben hatte und das – verkürzt gesagt – den Grundsatz formuliert, wonach nachhaltige Geschäfte auf den Beziehungen beruhen, die eine Organisation zu den Gruppen unterhält.

Unter den unsicheren Bedingungen der 2020er-Jahre formuliert der Sprecher der globalen Wirtschaftselite zugleich eine Abkehr von der traditionellen Handlungsperspektive des plangetriebenen Managements (Schwab und Vanham 2021) und reiht sich damit auch aus der Praxisperspektive in den entsprechenden Fachdiskurs ein (z. B. Buchholz und Knorre 2019, S. 25). Dies geschieht in dem Bewusstsein, dass nicht mehr alle Situationen und Entwicklungen heroisch kontrolliert werden können, sondern es vielmehr geboten ist, auf Unterstützung und Zusammenarbeit in allen Stakeholder-Beziehungen, den internen wie den externen, zu setzen (Knorre 2020, S. 30). Das bedeutet, dass Organisationen die sie umgebende Umwelt bzw. die dort wirkenden Stakeholder in ihre Wertschöpfungsprozesse grundsätzlich mit einbeziehen (Rüegg-Stürm und Grand 2015; Buchholz und Knorre 2019). In der Logik der Argumentation ist dies das sinnvolle Handlungskonzept, um die Existenz der Organisation bzw. des Unternehmens langfristig zu sichern.

Dabei hat der Gedanke, es mit Stakeholdern zu tun zu haben, immer sowohl eine strategische als auch eine normative Seite (Rüegg-Stürm und Grand 2019, S. 105 f.). Die strategische Seite ist insofern relevant, als dass für jede Entscheidung die Erwartungen und Machtpotenziale der Stakeholder zu berücksichtigen sind und diese zugleich als Ressourcen verstanden werden, die es im Sinne von Effizienz und Effektivität zu nutzen gilt. Die normative Seite kommt zum Tragen, weil Entscheidungen sich dadurch legitimieren müssen, dass sie auf die Betroffenheiten Rücksicht nehmen und auf Verständigung zwischen unterschiedlichen Interessen setzen. Beide Perspektiven schließen sich jedoch keinesfalls aus, im Gegenteil, sie verstärken sich sogar gegenseitig.

So gesehen würde die Antwort auf die Frage, zu welchen Ansprüchen die Stakeholder im Kontext von Mobilitätsdaten berechtigt sind, ganz grundsätzlich lauten: zu allen! Denn das ist der Kern des Stakeholder-Konzeptes. Zugleich bedeutet es nicht, dass die Berechtigung, Ansprüche aus einer Betroffenheit her geltend zu machen, auch dazu führt, dass diesen Ansprüchen auch gefolgt wird. Denn natürlich gestalten auch die Personen oder Gruppen, die Interessen mit Mobilitätsdaten verbinden, ihre Stakeholder-Beziehungen danach, wie sie ihre Ziele am besten erreichen können bzw. wie sie umgekehrt verhindern, dass die Potenziale des Mobilitätsdatengeschäftes behindert oder vernichtet werden. Stakeholder-Beziehungen sind immer selektiv, selbst dann, wenn sie mit hohem normativem Ethos verfolgt werden.

Vor diesem Hintergrund ist es Ziel dieses Kapitels, ausgewählte Stakeholdergruppen, die für die Nutzung von Mobilitäts-Big Data besonders relevant scheinen, eingehender zu analysieren und damit zugleich die Entwicklungspotenziale des Mobilitätsdatengeschäftes zu beschreiben. Wird also davon ausgegangen, dass jede unternehmerische Idee bzw.

jede Organisation, die die Wertschöpfungsprozesse organisiert, um diese Idee umzusetzen, in eine vielschichtige, unübersichtliche und dynamische Umwelt eingebettet ist, dann entscheidet die Qualität der Beziehungen zu dieser Umwelt über deren Erfolgsaussichten. Die Umwelt ist dabei kein abstrakter Raum, sondern besteht, wie Abb. 3.1 zeigt, aus unterschiedlichen Umweltsphären (Rüegg-Stürm und Grand 2019, S. 46), in denen Stakeholder in den Logiken der jeweiligen Sphäre agieren.

Was ist unter diesen Umweltsphären zu verstehen? Sie lassen sich als spezifische Diskussionsräume vorstellen, in denen Stakeholder ihre Ideen und Erwartungen kommunikativ abgleichen und Entscheidungen aushandeln. Ob und inwieweit sich die mit den massenhaften Mobilitätsdaten verbundenen ökologischen, sozialen und ökonomischen Möglichkeiten und Erwartungen realisieren lassen, hängt dementsprechend davon ab, in welchem Umfang und in welcher Art und Weise es gelingt, die Risiken ihrer Umweltsphären zu minimieren und zugleich deren Chancen zu nutzen. Dabei werden für das hier bearbeitete Thema die Umweltsphären Gesellschaft/Politik, Wissenschaft und Wirtschaft bzw. die dort interagierenden Stakeholder als besonders relevant eingestuft – wissend, dass sich natürlich noch weitere Umweltsphären wie Recht, Natur oder Religion definieren ließen. Warum diese Fokussierung?

Wie Abb. 3.1 zeigt, werden in der Umweltsphäre Gesellschaft gesamtgesellschaftlich wünschenswerte Zielvorstellungen entwickelt, die mit der Nutzung von Massendaten der Mobilität verbunden sind. Es werden ökologische Zielsetzungen wie die Reduktion von klimaschädlichen Emissionen mit ökonomisch motivierten Service- und Bequemlichkeitszielen gleichzeitig und wiederholt ab- und ausgewogen. In der Wissenschaftssphäre werden die Bedingungen definiert, unter denen Big Data in der Mobilität neues Wissen, insbesondere neue Technologien, zutage fördern kann, welches seinerseits für innovative

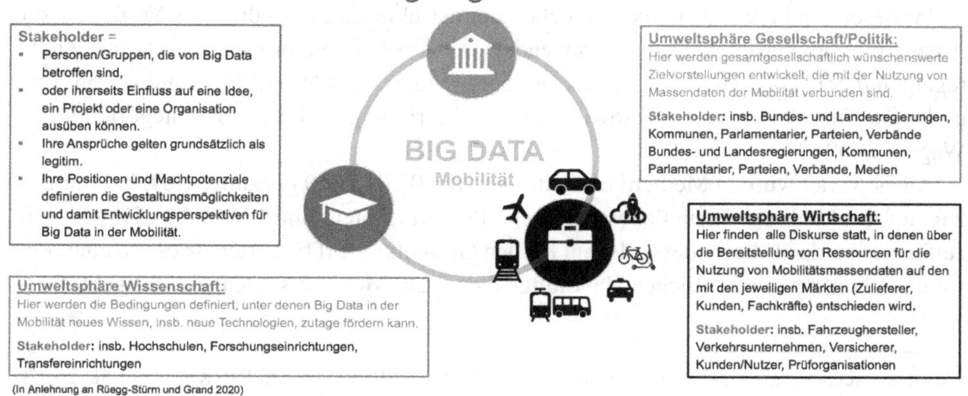

Abb. 3.1 Umweltsphären, Stakeholder und ihre Handlungslogiken. (Nach Rüegg-Stürm und Grand 2019)

Geschäftsmodelle genauso wie für gesellschaftlichen Nutzen eingesetzt werden kann. In der Umweltsphäre Wirtschaft finden schließlich alle Diskurse statt, in der über die Bereitstellung von Ressourcen für die Nutzung von Mobilitätsmassendaten auf den mit den jeweiligen Geschäftsmodellen bzw. deren Wertschöpfungsprozessen verbundenen Märkten (Zulieferer, Kunden, Fachkräfte) entschieden wird.

Auch die genannten drei besonders relevanten Umweltsphären werden von jeweils spezifischen Stakeholdern kommunikativ gestaltet. Wie oben bereits theoretisch begründet, lässt sich auch in der Managementpraxis immer nur eine begrenzte Anzahl von Stakeholder-Beziehungen analysieren und kommunikativ gestalten. Es kommt deshalb auch für diese Studie darauf an, die besonders relevanten Stakeholder-Beziehungen in den ebenfalls ausgewählten Umweltsphären Gesellschaft, Wissenschaft und Wirtschaft zu identifizieren, ihre Positionen und Machtpotenziale zu reflektieren, um damit die Gestaltungsmöglichkeiten und damit Entwicklungsperspektiven für das Mobilitätsdatengeschäft einzuschätzen.

3.2 Mobilitätsdaten im Fokus ihrer Stakeholder: Gestaltungsansprüche und Entwicklungsperspektiven im öffentlichen Diskurs

3.2.1 Studiendesign und Vorgehensweise

Da diese Stakeholder-Beziehungen sich gut nachvollziehbar in öffentlichen Diskursen beobachten lassen, wurde im Rahmen des qualitativen Forschungsteils dieser Studie eine Medienanalyse durchgeführt. Ausgangspunkt für die Medieninhaltsanalyse ist die Überlegung, dass Massenmedien sowohl Wirklichkeit abbilden als auch ihrerseits selbst konstruieren. Die Medieninhaltsanalyse ist insofern eine Beobachtung von Beobachtungen (Merten und Wienand 2004, S. 15) und stellt eine basale sozialwissenschaftliche Methode dar, um soziale Wirklichkeiten zu erheben.

In dieser Studie wurde dementsprechend ein strukturiertes, qualitatives Verfahren zur Auswertung textbasierter Daten angewendet. Der Auswertungsprozess besteht aus einem regelgeleiteten Vorgehen, hier der Zusammenfassung, Erläuterung im Kontext von Text und weiterführendem Material sowie einer Strukturierung mithilfe von Kategorien (nach Wagner 2009).

Ausgewertet wurden Medien[3] im Zeitraum vom 01.01.2020 bis zum 31.07.2021 in Bezug auf das konkrete Thema bzw. politische Projekt „Datenraum Mobilität“. Dieses Einzelthema wurde als besonders relevant für den Gesamtkontext bewertet, da es um eines der wenigen konkreten öffentlichen Handlungsfelder zum Mobilitätsdatengeschäft geht. Des-

[3] Ausgewertet wurde dasselbe Medienset wie in der ersten Big Data-Studie (Knorre et al. 2020). Untersuchtes Medienset: Der Spiegel, Der Tagesspiegel, Die Welt, Die Zeit, F.A.Z. Frankfurter Allgemeine Zeitung, Focus, Handelsblatt, Süddeutsche Zeitung, taz und Wirtschaftswoche (Print- und Online vom 01.01.2020 bis 31.07.2021 als Abfrage über die GENIOS-Datenbank).

halb wird angenommen, anhand dieses Themenbeispiels Merkmale in Stakeholder-Beziehungen beobachten zu können, die typischerweise im Zusammenhang mit Mobilitätsdaten als „Interaktionsthema" (Rüegg-Stürm und Grand 2019, S. 56) auftauchen.

Dabei wurden als Kategorien insbesondere die dort wahrnehmbaren

- Stakeholder (z. B. Individuen, Verbände, Parteien, Medien),
- Betroffenheiten,
- Interessen,
- Erwartungen,
- aktiv eingebrachten gestalterischen Ideen sowie
- Normen und Werte

beobachtet und systematisch erfasst. Dementsprechend werden im Folgenden wesentliche Ergebnisse dieser Inhaltsanalyse anhand von Ankerbeispielen aus dem ausgewerteten Material aufgezeigt und diskutiert. Dabei folgt die Darstellung dem medialen Diskurs im chronologischen Ablauf, der wiederum den zeitlichen, ereignisgetriebenen Ablauf der Ereignisse im Beobachtungszeitraum abbildet. Die Beobachtungen werden anschließend u. a. mithilfe einer Stakeholdertypologie systematisiert und generalisiert.

3.2.2 Der Datenraum Mobilität in den Medien: Stakeholder aus den Umweltsphären Gesellschaft, Wissenschaft und Wirtschaft und ihre Interaktionen

Um was geht es also bei diesem Thema, das die Stakeholder von Big Data in der Mobilität zu Interaktionen veranlasst? Die Initiative, eine digitale Plattform für den Austausch von Mobilitätsdaten zu schaffen, ging von der Bundesregierung aus. Schon in dem im Jahr 2018 vorgelegten Koalitionsvertrag hatten CDU, CSU und SPD die Absicht formuliert, eine digitale Mobilitätsplattform zu schaffen, die alle Mobilitätsangebote über sämtliche Fortbewegungsmittel hinweg benutzerfreundlich miteinander vernetzt. (Bundesregierung 2018, S. 47). Dazu sollten einheitliche, offene Standards entwickelt werden, um Echtzeitdaten über Verkehrsträger und -situationen frei zwischen öffentlichen und privaten Verkehrsanbietern und Anbietern von Informationssystemen austauschen zu können und bundesweite eTickets („Deutschlandticket") zu ermöglichen. Mit diesem Ziel hatte der Bundesverkehrsminister im September 2018 die Nationale Plattform Mobilität auf den Weg gebracht, um relevante Stakeholder miteinander zu verknüpfen. Diese Nationale Plattform Mobilität sollte Handlungsempfehlungen an Politik, Wirtschaft und Gesellschaft aussprechen.

Es kam jedoch erst auf dem Autogipfel am 4. November 2019 Schwung in die Sache, als Bundeskanzlerin Angela Merkel das Thema zur Chefsache machte. In einer Pressemitteilung der Bundesregierung zu den Ergebnissen des Autogipfel heißt es: „Private und öffentliche Mobilitätsanbieter wollen [...] bis Ende 2021 gemeinsam ein umfassendes

Datennetzwerk Mobilität[4] schaffen, damit die Vernetzung für die Mobilitätswende bestmöglich genutzt werden kann. Hierfür werden wir schnell ein Verfahren vereinbaren. Die Mobilitätsanbieter und Fahrzeughersteller werden dafür die erforderlichen Daten rasch zur Verfügung stellen" (Presse- und Informationsamt der Bundesregierung 2019).[5]

Die Bundesregierung begründete ihre Initiative mit dem Ziel, den Tech-Giganten Google, Amazon und Microsoft eine europäische Alternative entgegenzusetzen. Dieses bekannte Narrativ der „Frightful 5" (Knorre et al. 2020) spielte auch bei der Digital-Klausurtagung des Bundeskabinetts im Herbst 2019 auf Schloss Meseberg eine wichtige Rolle. Auch dort wurde von der Bundesregierung das Ziel betont, eine europäische Daten-Infrastruktur als Alternative zu den Diensten der amerikanischen Internet-Riesen aufzubauen, um nicht in deren Abhängigkeit zu geraten (dpa 2019).

Auch in der Folgezeit begründet das Kanzleramt das Projekt „Datenraum Mobilität" wiederholt mit eben diesem höheren nationalen und europäischen Interesse: Damit Deutschland auch in Zukunft „Autoland Nummer eins" ist, sollen sich die am Mobilitätsmarkt Beteiligten zum „Datensharing" bereit erklären, sodass am Ende eine „europäische Cloud entstehen und den amerikanischen Datennutzern (gemeint sind Google, Amazon und Microsoft, A.d.V.) Paroli" geboten werden könne (Delhaes 2020a).

Analog zur Zielsetzung der Bundesregierung, mit dem Datenraum Mobilität den US-Tech-Giganten etwas entgegenzusetzen, bettet auch Kommissionspräsidentin von der Leyen (2020) im selben Zeitraum ihre Initiative für europäische Datenräume, die dann im Folgenden unter dem Projektnamen Gaia X verfolgt wird, in den globalen Wettkampf, vor allem mit den USA, um die besten Digitallösungen ein. Im Einklang mit ihrem beim Dienstantritt formulierten Anspruch, eine geopolitische Kommission zu sein, die den Bürgern zeige, dass die EU auf Augenhöhe mit den USA und China spiele, benennt sie in einem Namensbeitrag im Handelsblatt als Ziel dieser Initiative die „technologische Souveränität Europas". Europa brauche dazu eigene digitale Kapazitäten, damit Start-ups in Deutschland und Europa die gleichen Chancen wie „ihre Gegenspieler im Silicon Valley" haben.

3.2.2.1 Antreiber und Bremser beim „Datenraum Mobilität"

Doch trotz dieser geopolitischen Aufladung bleibt der Fortgang dieser politischen Initiative mühsam. Schon beim Autogipfel 2019 zeichnete sich ab, dass das Projekt auf Seiten der Automobilhersteller keine Begeisterungsstürme auslöste. Zunächst hätten sich die Autohersteller wegen kartellrechtlicher und Datenschutzbedenken geziert, ihre Daten bereit-

---

[4] Das hier genannte Datennetzwerk Mobilität sollte dann im Jahr 2020 begrifflich zum Datenraum Mobilität umbenannt werden.

[5] Erst mit den Autogipfeln am 8. September und 17. November 2020 gewinnt auch die Berichterstattung über den Datenraum Mobilität an Intensität und Tiefe. Während die Süddeutsche Zeitung (09.09.2020) in ihrem Bericht über den September-Autogipfel nur mit wenigen Worten das Projekt „Datenraum Mobilität" als eine Plattform erwähnt, für welche die Autobranche Mobilitätsdaten zur Verfügung stellen werde, hat das Handelsblatt die wirtschaftliche Relevanz und Brisanz des Projekts und damit das journalistische Potenzial dieses Themas entdeckt. Von da an berichtet das Wirtschaftsblatt in großer Regelmäßigkeit detailliert über Fortschritt und Stagnation dieses Projekts.

zustellen, erklärte Bundesverkehrsminister Scheuer dazu. Diese Bedenken habe man aber in Zusammenarbeit mit den zuständigen Behörden aus dem Weg geräumt (Kugoth und Rusch 2021). Diese Erfolgsmeldung erwies sich im Nachhinein jedoch als voreilig.

Dass es nicht so einfach mit dem Ende 2019 von der *Bundesregierung* verkündeten „rasch zur Verfügung stellen“ der Daten für den Datenraum Mobilität sein sollte, macht das Handelsblatt (Delhaes 2020a) knapp ein Jahr später deutlich. So schreibt der Handelsblatt-Autor im Vorbericht zum Autogipfel im September 2020 von „dem heiß umkämpften Markt, in dem die einzelnen Verkehrsträger sich gegenseitig nichts gönnen.“ Als Beispiel für die Bremser nennt er die Autobauer, die nicht von ihrer eigenen bereits in Praxis befindlichen Datenarchitektur Nevada lassen wollen. Dieses beim *Verband der Automobilindustrie (VDA)* angesiedelte System hatten die Autoproduzenten gemeinsam mit Zulieferern wie Bosch aufgebaut. Es ermöglicht die sichere Weitergabe von im Fahrzeug generierten Daten, um sie – kostenlos oder entgeltlich – für Zulieferer und Werkstätten nutzbar zu machen.

Zudem stehen nicht nur die Autokonzerne dem Datenteilen kritisch gegenüber. Auch die Nahverkehrsbetriebe haben Vorbehalte: Sie wollen nur untereinander Daten verknüpfen, um sich Datensammlern wie Google, Amazon, Apple und Co. zu erwehren (Delhaes 2020a).

Das Zögern der Autokonzerne thematisiert ein weiterer Beitrag des Handelsblatts vom gleichen Tag aus Anlass des Abschlussberichts der Enquetekommission des Deutschen Bundestags zum Thema Künstliche Intelligenz (Holzki et al. 2020). Darin konstatieren die Autoren „viel Skepsis“ auf Unternehmensseite – nicht nur, weil es noch viele offene Fragen gebe, etwa wer bei Schäden durch selbstfahrende Autos hafte: der Fahrzeughersteller, der Softwareanbieter oder der Sensorlieferant. Vielmehr würden sich auch viele Unternehmen gegen die Freigabe von Daten sperren: „In den Köpfen hat sich festgesetzt, dass Daten zu teilen grundsätzlich gefährlich ist“, wird ein Experte zitiert. Diese Vorbehalte finden sich auch in einem Artikel der Tageszeitung Die Welt (Zwick 2020a) zum Autogipfel. Schon die Überschrift gibt die Richtung vor: „Die Staats-Cloud wird für die Autobauer zum teuren Projekt.“ Der geplante Datenraum Mobilität würde zwar den Verbrauchern nützen, aber die Gewinne der Hersteller schmälern.

Die Stimmen, die der Autor des Artikels in der Autobranche zu dem Projekt eingefangen hat, sind jedoch nicht grundsätzlich ablehnend. Volkswagen Chef Herbert Diess etwa wird mit den Worten zitiert: Durch die Vernetzung werde „intermodularer Verkehr flüssig und effizient – und vor allem kundenfreundlich“ (Zwick 2020a). Ein BMW-Sprecher berichtet, dass der bayerische Autohersteller schon jetzt sicherheitsrelevante Daten für nichtkommerzielle Zwecke kostenfrei zur Verfügung stellt. Im Datenraum Mobilität könnten diese Daten kostenlos getauscht werden, während andere Daten kostenpflichtig wären. Damit wird die Position der Autobauer deutlich: Sie wollen keine Pflicht zum generellen Teilen ihrer Daten, sondern selbst entscheiden, welche Daten sie wem zu welchen Preisen oder kostenfrei zur Verfügung stellen.

Auf dieses eingeschränkte Teilen scheint sich auch die Bundesregierung hinzubewegen, wie der Handelsblatt-Artikel vom 08.09.2020 zu berichten weiß. Der Datenraum Mobilität soll freiwillig angebotene Daten verknüpfen, es bleibe bei „Datensouveränität" – wer Daten besitzt, soll weiterhin die Hoheit über sie behalten und entscheiden können, wem er die Daten zur Verfügung stellt (Delhaes 2020a). Damit aber hängt die Zukunft des Datenraums Mobilität von der Bereitschaft der Beteiligten ab, ihre Daten zu teilen.[6]

Nächster Anlass für die Berichterstattung ist der Autogipfel vom 17. November 2020. Schon drei Wochen vorher beginnt das Handelsblatt (Delhaes 2020b) mit der Vorberichterstattung. Bereits die Headline zeigt, wer als Antreiber bei dem Projekt und wer als Bremser gesehen wird: „Merkel drängt Autokonzerne: BMW, Daimler und VW sollen Datenschatz teilen". Diese aber „zieren" sich oder halten sich „bedeckt", wohl auf Anraten der Verantwortlichen in den Rechtsabteilungen der Unternehmen und im Verband, wie das Handelsblatt aus Regierungskreisen gehört hat. Dabei sollen sie für ihre Daten ein Entgelt erhalten können, wie es gleich im ersten Satz des Textes heißt.

Merkel will dafür im Gegenzug von der *Automobilindustrie* beim Autogipfel eine verbindliche Zusage zur Teilnahme am Datenraum Mobilität erhalten. Zu diesem Zeitpunkt unterstützen nur bundeseigene Unternehmen wie die Deutsche Bahn AG, der Deutsche Wetterdienst und die Bundesanstalt für Straßenwesen das Vorhaben. Auch die Nahverkehrsbetriebe sperren sich noch. Deshalb will die Bundesregierung sie per Gesetz dazu verpflichten, statistische und Echtzeitdaten zur Verfügung zu stellen. Das Kalkül ist offenbar, vermutet der Handelsblatt-Autor: Je mehr Unternehmen sich beteiligen, desto größer wird der öffentliche Druck auf die Autobauer. Ihnen macht die Regierung folgendes Angebot: Der Datenraum Mobilität bietet einen Standard für Datensouveränität, der auf europäischen Werten beruht; jeder Teilnehmer soll die Souveränität über seine Daten behalten können; und nur wer sich an die Spielregeln hält, hat Zutritt zum Datenraum Mobilität. Das ermögliche fairen Wettbewerb, in dem datengetriebene Innovationen gedeihen können.

Das Handelsblatt berichtet auch schon, wie die Bundesregierung das Projekt für den Datenraum Mobilität in Gang setzen will: Die *Akademie für Technikwissenschaften (Acatech)* wird eine GmbH gründen, die den „Datenraum Mobilität" mit Bundeshilfe in Höhe von 18 Millionen Euro aufbauen soll. Das Gerüst soll die International Data Spaces Association (IDSA) liefern, die schon einen Datenraum vermarktet, der von Fraunhofer Instituten entwickelt wurde. Im Frühjahr 2021 soll dann ein erstes Pilotprojekt starten und der Datenraum im Oktober beim Weltkongress für intelligente Verkehrssysteme in Hamburg im Echtbetrieb seine Fähigkeiten demonstrieren. Ein wichtiger Teilnehmer wäre der Kar-

[6] Am 26.11.2020 berichtet das Handelsblatt von einer Gesetzesinitiative der Bundesregierung, die „das Vorhaben von Bundeskanzlerin Angela Merkel (CDU), einen nationalen Datenraum Mobilität aufzubauen" unterstützen soll, dem Datennutzungsgesetz: „Open Data für alle: Bundesregierung will Datenschätze der Verwaltung öffnen", lautet die Headline des Artikels (Delhaes und Hoppe 2020). Demzufolge sollen alle Bundesbehörden, Anstalten, Körperschaften und Stiftungen des öffentlichen Rechts sowie öffentliche Unternehmen, unter anderem des Verkehrssektors, Daten für die Nutzung bereitstellen. In diesen Kontext passt ein Bericht des Handelsblatts (Neuerer 2019), dass Andrea Nahles noch in ihrer Funktion als SPD-Vorsitzende ein Diskussionspapier für ein „Daten-für-Alle-Gesetz" vorgelegt hat. Daten wie etwa Geo- oder Mobilitätsdaten seien „Gemeingut".

tendienst Here, an dem Daimler, BMW, Audi, Bosch und Continental beteiligt sind. Von dort hat der Autor eine positive Rückmeldung erhalten: Dieser Datenraum werde „letztlich dazu beitragen, eine stärkere digitale Souveränität in Europa zu fördern".

Am Tag des Autogipfels, also noch vor dem Treffen der Beteiligten am Abend des 17. November 2020, meldet das Handelsblatt die angebliche Kapitulation der Autokonzerne vor Angela Merkel mit der Schlagzeile: „VW und Daimler wollen die Pläne der Kanzlerin unterstützen" (Delhaes 2020c). Weiter berichtet das Handelsblatt, dass die Bundeskanzlerin nun tatsächlich die Akademie für Technikwissenschaften beauftragt habe, ein Konzept für den Datenraum Mobilität zu entwickeln, „obwohl die Autobauer bislang wenig Interesse zeigten, sich an dem Projekt zu beteiligen". Nur VW scheint aber tatsächlich seine Position zu ändern und hat dem Handelsblatt bestätigt, dass das Unternehmen nun eine direkte Beteiligung am Datenraum Mobilität anstrebe. VW baue bereits einen eigenen Datenmarktplatz für das Projekt auf – er sei „die Voraussetzung, um sich an übergeordneten Plattformen wie dem Datenraum Mobilität zu beteiligen", sagt eine VW-Sprecherin. Dass auch Daimler einsteigen wolle, wie das Handelsblatt unter Bezug auf Regierungskreise meldet, dazu mag sich der Stuttgarter Autokonzern auf Anfrage des Handelsblatts nicht äußern. Und wie sich BMW positioniert, bleibt unklar. Von dem bayerischen Autobauer ist in diesem Artikel keine Rede. In einer späteren Ausgabe des Handelsblatts (Delhaes et al. 2020) heißt es, dass beim Datenraum Mobilität vor allem BMW „auf der Bremse" stehe.

Obwohl es dem Bundeskanzleramt anscheinend gelungen ist, die Abwehrfront der Autokonzerne aufzubrechen, zeigt die Berichterstattung über den nächsten Autogipfel vier Monate später am 23.03.2021 keinen wesentlichen Fortschritt in der Bereitschaft der Autokonzerne, ihre Daten im Datenraum Mobilität zu teilen. So stellt das Handelsblatt (Delhaes 2021a) fest: „VW, BMW und Daimler zieren sich bei Merkels Datenplattform", ein Jahr und vier Monate nach dem Start ziehe „kaum ein privates Unternehmen mit". Als Grund gibt das Handelsblatt an, die Autokonzerne hätten „eigene Pläne". Ähnlich äußert sich Acatech in seinem Statusbericht, aus dem das Handelsblatt zitiert: Die Teilnahme am Datenraum Mobilität werde „komplementär zu anderen partiellen Datenraum-Aktivitäten gesehen". So arbeiten VW und Here Technologies, der gemeinsame Geodatendienst von Audi, BMW und Daimler, parallel an eigenen Datenplattformen, und BMW hat eine Allianz mit SAP, Deutsche Telekom und wichtigen Zulieferern angekündigt, entlang der Wertschöpfungskette Daten zu tauschen.

Doch unbeeindruckt vom Zögern der Autokonzerne treibt das Kanzleramt den Datenraum Mobilität weiter voran. Er soll 2022 oder früher in den Regelbetrieb gehen. Zum Leiter des Projekts wird Karl-Heinz Kreibich, einst Vorstandschef der Software AG, berufen. Acatech wird eine gemeinnützige GmbH gründen, nach fünf Jahren soll sich die Plattform selbst tragen. Das Ziel ist laut Handelsblatt: „Die Autobauer sollen […] mit Daten Fahrzeuge vernetzen, Trainingsdaten autonomer Fahrsysteme teilen und so schneller forschen, entwickeln, validieren, zertifizieren und die Digitalisierung der Mobilität maßgeblich im Autoland Deutschland vorantreiben. Verkehrsmanagementsysteme sollen dadurch besser arbeiten sowie Transport und Logistik optimiert werden" (Delhaes 2021a).

Unklar ist aber, was mit den Daten entstehen könnte. „Überzeugende Geschäftsmodelle fehlen noch", urteilt das Handelsblatt (Delhaes 2021a), die möglichen Datenlieferanten würden sich auch hier bedeckt halten, bis auf einzelne Vorschläge. BMW etwa sieht als mögliches Geschäftsfeld „dynamische Verkehrszeichen", die Autos erfassen und Daten in Echtzeit zur Verfügung stellen könnten. Audi plant, Gefahreninformationen im Straßenverkehr direkt aus dem Auto heraus anzubieten, und Daimler will Daten über den Straßenzustand weiterleiten. Der Autozulieferer ZF Friedrichshafen will Prognosen zur Verfügung stellen, um bei mangelnder Luftqualität Verkehrssysteme entsprechend zu schalten und den Verkehrsfluss basierend auf der Abgasbelastung zu steuern.

In einem Interview mit dem Tagesspiegel am 01.04.2021 (Kugoth und Rusch 2021) platziert Verkehrsminister Scheuer dann endlich eine Erfolgsmeldung. Als ersten Anwendungsfall nutzt der Mobilitätsdienstleister Free Now, ein Joint Venture von Daimler und BMW, den Datenraum Mobilität, indem er auf Basis der zur Verfügung stehenden Daten des Deutschen Wetterdienstes den Nutzern der Free-Now-App anzeigt, welches Verkehrsmittel sich angesichts der aktuellen Wetterverhältnisse für die geplante Strecke am besten eigne. Später sollen auch Störungsinformationen über verspätete Züge der Bahn und Staus bei der Routenplanung Berücksichtigung finden.

Scheuer nutzt das Interview, um das bekannte Narrativ zu wiederholen und den Datenraum Mobilität als Gegenmodell zur Datensammelwut der großen amerikanischen Plattformunternehmen zu positionieren. Im Unterschied zu deren Praxis würden die Daten nicht zentral gespeichert, sondern verblieben auf den Servern der Anbieter, die auch bestimmten, zu welchem Preis und zu welchen Konditionen sie diese anbieten. Mehr als 55 weitere Anwendungen seien derzeit in Vorbereitung.

Druck für eine Realisierung des Datenraums Mobilität kommt nun auch vom größten deutschen Automobilzulieferer: Im Interview mit dem Tagespiegel (Mortsiefer 2021) sagt Volkmar Denner, Vorsitzender der Geschäftsführung der Robert Bosch GmbH: „Nichtpersonenbezogene Daten … sollten stärker geteilt und genutzt werden können, um neue Geschäftsmodelle daraus zu entwickeln. Deshalb unterstützen wir auch den Aufbau von Plattformen wie Gaia X oder den Datenraum Mobilität." Diese Projekte hält er für dringlich, denn „die großen Plattform-Konzerne (gemeint sind Google, Microsoft, Amazon etc., A.d.V.) haben sich bisher im Bereich Mobilität noch nicht etabliert. Deshalb müssen wir schnell sein, und viele müssen mitmachen. Ich sehe eine große Bereitschaft, sich zu beteiligen. Das hat sich auch beim letzten Autogipfel gezeigt. Wir wollen der Welt zeigen, dass es funktioniert: Vernetzte Mobilität, bei der der ÖPNV mit Autos und anderen Verkehrsträgern Daten austauscht, damit intermodale Mobilität besser wird und dem Nutzer dient."

Nach Informationen des Handelsblatts (Delhaes und Murphy 2021) hat sich Volkswagen inzwischen aus der Datenplattform Nevada verabschiedet. Als Grund sehen die Autoren, dass die deutschen Autobauer zuversichtlich waren, durch ihre Marktmacht auch die Standards im Datengeschäft setzen zu können. Daran glaubt VW nun offenbar nicht mehr. Zudem spricht gegen Nevada, die den sicheren Verkauf von im Fahrzeug generierten Daten an Werkstätten und Zulieferer ermöglichen sollte, dass die Hersteller zwar bestimmen, welche Daten sie an einen Treuhänder geben, sie aber nicht erfahren, wer der Käufer ist.

Wie die Autokonzerne in Zukunft ihre Interessen im „Milliardenmarkt Mobilitätsdaten" gewahrt wissen wollen, zeigt, dem Handelsblatt zufolge, das Lobbying über ihren europäischen Verband ACEA bei der Vizepräsidentin der EU-Kommission Margrethe Vestager und Binnenmarktkommissar Thierry Breton, die die Gesetze für digitale Daten und Märkte vorbereiten. Danach wollen die Unternehmen auch in Zukunft Daten für Dritte bereitstellen, aber die Kontrolle behalten. Nur so seien personenbezogene Daten geschützt und die Sicherheit des Autos gewahrt. Ihre Sorge: Vor allem bei hochautomatisiertem oder autonomem Fahren könnte das Betriebssystem über offene Schnittstellen gehackt werden. Deshalb fordern sie statt eines Standards eine europäische Rahmenregelung für alle, an die sich auch die amerikanischen Datenkonzerne und Tesla halten müssten. Die Hersteller sollen selbst entscheiden, wie sie die Daten übermitteln: über eine Schnittstelle, eine neutrale Plattform oder den direkten Zugang zum Display über das Smartphone. Die Gesetzgebung solle festlegen, welche Daten freizugeben seien und welche freiwillig gehandelt werden könnten. Der Kunde müsse zustimmen, wenn ein Dritter auf Daten zugreifen wolle. Die Autobauer wollen Daten nur auf freiwilliger vertraglicher Vereinbarung und nicht kostenlos an Dienstanbieter weitergeben. Umgekehrt müssten auch die Tech-Konzerne, die Fahrzeugdaten etwa über Smartphones sammeln, diese teilen.

3.2.2.2 Weitere Stakeholder am Datenraum Mobilität

Neben den Protagonisten aus Bundesregierung und Automobilindustrie treten weitere Stakeholder in den medialen Diskurs ein. Mit Ausnahme von Fragen zum Datenschutz sind die Äußerungen der sonstigen Stakeholder zu dem Projekt den untersuchten Medien zufolge durchweg positiv. Die Bundesländer mit den meisten Automobilstandorten Nordrhein-Westfalen, Bayern, Baden-Württemberg und Niedersachsen, die auch regelmäßig am Autogipfel teilnehmen, wollen sich beteiligen (Delhaes 2021a). Der Deutscher Städtetag (Kugoth 2021a) drängt, die Frage zügig zu klären, wer die Daten nutzen und weiterverarbeiten darf, die autonom fahrende Fahrzeuge liefern. Städte und Kommunen würden von diesen Informationen profitieren, sie könnten gut für den Klimaschutz und einen effizienten Verkehr vor Ort eingesetzt werden.

Die *öffentlichen Verkehrsunternehmen und Verkehrsverbünde* hat die Bundesregierung schon durch die Novellierung des Datennutzungsgesetzes und des Personenbeförderungsgesetzes zum Data-Sharing verpflichtet. Dass die Deutsche Bahn dennoch Daten über die Auslastung ihrer Züge und deren Pünktlichkeit Konkurrenten wie Flixtrain verweigert und auch nicht deren Angebote auf ihre Webseite aufnimmt, kritisiert der Chefreporter des Handelsblatts (Fockenbrock 2020) in einem Kommentar als gegen den Geist des Datenraum Mobilität gerichtet, an dem sich die Bahn doch beteilige.

Die Unternehmen des ÖPNV diskutieren parallel zur Diskussion über den Datenraum Mobilität noch ihr eigenes spezifisches Thema: die Reform des Personenbeförderungsgesetzes. Damit will der Bund erreichen, dass alle Unternehmen, die Personen befördern, also öffentliche Verkehrsbetriebe und auch private Plattformen wie Uber oder die VW-Tochter Moia, umfangreich Daten zur Verfügung stellen. Es geht dabei nicht nur um statische Daten wie Fahrpläne, Routen, Preise, Tarifstrukturen, sondern auch um Echtzeitdaten, etwa um Geodaten, die Zahl der im Einsatz befindlichen Fahrzeuge, Verspätungen und Auslastungen der Fahrzeuge. So ist es kein Wunder, dass diese Reform im Verlauf des Gesetzgebungsverfahrens modifiziert wird.

So berichtet Der Tagesspiegel in seinem Newsletter Verkehr & Smart Mobility (Kugoth 2021b), dass das Teilen der Daten nur stufenweise anlaufen soll. Laut der vom Bundeskabinett verabschiedeten Mobilitätsdatenverordnung sollen zunächst nur statische Daten im Linienverkehr geteilt werden, also Fahrpläne, Routen oder Tarife. Mietwagenunternehmen, die sich über Uber oder Free Now vermitteln lassen, sollen Daten zu Bediengebieten und Bedienzeiten sowie Standorten teilen. Dynamische Daten wie Verspätungen, Auslastungen von Bussen, Bahnen und Gelegenheitsverkehr sollen dann ab Juli 2022 hinzukommen, Echtzeitdaten zu Verspätungen oder Geodaten aber nicht wie ursprünglich vorgesehen. Das sieht auch das Handelsblatt vom selben Tag so: „Verkehrsanbieter behalten Datenschatz", lautet die Überschrift (Delhaes 2021b).

Als weitere Interessenten an den Daten und dem Datenraum Mobilität machen sich die *Prüforganisationen* TÜV, Dekra, GTÜ, KÜS und VÜK bemerkbar (Zwick 2020b; Delhaes 2020c). In einem Positionspapier fordern sie einen „direkten Zugang zu den sicherheits- und umweltrelevanten Daten aus den Fahrzeugen", die Fahrzeugprüfung müsse „auf der Grundlage von Datenanalysen und Softwarechecks neu definiert werden". Weil mehr Software und automatische Fahrfunktionen in den Autos installiert und Programme aktualisiert würden, müssten die Überwachungsvereine auch diese Teile überprüfen können. Der Verband schlägt deshalb ein „Trust Center" vor, das von einem unabhängigen Dritten betreut wird und über das die Prüfer Daten abrufen können. Es gehe um Betriebs-, Verkehrs- und Umweltsicherheit.

Im Handelsblatt (Buchenau 2020) begrüßt der Dekra-Vorsitzende ausdrücklich die Initiative der Bundesregierung für den Datenraum Mobilität und den dadurch ausgeübten Druck auf die Autokonzerne, die ihre Daten mit dem Verweis auf ihre Geschäftsgeheimnisse nicht teilen wollten. Aber ohne Zugang zu den Fahrzeugdaten lasse sich – so die Prüfer – nicht ermitteln, ob der Fahrer oder ein Software-Fehler des Autoherstellers schuld bei einem Unfall sei. Bislang müssen die Autohersteller diese Daten erst auf einen gerichtlichen Beschluss hin offenlegen. Die Dekra fordert vor diesem Hintergrund einen diskriminierungsfreien, unabhängigen Zugang zu sicherheits- und umweltrelevanten Fahrzeugdaten.

Von den *Versicherungsunternehmen* hat bislang nur die HUK-Coburg ihre Absicht zur Teilnahme am Datenraum Mobilität erklärt (Delhaes 2021a). Den Versicherern bieten vernetzte Fahrzeuge eine Menge an Daten, auf deren Basis sie neue digitale Versicherungs- und Schadenregulierungskonzepte entwickeln könnten. Die HUK hat schon 400.000 Kunden in einem Tarif, der ein risikoarmes Fahrverhalten des Fahrers belohnt. Den Zugriff auf die Kundendaten will man sich deshalb nicht nehmen lassen. „Wir werden das Zepter nicht aus der Hand geben", sagt ein Manager gegenüber dem Handelsblatt (Heitmann 2021).

Namentlich kommt nur ein Sprecher der *Verbraucherinteressen* zu Wort. Der Vorstand des Verbraucherzentrale-Bundesverbandes stellt sich hinter die Pläne der Bundesregierung für den Datenraum Mobilität und fordert den Aufbau einer verkehrsmittelübergreifenden Plattform. Kritik übt er an den Verkehrsunternehmen, die ihre Eigeninteressen vor das Gemeinwohl stellten und ihren Mitbewerbern misstrauten (Zwick 2020a).

Die organisierten Verbraucherschützer treibt vor allem der Datenschutz um. Der Zeit (Tatje 2021) zufolge fordert die *Verbraucherzentrale Bundesverband*, dass sich die Bundesregierung beim Thema Mobilitätsdaten mehr Zeit lässt und unter Beteiligung aller relevanten Interessengruppen ein separates verkehrsmittelübergreifendes Mobilitätsdatengesetz auf den Weg bringt. Differenzierter äußert sich eine Verbraucherschützerin in der taz (Bergt 2021). Sie besteht einerseits auch auf dem Datenschutz: Die Verbraucher sollten die Hoheit über ihre Daten haben, nicht die Autokonzerne. Ob sie die mit dem Auto erzeugten Daten an die Autohersteller weitergeben, sollen die Verbraucher selbst entscheiden. Aber wenn jemand z. B. einen Versicherungstarif nutzen wolle, der einen bestimmten Fahrstil belohnt, dann könne er seine Daten freiwillig weitergeben. Sinnvoll sei die Datenverwendung, um Verkehrsströme für die Stadtplanung und Umweltwirkungen auszuwerten. Wichtig sei es dabei, die Daten zu anonymisieren.

Auch Europas größte Autofahrerlobby *ADAC* sorgt sich in einer Stellungnahme zum Gesetzentwurf für das autonome Fahren (Delhaes und Murphy 2021) um das Kräfteverhältnis zwischen Autofahrern und Herstellern. Darin verlangt sie, dass der Fahrzeughalter oder der Nutzer über jegliche Datenverarbeitung sowohl von personenbezogenen Daten als auch von technischen Daten ohne Personenbezug selbst entscheiden müsse. Die Autobauer dürften in ihren Geschäftsbedingungen nicht festlegen, dass der Halter auf seine Hoheit über die Daten verzichtet. Vielmehr müssten die Hersteller ermöglichen, dass der Halter selbst Daten speichert und etwa über eine offene Schnittstelle an einen Datentreuhänder übermittelt. Deshalb auch lehnt der Automobilclub herstellereigene Plattformen wie Nevada ab und plädiert für eine Telematik-Plattform direkt im Auto. So könnten alle Daten, auf die Hersteller über Fernzugriff verfügen, auch von unabhängigen Dienstleistern genutzt werden. In diesem Kontext zitiert das Handelsblatt einen Unternehmensberater der Boston Consulting Group: „Die Hersteller werden den Datenpool ihrer Autos für Drittanbieter öffnen müssen, da sie sonst gegen den europäischen Wettbewerbsgedanken verstoßen."

Und was denken die *Verbraucher* selbst? Der Datenraum Mobilität ist ein Expertenthema ohne große Reichweite. Die Medien zitierten im Untersuchungszeitraum jedoch Umfragen mit dem Fokus auf Datenschutz in der Mobilität. Die Ergebnisse sind aber so widersprüchlich, dass sie kaum Aussagekraft haben. Das Handelsblatt (Buchenau 2020) berichtet von einer Umfrage der Dekra unter 1000 Autofahrern. Danach machen sich nur 18 Prozent große Sorgen, dass ihre Fahrdaten missbräuchlich verwendet werden könnten. Nach einer Civey-Umfrage unter 2500 Deutschen für Tagesspiegel Background (Kugoth 2021a) sehen 63 Prozent der Befragten das größte Risiko des autonomen Fahrens in den ungeklärten Haftungsfragen, beim Datenschutz sind es immerhin 36 Prozent.

Auf die Datenschutzthematik fokussieren sich auch einige Redakteure, die die Perspektive der Verbraucher bzw. Autofahrer einnehmen, so Die Welt (Zwick 2020b) aus Anlass der Vorstellung der neuen S-Klasse von Mercedes. Schon die Überschrift zeigt die Stoßrichtung: „Ihr Auto weiß bald alles – und wird sie verraten." Und an wen? An die „Hersteller, EU und Geheimdienste", lautet die Antwort. Interesse an den Daten hätten zudem die Versicherer, um Schadensmeldungen überprüfen zu können, Staaten, um den Verkehr zu steuern und Emissionen zu erfassen, und Geheimdienste, um Personen zu überwachen. Auch dieser Artikel verwendet die Metapher vom „Gläsernen Fahrer", weil das Auto alle möglichen Daten erhebt: Vitaldaten des Fahrers und seine Stimme oder Bilder mit Hilfe von Laserkameras im Innenraum, die Fahrer und Beifahrer beobachten, die Position im Navigationssystem, Bilder und Töne der Umgebung, technische Informationen wie Kraftstoff- oder Stromverbrauch, Beschaffenheit des Bodens, Außentemperatur, Niederschläge.

Dass die Datenschutz-Anforderungen zu 100 Prozent erfüllt seien, wie Daimler-Chef Ola Källenius im selben Artikel zitiert wird, bezweifelt der Welt-Autor und zitiert den Bundesdatenschutzbeauftragten Ulrich Kelber: „Die zunehmende Datenverarbeitung in modernen Kraftfahrzeugen und ihre Kommunikation untereinander, mit ihrer Umgebung und mit dem Internet bergen datenschutzrechtliche Risiken." Dadurch würden „Begehrlichkeiten geschaffen", die „Gefährdungslage" bestehe bereits „im Zeitpunkt des Erfassens von Daten in den im Auto integrierten Steuergeräten" und nicht erst bei der Übermittlung.

Im Feuilleton der Frankfurter Allgemeinen Sonntagszeitung (Maak 2020) kritisiert ein Redakteur, dass die Serverfarmen der digitalen Welt, die „Zentren der Macht", im Stadtbild genauso unsichtbar seien wie das, was mit den Daten der Bürger geschehe. Das liege unter anderem daran, dass die Serverfarmen meist versteckt auf dem Land oder in Bürovierteln stehen würden und von außen kaum erkennbar seien, „wie Lager für Diebesgut – was sie oft auch sind: Speicher von Daten, die den Bürgern ohne ihr Wissen abgenommen wurden". Seine Kritik gipfelt in dem Satz: „Wenn es nicht längst einen Aufstand gibt gegen den Zugriff auf unsere Daten und den schleichenden Verlust an Selbstbestimmung und Freiheit – zuletzt bei dem irren Plan der Bundesregierung, einen ‚Datenraum Mobilität' durchzuboxen, eine Plattform, die alle Daten, die ein Autofahrer generiert, Interessierten zur Verfügung stellt, ohne dass der Autofahrer die Freigabe kontrollieren könnte oder von der Vermarktung seiner Daten profitierte –, dann liegt es daran, dass kaum jemand versteht, was dort technisch passiert."

Mehr noch als nur den Datenschutz gefährdet sieht derselbe Autor im Feuilleton der Frankfurter Allgemeinen Zeitung (Maak 2021) durch die Entwicklung des Autos hin zu einer „Datenerhebungsmaschine": Das Auto ändere seinen „Charakter", historisch war es ein „Werkzeug, das den Handlungsspielraum der Menschen, ihre Freiheit vergrößerte", jetzt verwandle es sich „in einen Erzieher, einen Aufpasser, der seine Insassen als potenziell unverantwortlich, als Delinquenten, Trinker, Raser, Umweltsünder identifiziert, der ihr Verhalten aufzeichnet, durch Belohnungen und Drohungen zu manipulieren versucht und im Zweifel an die Behörden meldet".

3.2.3 Der Datenraum Mobilität in den Medien: Eine zusammenfassende Einordnung der Stakeholder-Interaktionen

Worin liegen die zentralen Ergebnisse dieser Beobachtungen zum medialen Diskurs und inwieweit geben sie Aufschluss über die Stakeholder, ihre Interessen und ihren Einfluss auf die inhaltliche Ausgestaltung des Datenraums Mobilität und dessen Umsetzungsfort-

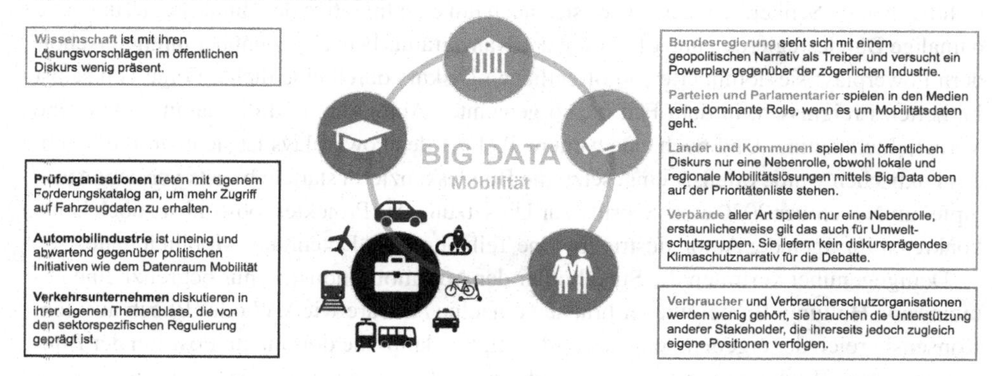

Die ersten Beobachtungen: Stakeholder des Datenraums Mobilität in den Medien
Wissenschaft ist mit ihren Lösungsvorschlägen im öffentlichen Diskurs wenig präsent.
Prüforganisationen treten mit eigenem Forderungskatalog an, um mehr Zugriff auf Fahrzeugdaten zu erhalten.
Automobilindustrie ist uneinig und abwartend gegenüber politischen Initiativen wie dem Datenraum Mobilität
Verkehrsunternehmen diskutieren in ihrer eigenen Themenblase, die von den sektorspezifischen Regulierung geprägt ist.
BIG DATA
Mobilität
Bundesregierung sieht sich mit einem geopolitischen Narrativ als Treiber und versucht ein Powerplay gegenüber der zögerlichen Industrie.
Parteien und Parlamentarier spielen in den Medien keine dominante Rolle, wenn es um Mobilitätsdaten geht.
Länder und Kommunen spielen im öffentlichen Diskurs nur eine Nebenrolle, obwohl lokale und regionale Mobilitätslösungen mittels Big Data oben auf der Prioritätenliste stehen.
Verbände aller Art spielen nur eine Nebenrolle, erstaunlicherweise gilt das auch für Umweltschutzgruppen. Sie liefern kein diskursprägendes Klimaschutznarrativ für die Debatte.
Verbraucher und Verbraucherschutzorganisationen werden wenig gehört, sie brauchen die Unterstützung anderer Stakeholder, die ihrerseits jedoch zugleich eigene Positionen verfolgen.
Quelle: Medienanalyse zum Mobility Data Space 1.1.2020-31.7.2021

Abb. 3.2 Stakeholder des Datenraums Mobilität in den Medien

schritt? Abb. 3.2 fasst diese Beobachtungen zusammen. Zunächst einmal ist lapidar festzustellen, dass die Ausgestaltung dieser Initiative ganz im Sinne der normativen Stakeholdertheorie tatsächlich von einer Vielzahl diverser Stakeholder begleitet wird, die sich aktiv am Diskurs beteiligen.

3.2.3.1 Umweltsphäre Gesellschaft und Politik: Dominante Stakeholder bestimmen den Diskurs

Die detaillierte Analyse der wichtigsten Print- und Onlinemedien in den vergangenen eineinhalb Jahren zeigt, dass diese Sphäre, in der die konsensfähigen Zielvorstellungen für den Datenraum Mobilität ausgehandelt werden, von wenigen machtvollen Stakeholdern beherrscht wurde, die – wenngleich zunehmend weniger – antagonistisch positioniert waren. Die Hauptrollen spielten als Promotoren die Vertreter der damaligen Bundesregierung unter Führung von Bundeskanzlerin Merkel, Verkehrsminister Scheuer und Wirtschaftsminister Altmaier, der das europäische Parallelprojekt Gaia X im Fokus hatte, während die Automobilhersteller bis heute (15.08.2021) eine zögerliche Position einnehmen (s. u.). Nur diese beiden Gruppen konnten in der Sphäre Gesellschaft und Politik gleichzeitig Macht, Legitimität und Dringlichkeit ihrer Interessen (Ronald et al. 1997) deutlich machen. Diesem Salienz-Modell zufolge werden Stakeholder dann herausgehoben wahrgenommen und erzielen Erfolge für ihre Interessen, wenn sie alle drei Dimensionen gleichzeitig auf sich vereinen.

Im Verhältnis zu diesen beiden Protagonisten spielten alle anderen Stakeholder im öffentlichen Diskurs nur eine Nebenrolle. Sie verfügten über keine vergleichbare Salienz. Das galt nicht nur für Verbraucherorganisationen, sondern interessanterweise auch für Umwelt- bzw. Klimaschutzorganisationen, die bei diesem für die nachhaltige Mobilität so wichtigen Thema keine medial wahrnehmbare Rolle spielten. Einzelne prominente Stakeholder wie der Datenschutzbeauftragte Kelber fanden immerhin Gehör, allerdings ohne den inhaltlichen Diskurs maßgeblich zu prägen.

Auf Seiten der politischen Stakeholder ist – nicht überraschend – festzustellen, dass die Regierungsvertreter dominierten, während Stimmen des parlamentarischen Raums kaum sichtbar waren. Schließlich handelte es sich auch um eine Initiative der Bundesregierung. Die damalige Bundesregierung unter Führung des Kanzleramts betrieb gegenüber ihren Stakeholdern Powerplay: sie dominierte den öffentlichen Diskurs durch eine dichte Folge von selbst initiierten Ereignissen, in dem Fall die so genannten Autogipfel und die damit verbundene Vorberichterstattung. Und noch eine weitere Technik des Powerplays ist sichtbar: die Macht das Faktischen wurde offensiv eingesetzt: die Bundeskanzlerin startete bereits vor dem Autogipfel im November 2020 erste Schritte zur Umsetzung des Projektes, obwohl sie noch keine konkreten Zusagen der Autoindustrie für eine Teilnahme am Datenraum Mobilität hatte.

Demgegenüber vertraten die Stakeholder der Automobilindustrie nur begrenzt eine gemeinsame Haltung. Immer wieder brachen einzelne Akteure wie VW oder Bosch aus dem Konsensbereich der eigenen Seite aus und festigten damit die dominante Position der Bundesregierung. Bis heute (15.08.2021) sind wesentliche Fragen wie Art und Umfang der Beteiligung der deutschen Automobilhersteller am Datenraum Mobilität ungeklärt.

3.2.3.2 Geopolitik als vorherrschendes Narrativ

Sämtliche Befürworter des Datenraums Mobilität bedienten sich eines starken geopolitischen Narrativs. Diese Kontextualisierung und gleichzeitig emotionale Aufladung des Themas verstärkte die Stakeholder-Dominanz, nicht zuletzt gegenüber den Skeptikern des Datenraums Mobilität. Diesem Narrativ zufolge geht es um nichts weniger als die Selbstbehauptung Europas gegen die Vormacht und zunehmende Bedrohung durch die amerikanischen und chinesischen Hyperscaler, um die Verteidigung der europäischen Datensouveränität gegen Google, Apple, Microsoft und Alibaba, um europäische Standards und Werte, die sich beispielhaft in dem EU-weit geregelten Datenschutz kristallisieren. Das Projekt Gaia X, das die Mobilitätswende europaweit flankieren und so einen grenzenlosen digitalgestützten Verkehr ermöglichen soll, wurde als das ambitionierteste industriepolitische Projekt der EU seit der Entwicklung des Airbus bezeichnet und so ebenfalls in das geopolitische Narrativ eingereiht. Mit dem Airbus ist es der EU immerhin erfolgreich gelungen, das Monopol der amerikanischen Luftfahrtindustrie zu brechen.

Umgekehrt ist ebenfalls interessant, welches Motiv *nicht* als Narrativ dominierte: nämlich der eigentliche Sinn und Zweck des Datenraums Mobilität, der mit seiner Dringlichkeit und hohen Aktualität eigentlich ebenfalls das Potenzial eines erfolgreichen Narrativs hätte. Schließlich besteht das Ziel des Datenraum Mobilität darin, über eine Vernetzung der wichtigsten Mobilitätsakteure (Autohersteller, Bahn, öffentlicher und privater Nahverkehr, Taxen und Mietwagen, Car-, Bike- und E-Scooter-Sharing u. v. m.) eine Mobilitätswende herbeizuführen, die zugleich benutzerfreundlich und ressourceneffizient ist und auch das Land besser an die Stadt anbinden soll. Nicht zuletzt soll das Projekt auch ein Schritt hin zum autonomen Fahren sein, von dem sich Politik und Experten mehr Sicherheit im Straßenverkehr und weniger Verkehrstote versprechen. Dieses Narrativ klang gelegentlich an, wenn die damalige Bundesregierung ihre Initiative auch damit begründete, Deutschland müsse beim autonomen Fahren Autoland Nummer eins bleiben. Dies war eigentlich ein geschicktes Argument, appellierte es doch auch an den Selbstbehauptungswillen der deutschen Automobilindustrie.

Das alles ist eigentlich viel Stoff, um den Sinn und Zweck im Sinne des Stakeholder-Kapitalismus (Abschn. 3.1) zu kommunizieren. Gleichwohl setzten die dominanten Stakeholder im Beobachtungzeitraum auf die überwölbende geopolitische Erzählung, die offenbar als noch wirkungsvoller eingeschätzt wurde. Das mag auch an der hohen Komplexität des Themas liegen, die durch verschiedene, sich überlagernde Diskussionsstränge auf nationaler und europäischer Ebene noch verstärkt wurde und womöglich seitens der politischen Stakeholder ein Narrativ verlangt, welches die Komplexität des Themas massiv reduzieren kann.

3.2.3.3 Umweltsphäre Wissenschaft: In der Zuschauerrolle

Vertreter der Wissenschaft waren im medialen Diskurs kaum wahrnehmbar. Bei ihnen handelt es sich um diskretionäre Stakeholder (Ronald et al. 1997), denen eine hohe Legitimität zugewiesen wird, denen es aber offensichtlich an Macht und Dringlichkeit ihrer spezifischen Position zum Datenraum Mobilität fehlt. Das galt im Beobachtungzeitraum sowohl für die naturwissenschaftlich-technischen als auch für die sozial- und wirtschaftswissenschaftlichen Disziplinen. Allein Acatech und Fraunhofer fanden Aufmerksamkeit, wenngleich erst im Zusammenhang mit der Umsetzung des Projektes. Auch Stimmen aus den Rechtswissenschaften beispielsweise zu Datenschutzfragen im Zusammenhang mit dem Datenraum Mobilität waren in den untersuchten Medien nicht zu finden.

3.2.3.4 Umweltsphäre Wirtschaft: Uneinige Stakeholder

In der Umweltsphäre Wirtschaft wird besonders deutlich, dass die Stakeholder in dieser Sphäre ihrer eigenen (Markt- und Wettbewerbs-)Logik folgten, die sich von denen der anderen unterscheidet. Die Unternehmen der Automobilindustrie gehörten zwar in der Gesamtschau der Stakeholder-Konstellationen zu den dominanten Stakeholdern, und zwar sowohl in der Sphäre der Gesellschaft als auch der Wirtschaft. Dennoch war ihre Salienz nicht so stark ausgeprägt wie bei der Bundesregierung. Das ist vor allem darauf zurückzuführen, dass sie sich zunächst abwartend und anschließend nicht einstimmig äußerten. Es traten zum Teil deutliche Differenzen zwischen Herstellern und Zulieferern auf. Offenkundig hatten sie auch kein Interesse an einer öffentlichen Debatte über die Frage, wem die in den Autos generierten Daten eigentlich gehören.

Einzelne Stimmen wie die von Bosch konnten der Diskussion eine deutliche Wendung geben, weil sie als „abweichende Meinung" einen hohen Nachrichtenwert aufwiesen. Hinzu kamen handfeste interne Konflikte innerhalb der Stakeholder-Gruppe, so beispielsweise bei der Frage, wie es mit der Plattform Nevada, mit der technische Fahrzeugdaten anonymisiert an Werkstätten und Zulieferer verkauft werden sollen, weitergehen sollte.

Dem Projekt verweigern konnten sich die Automobilhersteller aber auf Dauer nicht, nicht zuletzt, weil sie nicht den Zug zum autonomen Fahren verpassen wollten. Schon deshalb mussten sie ein Interesse an einer gemeinsamen Plattform haben, um ihre Software mit mehr Daten trainieren zu können. Nach Lage der Dinge können sie diese Daten über den Datenraum Mobilität bekommen. Die Automobilindustrie befand sich also in einem klassischen

Dilemma. Es ist also kein Wunder, dass immer noch nicht entschieden ist (Stichtag 15.08.2021), ob ihre gemeinsamen Interessen stärker sind als ihre Konkurrenz untereinander.

Kunden bzw. Verbraucher waren als abhängige Stakeholder (Ronald et al. 1997) auszumachen. Als solche haben sie dringliche Anliegen mit hoher Legitimität, nämlich ihr Recht auf Datenschutz und Ausübung ihrer Datensouveränität gegenüber den Automobilherstellern sowie das Interesse an einer Verkehrswende, aber geringen Einfluss auf den Diskurs. Infolgedessen sind sie von der Unterstützung anderer Stakeholder abhängig, wie beispielsweise der Bundesregierung. Das führte dazu, dass die Interessen der Verbraucher in den untersuchten Medien nicht eindeutig, sondern immer von der Position ihrer Unterstützer abhängig waren: Während das Justizministerium – wie die organisierten Verbraucherschützer – die Public-Good-Position vertrat, nicht personenbezogene Daten sollten allen gehören, forderte der ADAC im Namen der Autofahrer die Hoheit des Halters über die Daten, er allein soll über ihre Verwendung entscheiden.

Im Übrigen waren über solche impliziten Allianzen wie zwischen Justizministerium und Verbraucherschützern hinaus keine expliziten Absprachen zwischen unterschiedlichen Stakeholdergruppen, z. B. zwischen Autoindustrie und Autofahrern, zu erkennen. Alle Stakeholder verharrten in ihren spezifischen Gruppierungen und Spielfeldern.

3.2.4 Big Data in der Mobilität und die Perspektiven der Stakeholder: Thesen für die weitere Forschung

Um diese Beobachtungen aus der Medienanalyse noch einmal vertieft zu überprüfen, werden daraus nunmehr Thesen entwickelt, welche Rahmenbedingungen für das Mobilitätsdatengeschäft ganz generell, d. h. jenseits des Fallbeispiels „Datenraum Mobilität", aufgrund seiner spezifischen Stakeholder-Beziehungen angenommen werden können. Diese nun folgenden Thesen dienen zugleich als Impulse für die im Forschungsdesign folgenden Fokusrunden sowie zur Auswertung des dort erhobenen Datenmaterials. [7]

Folgende zwölf Thesen lassen sich auf Grundlage der bisherigen Beobachtungen aus der Medienanalyse formulieren, alle beziehen sich auf die Bedingungen des Stakeholderumfeldes und damit die Entwicklungsperspektiven von Big Data in der Mobilität:

1. Sowohl die gesellschaftlich-politische als auch die wirtschaftliche Umweltsphäre rund um Entscheidungen über Mobilitätsdatenräume werden auch zukünftig von wenigen dominanten Stakeholdern geprägt sein, namentlich der Bundesregierung und der Automobilindustrie.
2. Alle anderen Stakeholder haben Mühe, dass sie mit ihren Interessen im öffentlichen Diskurs überhaupt gehört werden. Das gilt auch dann, wenn sie – wie die Verkehrsunternehmen oder Verbraucherschützer – eine hohe Betroffenheit aufweisen.

[7] Es handelt sich also um ein zweistufiges, multimethodisches Vorgehen im Sinne der Grounded Theory.

3. Die Chancen, die mit einer Nutzung der Mobilitätsdaten über einen gemeinsamen Datenraum verbunden sind, werden von den dominanten Stakeholdern deutlich höher gewichtet als die Risiken.
4. Das Narrativ, wonach es um eine geopolitische Auseinandersetzung geht, um die Verteidigung der europäischen Datensouveränität gegenüber den US-amerikanischen Tech-Konzernen, verfängt nahezu vollständig bei allen Stakeholdern, d. h. auch bei den Kunden, die mit ihrem Mobilitätsverhalten die Daten generieren.
5. Schon aus Gründen des Klimaschutzes treibt die Bundesregierung die Nutzung der Mobilitätsdaten für öffentliche Zwecke weiter voran. Dabei kann sie immer stärker auf einen konkreten Nutzen aus realen Anwendungen verweisen, der dann auch noch für eine Vielzahl unterschiedlicher Stakeholdergruppen Vorteile bringt. Beides macht ihre Vorhaben mehrheitsfähig.
6. Dagegen sind Stakeholder, die Klimaschutz und Datenschutz gleichermaßen auf ihrer Agenda haben, in ihrer Interessenwahrnehmung blockiert. Sie können die hohe Legitimität ihrer Ansprüche nicht ausspielen.
7. Stakeholder aus der Wissenschaft werden abhängige Stakeholder bleiben, d. h. sie bleiben darauf angewiesen, dass sie von anderen Stakeholdern unterstützt oder sogar gezielt genutzt bzw. benutzt werden. Positionen der Wissenschaft finden deshalb auf allen Ebenen nur mit einem erheblichen Timelag Eingang in die entscheidungsrelevanten Diskurse.
8. Die Automobilhersteller werden auch zukünftig kein Treiber eines (europäischen) Datenraums für Mobilität. Sie werden alles daransetzen, einen möglichst großen Anteil an den Daten jeweils für sich behalten und nach ihren Interessen gestalten zu können. Als globalisierte Konzerne ist es für sie rational, notfalls sogar die (kostengünstigeren) Dienste von den Hyperscalern auf den Märkten in den USA und China zu nutzen, denen die europäische Politik den Kampf angesagt hat.
9. Das Thema Datenschutz ist im öffentlichen Diskurs nicht mehr so dominant wie noch vor einigen Jahren. Die Stakeholder, für die der Datenschutz Priorität hat, finden nur noch begrenzt Gehör.
10. Nur noch gelegentlich ertönen Stimmen, die insbesondere das Auto als „Datenkrake“ denunzieren. Stattdessen prägen neue, weniger despektierliche Metaphern wie die vom „iPhone auf Rädern“ den medialen Sprachgebrauch.
11. Schließlich sind viele Verbraucher zunehmend und gelegentlich auch Verbraucherschützer von den Errungenschaften der Big Data in der Mobilität fasziniert. Sie spenden oder verkaufen gerne auch ihre persönlichen Daten, weil sie sich davon mehr Komfort, höhere Sicherheit und wirtschaftliche Vorteile, z. B. durch günstigere Versicherungstarife oder Vorzugspreise, versprechen.
12. Die Komplexität der Materie der Mobilitätsdaten, die Fragen, wo sie entstehen, wem sie gehören und wo sie für wen gespeichert werden, führen dazu, dass das Thema insgesamt aus dem öffentlichen Diskurs eher verschwindet. Damit nehmen zugleich die Ambitionen der politischen Stakeholder ab, in diesem Politikfeld gestalterisch tätig zu werden. Es herrscht die Macht des Faktischen, d. h. es wird im bestehenden Rechtsrahmen das gemacht, was möglich ist.

3.3 Mobilitätsdaten im Fokus ihrer Stakeholder: Eine qualitative Analyse von Perspektiven, Interaktionen und Handlungskonzepten

Ausgangspunkt der weiteren empirischen Forschung bleibt die mit dem Stakeholderkonzept theoretisch begründete Annahme, dass es vom Verhalten der Stakeholder und dem daraus entstehenden Beziehungsgefüge abhängt, ob und wie die Potenziale von Big Data für die Mobilität der Zukunft genutzt werden können. Ausgehend von der Medienanalyse werden nunmehr die folgenden Fragen vertieft:

- Welche Betroffenheiten, Interessen und Ansprüche formulieren Stakeholder?
- Welche Erwartungen (Hoffnungen und Befürchtungen) verbinden sie mit Big Data in der Mobilität?
- Welche Merkmale weisen die Beziehungen innerhalb und zwischen den Stakeholdergruppen auf? (Interaktionsthemen, öffentliche Wahrnehmung, Machtverhältnisse und Konflikte)
- Welche Gestaltungsvorschläge werden vorgebracht, wie werden diese aus anderen Gruppen bewertet?
- Welche Verständigungen über datenbasierte Mobilitätslösungen lassen sich identifizieren?

Zur Beantwortung dieser Fragen wurden drei moderierte Fokusgruppen mit Experten aus den Stakeholdergruppen Wirtschaft, Politik, Wissenschaft und Medien organisiert und durchgeführt. Diese Experten wurden im Sinne eines theoretischen Samplings der qualitativen Sozialforschung (Brüsemeister 2008, S. 9 ff.) ausgewählt. Einer der Fokusgruppen gehörten auch Teilnehmende der Online-Community an, die für die Verbraucher sprachen.[8] Ziel war es, Wissen, Deutungen und Handlungsorientierungen zu Big Data in der Mobilität zu erheben und dabei die Perspektiven der Stakeholdergruppen weiter zu analysieren, bestehende Konflikte zwischen diesen offen zu legen und mögliche Lösungsansätze zu verstehen. Die im Folgenden dargestellten Ergebnisse beruhen auf der Auswertung und Verdichtung[9] des in diesen Fokusgruppendiskussionen erhobenen Materials.

[8] Die Fokusgruppen wurden am 30.09.2021, 06.10.2021 sowie 07.10.2021 mit jeweils 5 bzw. 6 Experten in Form von Video-Konferenzen auf der Plattform von Kernwert mit einer Dauer von jeweils 60 Minuten durchgeführt. Die Moderation erfolgte durch Susanne Knorre und Horst Müller-Peters. Unterstützt wurde die empirische Forschung von Jutta Rothmund von Rothmund Insights.

[9] Die Auswertung erfolgte anhand der Aufzeichnungen der Fokusgruppen-Sitzungen und den vorgenommenen Transkriptionen. Umfangreiche ausgewählte Daten finden sich online unter www.raum-mobiler-daten.de. Ankerzitate werden im Folgenden wörtlich übernommen und nur grammatikalisch oder in Einzelfällen insbesondere zur Anonymisierung redaktionell angepasst.

1. Prof. Dr. Ellen Enkel, Lehrstuhl für Allg. BWL und Mobilität, Universität Duisburg-Essen, Fakultät für Ingenieurwissenschaften
2. Dieter Fockenbrock, ehem. Handelsblatt-Redakteur mit Schwerpunkt Mobilität
3. Andera Gadeib, Digitalunternehmerin, Marktforscherin und Autorin
4. Nils Heller, Referent Mobility, Digitalverband Bitcom
5. Prof. Dr. Lars Harden, Geschäftsführer aserto GmbH, Fakultät für Management, Kultur und Technik Hochschule Osnabrück
6. Susanne Henckel, Geschäftsführerin Verkehrsverbund Berlin-Brandenburg VBB, Präsidentin Bundesverband Schienennahverkehr
7. Prof. Dr. Sabina Jeschke, RWTH Aachen, Senior Advisor Deloitte
8. Daniela Kluckert, MdB Vize-Vorsitzende Ausschuss für Verkehr und Digitales, Mitglied Enquetekommission Künstliche Intelligenz
9. Kirsten Lühmann, MdB SPD-Fraktion, Mitglied Verkehrsausschuss
10. Marc Männer, Global Data & Analytics Use Case Portfolio Management bei BMW
11. Dr. Hans Gerd Prodoehl, Geschäftsführer Prodoehl Consult GmbH
12. Dr. Andrea Timmesfeld, Head of Public Affairs & Community Engagement/ Leiterin Hauptstadtbüro, Generali Deutschland AG

3.3.1 Perspektiven

Die Diskussionen in den drei Fokusgruppen erbrachten übereinstimmend das Ergebnis, dass alle Stakeholder grundsätzlich den Nutzen von Big Data anerkennen, sowohl für ihre Gruppe als auch für die Gesellschaft insgesamt. Wie Abb. 3.3 zeigt, äußerten alle Teilnehmenden übereinstimmend die Hoffnung und Erwartung, dass Big Data wesentlich zur Lösung aktueller gesellschaftlicher Herausforderungen in Form von Effizienzsteigerung, besserer Verkehrslenkung, neuen Geschäftsmodellen und neuen Mobilitätsformen beiträgt.

Sie sehen das Nutzenpotenzial von Big Data vor allem bei den Themen Verkehr, Klimaschutz und Wirtschaftskraft. So erwarten sie mehr Verlässlichkeit bei den Verkehrsangeboten (Verkehrsgarantie) und höhere Verkehrssicherheit für die Verkehrsteilnehmer bei parallel steigender Individualisierung und Flexibilisierung des Güter- und Personenverkehrs. Für den Klimaschutz erhoffen sie positive Auswirkungen bei gleichzeitigem Erhalt der Verkehrsgarantie, ohne Abstriche bei ihrer ökonomischen Situation und persönlichen Bequemlichkeit vornehmen zu müssen. Generell sehen sie die Chance, dass Big Data eine Steigerung von Wirtschaftskraft, Wettbewerbsfähigkeit und Lebensstandard ermöglicht, neue Arbeitsplätze schafft und die wirtschaftliche Effizienz erhöht, schon um die demographisch bedingt schwindenden personellen Ressourcen zu kompensieren. Damit verbindet sich auch die Hoffnung, dass die deutsche Automobilbranche ihre Position als Weltmarktführer verteidigen kann.

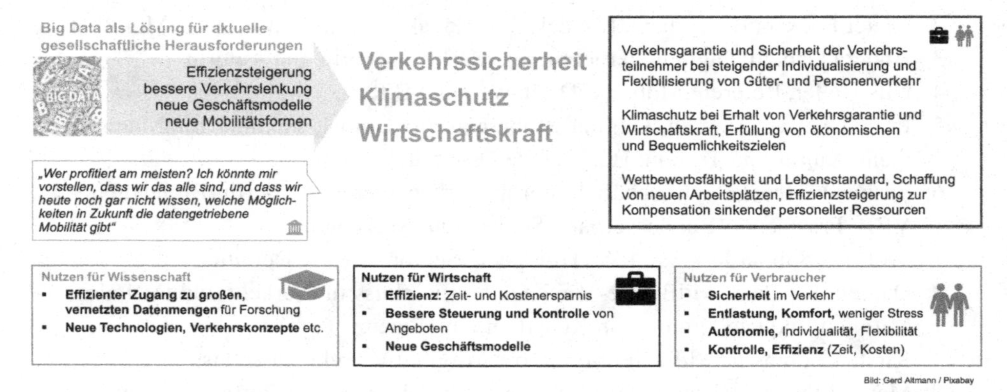

Abb. 3.3 Die Nutzen-Erwartung eint den Blick der Stakeholder auf Big Data in der Mobilität

Für die Wissenschaft wird der Nutzen von Big Data im effizienten Zugang zu großen, vernetzten Datenmengen für Forschungszwecke, in der Entwicklung neuer Technologien, Verkehrskonzepten etc. gesehen. Der Wirtschaft werden Vorteile im Sinne von Zeit- und Kostenersparnissen, die sich in höherer Effizienz niederschlagen, einer besseren Steuerung und Kontrolle von Angeboten sowie der Entwicklung neuer Geschäftsmodelle zugeschrieben. Und für Verbraucher liegen die Potenziale vor allem in einer höheren Verkehrssicherheit, einer zunehmenden Entlastung, in mehr Komfort und weniger Stress, was ihnen ein höheres Niveau an Autonomie in Form von mehr Individualität und Flexibilität bei gleichzeitiger Kontrolle und Effizienz an Zeit und Kosten ermöglicht. Und wer profitiert am meisten? Die generell positive Einschätzung der Nutzenpotenziale von Big Data gibt am besten die Aussage eines Experten aus der Politik wieder: „*Ich könnte mir vorstellen, dass wir das alle sind, und dass wir heute noch gar nicht wissen, welche Möglichkeiten in Zukunft die datengetriebene Mobilität gibt.*"

3.3.1.1 Vom Nutzen der Daten und den realen Problemen der Datennutzung

Doch konfrontiert mit der aktuellen Realität, wird der Blick nüchterner. Den Stakeholder-Repräsentanten in den Fokusgruppen war sehr wohl bewusst, dass sich die an Big Data geknüpften Hoffnungen auf eine schnelle und umfassende Lösung für die großen gesellschaftlichen Herausforderungen der Gegenwart bei Verkehr, Klima und der Wirtschaft angesichts der Komplexität der Aufgaben nicht so einfach realisieren lassen. Die Erwartungen, die sich an den Fortschritt der datengetriebenen Mobilität knüpfen, stoßen auf allen Ebenen – technisch, politisch und wirtschaftlich – auf Barrieren. Genannt wurde in diesem Kontext der offenkundige Gegensatz von Datennutzen und Datenschutz. Auch sei eine realistische Kosten-Nutzen-Rechnung schwierig, solange der Wert der Daten unklar ist. Zudem seien nicht alle Modelle in den diskutierten Mobilitätsszenarien kommerzialisierbar. Und: Der Aufbau einer Dateninfrastruktur, die den hohen Anforderungen an die Datenqualität gerecht werde, sei komplex und teuer. Zu dieser nüchternen Betrachtungsweise passt der Kommentar eines Wirtschaftsexperten: „*Wir müssen entmystifizieren und nüchtern drangehen. Welcher Typ von Daten schafft tatsächlich einen signifikanten Nutzen? Und da werden wir bei manchen Themen durch Ausnüchterungszellen gehen und viele hochtrabende Visionen von Mobilitätsqualitätssprüngen durch Big Data kritisch betrachten müssen.*"

So war Konsens in den Fokusgruppen, dass Big Data zwar grundsätzlich einen Nutzen bietet, der Wert der jeweiligen Daten jedoch schwer bestimmbar ist. Daraus resultiere die mangelnde beziehungsweise zögerliche Bereitschaft, eigene Daten zu teilen (Shareability) und mit den eigenen Daten zu handeln (Tradeability). Am stärksten sichtbar war die Bereitschaft der Verbraucher, mit ihren Daten für die Nutzung von Gütern oder Services zu zahlen, wenn sie einen konkreten Nutzen sehen. Aber sie sind unsicher, ob die Kosten für den Nutzen angemessen sind, da der Preis für die Daten schwer abschätzbar ist, und sie befürchten, dass die Wirtschaft, etwa die großen amerikanischen Tech-Plattformen, sie übervorteilt und manipuliert.

Auf Seite der Unternehmen ist die mangelnde Bereitschaft zum Handeln mit den eigenen Daten nicht nur durch die wirtschaftliche Konkurrenz zwischen ihnen begründet, sondern auch abhängig von der jeweiligen Position und Kostenperspektive des einzelnen Unternehmens. Denn die Daten haben für den Lieferanten einen anderen Wert als für den Empfänger, was dazu führt, dass die Lieferanten eher bremsen und die Empfänger eher antreiben. Zudem ist der Aufbau einer Dateninfrastruktur für den Lieferanten teuer, während sich der Wert der Daten für den Empfänger erst aus den Geschäftsmodellen ergibt, für die sie eingesetzt werden sollen. Ein Vertreter der Medien wies in diesem Zusammenhang auf den offenkundigen Widerspruch hin, dass „*quer durch die Wirtschaft eine Euphorie besteht, was man mit Daten alles so machen kann*", während gleichzeitig „*derjenige, der Daten generiert, u. U. einen ganz anderen Blick auf die Daten hat als derjenige, der sie nutzen will*".

Langfristig werde sich das einspielen, äußerte sich ein Politikexperte optimistisch: „*Daten sind auch eine Ware, mit der gehandelt wird, und das muss sich in irgendeiner Weise regulieren.*" Aber wie, fragte ein anderer, „*Wie kriege ich die Player dazu, Daten zu liefern? Welchen Nutzen haben sie? Und wie kriege ich die Branche (ÖPNV A.d.V.) dazu, diese Dateninfrastruktur anzuerkennen? Ein großes Thema, das wir lösen müssen, um dort einen Schritt weiterzukommen.*" Als Bedingung dafür nannte ein Wissenschaftsexperte: „*Ich kann nur etwas in die Auktion geben, tauschen, verkaufen, wenn ich irgendeinen Wert habe. Und das gelingt bei Daten leider unzureichend. Wenn wir es schaffen, den Daten einen Wert zuzumessen, wären wir schon weiter.*" Die schwierige Kalkulation des Daten-Nutzens, um daraus einen Preis abzuleiten, ist nach Ansicht des Wissenschaftlers der Hauptgrund für das stockende Sharing und Trading von Daten. Als Beispiel führte er den Fall eines großen Automobilherstellers und eines Zulieferers an, die ihre Datenplattform für den Datentausch öffnen wollten, was aber daran scheiterte, „*dass den Daten kein individueller Wert beigemessen werden konnte*".

Als Grund dafür, dass es mit der Wende auf den Mobilitätsmärkten hakt, wurde in den Fokusgruppen übereinstimmend der Mangel an hochwertigen Daten genannt: „*Daten aus nur einer Quelle können wir fast nicht gebrauchen. Erst die Vernetzung der Daten macht uns zukunftsfähig, auch was neue Mobilitätskonzepte angeht. Bisher liegt die Verantwortung, diese Daten zu sammeln und zu vernetzen oder an die Daten zu kommen, oftmals bei denen, die neue Geschäftsmodelle aufbauen möchten, und nicht bei denen, die Datenqualität gewährleisten, um sie dann weiterzugeben. Die Datenmacht besteht häufig darin, sie nicht weiterzugeben, sondern das Ganze möglichst intransparent zu halten.*" Deshalb forderten die Experten einen Paradigmenwechsel im Umgang mit den Daten: „*Je mehr Daten genutzt werden, je mehr Veredelung gemacht wird, desto wertvoller werden sie.*"

3.3.1.2 Das geopolitische Paradoxon

Thema in den Fokusgruppen war auch die geopolitische Auseinandersetzung Europas mit Nordamerika und Fernost um das Ziel der Datensouveränität. Dieses Konfliktnarrativ wurde von allen Stakeholder-Experten angesprochen. Beim Kampf zwischen diesen Weltregionen gehe es um Wirtschaftsmacht, Daten- und Rechtshoheit, den Markt und die Verbraucher. Deutschland und die EU seien durch digital höher entwickelte, innovativere und investitionsstärkere Wettbewerber aus den USA und China bedroht. Die Ursache liege zum einen darin, dass „*wir so wenig Investmentkapital haben, in ganz Europa im Vergleich vor allem zu Nordamerika.*" Zum anderen aber seien es die politischen Rahmenbedingungen, die Europa ins Hintertreffen geraten ließen.

Dadurch geraten nach Wahrnehmung der Diskussionsteilnehmer Politik und Gesetzgeber nun verstärkt unter Handlungsdruck, Datenschutz und Regulierung abzubauen, um mehr Investitionen und Projekte zu fördern und die Dateninfrastruktur auszubauen. So forderte ein Politikexperte: „*Die Gesetzgebung muss mehr Dinge erlauben, im Datenschutz und auch im Personenbeförderungsgesetz, dass man nicht Innovationen der Privatwirtschaft im Keim erstickt. Sonst erfinden wir Innovationen, aber das Ausland macht sie marktreif, weil wir das nicht dürfen. Wir in Deutschland zeigen uns in verschiedenen Bereichen nicht wettbewerbsfähig und rauben unseren Unternehmen die Möglichkeit, einen Heimatmarkt zu entwickeln, aus dem man dann auch exportieren und sich global vergrößern kann.*" Ähnlich äußerte sich ein Wissenschaftsexperte: „*Wir wären gerne Technologieführer und Vorantreiber der Künstlichen Intelligenz, durch die viele Industrien neue Geschäftsmodelle und Möglichkeiten bekommen. Gleichzeitig stehen wir datenschutzmäßig auf der Bremse, das geht nicht. Ich kann nicht gleichzeitig Technologien produzieren, sie aber nur in anderen Ländern zum vollen Potenzial ausprobieren, weil ich eine Gesetzgebung habe, die mich hier blockiert.*"

Dem geopolitischen Narrativ zuwider nutzten jedoch wichtige europäische Akteure die Produkte der großen US-Tech-Unternehmen und arbeiteten mit ihnen zusammen. Dies geschehe zum einen aus Mangel an Alternativen, Europa sei digital abhängig von den großen amerikanischen oder chinesischen Technologiekonzernen. Auch von den Verbrauchern wird Deutschlands digitale Wettbewerbsfähigkeit kritisch gesehen. Innerhalb Europas seien vor allem Skandinavien und die baltischen Staaten weiter, beim Netzausbau sei

Deutschland eher am Schluss positioniert, sagte eine Nutzerin aus der Online-Community: „*Innerhalb der EU wirst du wenige Länder finden, in denen sich die Bevölkerung so sehr für den Netzempfang in ihrem Land schämen muss. Traurig, wenn man bedenkt, wie viel höher das deutsche Prokopf-BIP im Vergleich zu anderen Ländern ist, die uns deutlich überholt haben.*"

Zum anderen liege in der Zusammenarbeit mit den US-Tech-Unternehmen aber auch eine Chance, weil wichtige Stakeholder in Europa die Kollaboration verweigern oder weil mögliche Datenlieferanten kein Interesse an der Weitergabe ihrer Daten haben. Google habe beispielsweise in einem Projekt über Fahrplanabfragen die Fahrgastauslastung prognostizieren können, daraus habe man „*viel gelernt*". Demzufolge nutzte der US-Konzern dabei einen Vorteil gegenüber den heimischen Unternehmen: „*Google nutzt viel, indem sie zunächst nicht fragen. Wir als öffentliche Hand können das nicht und dürfen das nicht. Wir wären gerne mutiger. Uns bleiben solche Kooperationen, aus denen wir viel lernen und dann den Schritt zurückgehen. So traurig ist es gerade.*"

So gesehen biete die Zusammenarbeit mit den US-Tech-Unternehmen also auch die Möglichkeit, Deutschland als Standort für die Digitalwirtschaft zu stärken. Dieses Argument wird zum Beispiel auch angeführt, um Subventionen und Ausnahmeregelungen etwa für Tesla zu rechtfertigen. Dabei wird Teslas Vorgehen von Verbrauchern durchaus kritisch gesehen. So vermutete ein Nutzer: „*Alle Teslas sind in Deutschland wegen der Aufzeichnungen der Daten rechtswidrig unterwegs. Die werden üblicherweise vor Gericht nicht als Beweismittel anerkannt, da sie unzulässig erstellt werden. Auch wenn es ein Backup-Rechenzentrum in Amsterdam gibt, braucht sich keiner Illusionen darüber zu machen, dass die Daten nicht auch in die USA gespiegelt werden. Komischerweise gibt es keinen Kläger. Da halten die Autobranche und Apple wohl (noch) still, weil sie für sich selbst eine nachteilige Gesetzgebung befürchten.*" Auch eine weitere Nutzerin macht sich Sorgen, was ihre Daten betrifft: „*Die EU-Datenschutz-Regelungen sind eine Farce, da es keine Maßnahmen gibt, wenn dagegen verstoßen wird. Somit können unsere Daten weiterhin nach Amerika und Co. verkauft werden.*"

3.3.1.3 Big Data und der Datenschutz

Um das volle Potenzial von Big Data zu erschließen, sind also nach Ansicht der Experten Anpassungen beim Datenschutz erforderlich. Denn das Teilen von Daten und ihre Vernetzung widersprechen dem Bedeutungskern des Datenschutzes. So brauchen Prognosen individuelle Datenspuren. Trotz Anonymisierung und Pseudonymisierung sind bei großen Datenmengen Rückschlüsse auf Personen möglich. Die Konsequenz, so ein Wissenschaftsexperte: „*Entweder ich pseudonymisiere und anonymisiere so brutal, dass ich keine vernünftige Prognostik ableiten kann. Oder ich erhalte einen großen Teil der Daten und könnte, wenn ich es boshaft wollte, Rückschlüsse ziehen und die Anonymisierung knacken. Wenn wir Datenschutz über alles stellen, werden wir viele andere Probleme nicht lösen.*"

Aus Expertensicht ist deshalb eine vollständige, unaufhebbare Anonymisierung nicht möglich, im Übrigen dienten die Datenschutzhinweise meist mehr der Absicherung des Unternehmens als der Information der Datengeber. Die allgemeine Erfahrung ist: Je komplexer und umfangreicher die Datenschutzhinweise formuliert sind, umso weniger werden sie gelesen, verstanden und bei der Abwägung der Zustimmung berücksichtigt. Daraus resultiert die Diskrepanz zwischen den hehren Zielen des Datenschutzes und der opportunistischen Anwendung im Alltag. „*Datenschutz ist so ein deutsches Heiligtum. Aber die Bürger sind sehr schnell bereit, davon etwas aufzugeben, wenn sie einen Nutzen davon haben. Trotzdem wird viel mehr beschützt als es eigentlich sein müsste*", sagte ein Politikexperte. Was Bürger wofür aufzugeben bereit sind, gelte es herauszufinden. So war es Konsens in den Fokusgruppen, dass sich das Privacy-Problem von Big Data allein über den Datenschutz nicht auflösen lassen wird. Es brauche darüber hinaus einen ethischen Diskurs, der potenziellen Nutzen gegen potenziellen Schaden abwägt und die Frage stellt, was wir bereit sind, wofür in Kauf zu nehmen.

Wie problematisch der starre Datenschutz sein kann, zeigt sich nach Ansicht der Teilnehmer an der Diskussion in den Fokusgruppen insbesondere beim Öffentlichen Verkehr. Hier begrenzt der Datenschutz den Innovationsspielraum und verlängert die Prozesse. Deshalb wünscht sich die Wirtschaft pragmatischere Lösungen. Mitunter werde der Datenschutz auch vorgeschoben, um Kollaborationsvorbehalte gegenüber Open Data zu bemänteln. Für die öffentliche Hand wird der Datenschutz so zum Innovationsbremser: Während die Privatwirtschaft Graubereiche ausloten kann, ist die öffentliche Hand im Datenschutz „gefangen". Die Folge ist: Innovationen, die den öffentlichen Verkehr stärken sollen, werden gestoppt. Das bestätigte ein ÖPNV-Experte: „*Ich bin auch sehr für den Datenschutz, aber es muss transparent gemacht werden: Wie kann man einen Weg gehen, der nicht an diesen Rahmenbedingungen scheitert? Der Einzige, der nicht scheitert, ist Google ...*"

Deshalb sprach sich ein Politikexperte dafür aus, den „*Datenschutz so zu stricken, dass er Dinge ermöglicht. Da müssen wir pragmatische Lösungen finden. Wenn wir groß denken wollen im öffentlichen Nahverkehrssystem, dann kann das nur die datengetriebene, bequeme Mobilität sein, die so genannte open Mobility.*" Zustimmung kam auch vom Wirtschaftsexperten: „*Damit der öffentliche Verkehr nicht zurückfällt, müssen gesetzliche Rahmenbedingungen geschaffen werden, das könnte ein Bundesmobilitätsgesetz sein, in dem wir Experimentierräume für Innovationen eröffnen, die heute an Datenschutz oder an Bedenkenträgern scheitern. Wir müssen mehr Innovationsmut ermöglichen.*"

Innovative Lösungen scheitern aber nicht nur am starren Datenschutz, sondern auch an der Komplexität. So ist offensichtlich, dass eine Buchungsapp für alle Verkehrsmittel aufgrund des hohen Nutzens auf große Zustimmung von den Kunden stoßen würde. Anders als bei der Digitalen Gesundheitsakte besteht hierfür bei ihnen eine große Bereitschaft zum Daten-Teilen. Die Verbraucher in den Fokusgruppen jedenfalls waren sich einig: „*Wie cool das wäre, wenn man mit einer App alles abfrühstücken könnte und nicht zig nutzen muss*", sagte eine Nutzerin. Weitere Nutzer plädierten für „*eine App, mit der man alle Mobilitätsanbieter recherchieren, buchen und bezahlen kann. Mit Suchprioritäten Zeit und Preis.*" oder „*Eine App, die meine Mobilitätspräferenzen kennt, und mir sagt, mit welchen Verkehrsmitteln ich in welcher Abfolge am besten zum Ziel komme.*"

Wenn diese 1-App-Lösung auf solche Zustimmung bei den Verbrauchern stößt und auch die Politik sie will, warum ist es dann so schwierig, sie zu realisieren? Auf diese Frage gab es keine einheitliche Antwort. Der Politikexperte meinte, der Grund liege in einer Verweigerungshaltung auf Seiten der Wirtschaft und der Verbraucher: „*Für diese App brauche ich Daten und die kommen von zwei Seiten. Einmal von der Wirtschaft und die will nicht, weil sie Angst um ihre Daten hat. Auf der anderen Seite müssen die Kunden Daten zur Verfügung stellen.*" Und bei denen bestünden ähnliche Vorbehalte wie bei der Digitalen Gesundheitsakte, die viele Bürger ablehnten, weil sie den direkten Nutzen nicht sehen. Ein anderer sah dagegen das Grundproblem in der „*Vielfalt in unserem Verkehrssystem und den vielen Betrieben, die daran beteiligt sind.*" Es müssten halt alle mitmachen.

Aber viele Regionen und Nahverkehrsbetriebe sperrten sich, man sehe das aus einzelbetrieblicher Sicht. „*Warum soll ein Staatsunternehmen, das mit viel Geld eine Datenbank mit vielen Daten aufgebaut hat, die freigeben für private Nutzer?!*" Deshalb beschränken sich solche Konzepte hauptsächlich auf die lokale Ebene. Ein ÖPNV-Experte führte ein weiteres Argument an: „*Die Verkehrsunternehmen verkaufen Fahrkarten und die sind notwendig für ihre Einnahmen. Wenn jemand die Fahrkarte woanders kauft und bei ihnen fährt, machen sie Verlust. Deshalb müssen sie was abkriegen. Dazu muss geklärt werden, was wie gezählt wird. … Jeder, der genau weiß, wie viele Fahrgäste er transportiert, ist gut dran. Aber die automatischen Fahrgastzählsysteme funktionieren in der Regel nicht und sind nicht smart vernetzbar mit den Systemen der anderen. Das ist in der Branche ein zentrales Thema.*"

So ist als Ursache des mangelnden Fortschritts bei der 1-App-Lösung auch eine dreifache Komplexität auszumachen: Eine systemische aufgrund des Föderalismus bei Verkehr und Datenschutz mit vielen Anbietern und unterschiedlichen Techniken; eine strukturelle aufgrund unterschiedlicher Interessenslagen und Tarife, die gerechte Abrechnungen zwischen den Anbietern und eine Standardisierung der Fahrgastzählung erschweren; sowie eine technische aufgrund unterschiedlicher Dateninfrastrukturen, die nur schwer harmonisiert werden können. Dass sich der ÖPNV mit einem Deutschlandticket und der 1-App-Lösung gegenüber anderen Verkehrsmöglichkeiten aufwerten dürfte, sehen zwar alle Fokusgruppenteilnehmer, sie beklagen aber zugleich, dass dies (noch) nicht zu einem praktischen Durchbruch geführt hat.

3.3.1.4 Big Data, Autonomes Fahren und der Innovationdruck auf die Industrie

Ein wesentliches Anwendungsgebiet von Big Data ist das autonome Fahren, ein Zukunftsthema, das großen individuellen und gesellschaftlichen Nutzen verspricht. Im Unterschied zu den manifesten Hindernissen im ÖPNV sind beim autonomen Fahren schon erste reale Fortschritte zu erkennen, und das, obwohl wir „*in Deutschland ungern etwas ausprobieren*", wie ein Politikexperte ausführte. „*Bevor irgendjemand etwas ausprobiert, brauchen wir erst Regularien. Beim autonomen Fahren ist es ein ganz bisschen anders.*" Konkret geht es um das Gesetz zum autonomen Fahren, das allgemein als „*Nährboden*" betrachtet wurde. Es habe zur Folge, „*dass einige Unternehmen demnächst nach Deutschland gehen werden und dort zum ersten Mal ihre autonomen Technologien im Regelbetrieb testen werden. Weil Deutschland, wer hätte es gedacht, das erste Land auf der Welt ist, das einen gesetzlichen Rahmen für autonome Fahrzeuge im Regelbetrieb geschaffen hat ... Damit kann Deutschland eine Blaupause für internationale Regulierung sein.*" Dass Deutschland hier vorne mitfährt, bestätigt auch ein Teilnehmer aus der Wirtschaft: „*Bei der Digitalisierung des Autofahrens und beim autonomen Fahren ist man ja relativ weit. Die deutsche Gesetzgebung ist auch relativ weit.*"

Dazu trägt auch bei, dass die potenziellen Kunden des autonomen Fahrens für sich selbst einen Nutzen darin sehen, wenn sie ihre Fahrdaten zur Verfügung stellen. „*Wenn die unmittelbare Gratifikation stark korreliert mit der Großzügigkeit der eigenen Daten gegenüber, dann ist das natürlich beim autonomen Fahren enorm. Wenn das Bedürfnis da ist, digital zu fahren, dann sind die Daten, die man da verschenkt, letztlich auch ‚irrelevant*'", so ein Wissenschaftsexperte. Die Datenerhebung als Mittel zur Steigerung des Nutzens wurde sowohl von dem Experten der Automobilindustrie, wie auch den Vertretern der Verbraucher in den Fokusgruppen im Großen und Ganzen übereinstimmend als unproblematisch gesehen, wobei bei Letzteren die Nutzenperspektive und das Markenvertrauen mögliche Befürchtungen überlagern könnten.

Die Kunden haben mit den Assistenzsystemen und der Navigation schon starke Nutzenerlebnisse und erwarten weitere bei der Entwicklung hin zum autonomen Fahren. Die Daten, die die Kunden generieren, seien für die Hersteller kein Geschäft, sondern Mittel zum Zweck: Sie werden nur genutzt, um Prozesse zu optimieren und Kundennutzen zu generieren. Dass das Teilen ihrer Daten Mittel zum Zweck der Nutzung ist, sahen auch die Verbraucher so. Schwierig werde es bei Daten, die nicht als notwendig für die Funktion erkennbar sind, was aber selten der Fall sei. Ohnehin ist klar: da das Smartphone bereits sensible Daten erhebe, könnten die Autohersteller diese Daten auch von den Tech-Konzernen beziehen. Unter den Verbrauchern sei das Narrativ „*Google weiß alles*" verankert, das Smartphone als Top-Datensammler. Das sei ein Grund für eine offensiv-resignative Haltung mancher Verbraucher, die nur auf den Nutzen sehen, ohne auf die Datenspuren zu achten. Für die Autohersteller seien deshalb die Datenrisiken gering: Der Großteil der Kunden habe kein Problem mit der Datenerhebung durch das Auto.

Die einzige Kontroverse ergab sich bei der Frage, ob die Kunden beim Autokauf über ihre Einverständniserklärung zu Datenerfassung ausreichend informiert seien. Daran äußerten die Verbraucher Zweifel: die Einverständniserklärung werde vergessen oder erst gar nicht gelesen. Was Datenspuren betrifft, hätten die Verbraucher wenig konkrete Kenntnis: Datenspuren erschließen sich aus der Nutzung, Informationen dazu und Einstellungen würden aber nur schwer gefunden. Für andere Experten aus der Wirtschaft ist dennoch klar: „*Der Großteil der Bürger nutzt die Dienste und hat kein großes Thema damit. Die drei Prozent, die es nicht wollen, machen viel Lärm und überlagern die Diskussion. Bei E-Mobilität und Hybrid ist es wichtig, die nächste Ladestation zu finden. Das ist der direkte Nutzen und der ist sehr groß. Wenn man Bürgern den Nutzen nennt, wird das genutzt.*" Wie hoch der Anteil derjenigen ist, die Probleme mit der Datenerhebung haben, blieb umstritten. Die von den Teilnehmern vorgetragenen Angaben bzw. Schätzungen schwankten zwischen drei und zehn Prozent aller Mobilitätsteilnehmer.

Dass das autonome Fahren bei Verbrauchern auf großes Interesse stößt, belegen die Äußerungen von zwei Teilnehmern aus diesem Bereich. „*Ich wollte wissen, wie gut autonomes Fahren funktioniert*", antwortete ein Nutzer auf die Frage nach den Kaufkriterien für seinen Tesla. „*Antwort: wir sind noch meilenweit entfernt. Aber trotzdem cool.*" Und eine andere Nutzerin ist sich sicher, Mobilität wird in fünf Jahren „*noch ausgereifter sein, man wird mehr Überwachungen im Auto haben, die auch Versagen von Teilen im Auto gleich erkennen und reagieren, man wird vielleicht auch schon die ersten autonomen Autos für den Massenmarkt produzieren, wo alles miteinander vernetzt sein muss. Auch wenn dies nicht die Zukunftstechnik sein sollte, wird man trotzdem von den Entwicklungen profitieren, da vieles erfunden wurde, um autonomes oder zumindest teilautonomes Fahren zu gewährleisten.*"

Gegen die auch in den Medien verbreitete Ansicht, das Auto werde zum Smartphone auf vier Rädern, gibt es sowohl von der Automobilindustrie als auch von den Verbrauchern Widerspruch. Auch wenn auf dem Weg zum autonomen Fahren digitale Services rasant zunehmen, bleibe das Auto für beide Seiten ein Auto. Zwar sehen die Autohersteller die Hauptkonkurrenz in der Tech-Industrie, die über die für Big Data notwendige Infra- und Prozessstruktur verfüge. Um gegen die Big-Techs zu bestehen und Effizienz und Wertschöpfung zu steigern, sei sich die Branche einig im Nutzen von Data-Sharing, zum Beispiel durch Vernetzung in Catena-X. Data-Trading sei kein Geschäftsmodell. Wichtig sei der Aufbau von Daten-Kompetenz, das hohe Investitionen erfordere. Dabei wirke Tesla als Innovationstreiber für die deutsche Automobilindustrie, so ein Wirtschaftsexperte: „*Bosch, Siemens etc. stellen Unmengen an Informatikern ein, um hinter Tesla nicht zurückzufallen. Es wird für Nutzer eine Vielzahl datenbasierter Services im Auto geben.*"

Die Automobilindustrie sieht sich in ihrem Selbstverständnis denn auch weiterhin als Fahrzeug- und nicht als Datenproduzent. „*Die Betrachtung, dass die Wirtschaft generell Geld aus Daten machen will, ist zu grobgranular*", führte ein Wirtschaftsexperte aus. „*Das Problem ist, dass die Daten mannigfaltig entstehen … und Sie BWM oder Audi oder die Mautstelle gar nicht fragen müssen, weil das Handy des Fahrers oder der Fahrerin die Daten eh liefert und Sie die bei Google kaufen können. … Damit entsteht im Endeffekt für diese Unternehmen keine Geschäftsmöglichkeit, … diese Daten zu verkaufen, … weil sie viel billiger über die Einverständniserklärung der Nutzerin oder des Nutzers am Telefon entstehen.*"

Allerdings hätten viele Unternehmen eine Infrastruktur, „*die die Fähigkeit, Daten zu teilen oder die Produktion von Daten in einer sinnvollen Art und Weise zu gestalten, überhaupt nicht hat*", gab ein Wirtschaftsexperte zu bedenken. „*Die Tech-Unternehmen sind prozessual und IT-technisch darauf getrimmt, Daten zu produzieren und zu verarbeiten. Das ist kein Versicherer, kein Automobiler, keine Deutsche Bahn. All die Unternehmen haben nicht als Kern, Daten zu produzieren, sondern Autos zu fabrizieren, Versicherungsscheine auszustellen, eine Lok von A nach B fahren zu lassen.*" Aber einen ersten erfolgreichen Schritt auf dem Weg zum Data-Sharing habe die Automobilindustrie mit dem

Aufbau der Datenplattform Catena-X getan, die den unternehmensübergreifenden und sicheren Informations- und Datenaustausch in der Fahrzeugindustrie ermöglichen soll. Ziel sei es, durchgängige Datenketten für relevante Wertschöpfungsprozesse zu schaffen, den Mittelstand anzubinden und die Wettbewerbsfähigkeit der beteiligten Unternehmen zu verbessern.

„*Wieso Catena-X so gut läuft, liegt daran, dass alle das gleiche Problem haben*", erklärte ein Wirtschaftsexperte. „*Es gibt eine Allianz – der Willigen, wäre zu viel gesagt – derjenigen, die wissen, wenn sie sich da nicht dranwagen, dann wird das nichts.*" Wesentlicher Erfolgsfaktor von Catena-X sei insofern der gemeinsame Nutzen: Die Datenproduktion und -vernetzung steigern die Effizienz und Wertschöpfung der Mitglieder entlang der gesamten Wertschöpfungskette (Zulieferer, OEM, IT etc.). Dazu trage vermutlich auch die Gewinnung starker Ankermitglieder bei. Verglichen mit dem Datenraum Mobilität laufe Catena-X „*grandios gut*", so ein Experte. Dass sich, verglichen damit, der Datenraum Mobilität „*mindestens schwierig und sperrig*" gestaltet, liege an den darin versammelten heterogenen Interessenlagen und einem gering ausgeprägten Bedrohungsgefühl von außen. Deswegen würden nicht alle Beteiligten die Notwendigkeit und den Nutzen des Datenteilens sehen.

3.3.1.5 Zusammenfassung: Stakeholder eint Konsens über den Nutzen von Big Data

Die Vertreter der Stakeholder aus Wirtschaft, Wissenschaft, Politik und Medien waren sich in der Diskussion der Fokusgruppen weitgehend einig im Blick auf die Chancen von Big Data in der Mobilität:

- Alle gewichten den Nutzen von Big Data höher als die Risiken.
- Das Datenschutz-Dilemma besteht trotz der Suche nach einer neuen Balance unverändert weiter: Datenschutz steht dem Datennutzen tendenziell entgegen, aber niemand geht dieses Problem wirkungsvoll an.
- Die (technische und rechtliche) Komplexität erschwert dabei sowohl die Konsensfindung in der öffentlichen Debatte als auch die praktische Umsetzung der besten Kundenlösungen.
- Das systematische, verbindliche Teilen von Daten aus ganz verschiedenen Quellen ist für nachhaltige Mobilitätslösungen dringend notwendig, scheitert aber an der unklaren Kalkulation des Nutzens und damit an den fehlenden konsensfähigen Konditionen des Data-Sharings.
- Datenräume für Mobilität geraten zwischen die Fronten: Die Treiber aus der Politik erzählen das geopolitische Narrativ vom Wettbewerb Europas mit den USA (und China), während die Unternehmen mit den US-Big-Techs kooperieren.
- Auch wenn die digitalen Services zunehmen: Das Auto wird nach wie vor im Hinblick auf seinen Nutzen für die individuelle Mobilität gesehen, auch deshalb wird das Auto als (ein weiterer) Datensammler wenig kritisch gesehen.

3.3.2 Interaktionen und Konflikte

Die Politiker, die mit Hilfe von Big Data eine Mobilitätswende voranbringen wollen, agieren in einem komplexen Spannungsfeld, das durch die diversen Stakeholder in Deutschland und Europa, Verbraucher und Wirtschaft, und die unterschiedlichen Mobilitätsanbieter gekennzeichnet ist. Dabei sehen sich Regierungsvertreter und Abgeordnete im Wesentlichen in drei Funktionen: erstens als Ermöglicher und Antreiber, die den Nährboden für Innovationen bereiten; zweitens als Moderatoren und Regulierer, die einen Interessenausgleich zwischen den Stakeholdern herstellen; und drittens als Product Owner mit eigenen gesellschaftlich relevanten Projekten.

3.3.2.1 Im Spannungsfeld zwischen Politik und Wirtschaft

Das Selbstbild der Politik als chancen- und nutzenorientierter Antreiber steht jedoch in starkem Kontrast zu dem Fremdbild, welches sie eher als eine bremsende, risikoaverse, auf Bestandsschutz ausgerichtete Stakeholdergruppe kennzeichnet. In ihrer Rolle als Moderator und Regulierer des Mobilitätsmarktes sieht die Politik sich und den Fortschritt bei Datenplattformen wiederum durch die vielfältigen Interessenkonflikte der anderen Stakeholder gelähmt und gebremst. Symptomatisch steht dafür die Aussage eines Politikexperten: „*Wir reden permanent über Fortschritte in der Digitalisierung und was möglich ist. Ich habe mir gerade ein Projekt angeschaut, wo Menschen mit gesundheitlichen Problemen Auto fahren können, weil das Auto ihnen sagt, wann sie ein Problem haben. Ich war der erste, der die automatische Call-Funktion bei Unfall super fand. Damit beschäftigen wir uns permanent. Unser Problem ist, dass die Wirtschaft mit den Daten Geschäfte machen will und uns reingrätscht. Wir sehen die Chancen sehr wohl, aber wir werden in vielen Fällen von der Wirtschaft gebremst.*"

Das gilt beispielsweise für den von der Politik vorangetriebenen Datenraum Mobilität, wo die Wirtschaft aus Angst um Preisgabe ihrer Daten und Sorge um ihre Geschäftsmodelle bremse. Als Beispiel wurde angeführt, dass sich die Speditionen weigerten, ihre Echtzeit-Mautdaten in den Projekten des Bundes zu teilen. Auch der Interessengegensatz beim Thema Datenhoheit zwischen Wirtschaft und Verbrauchern wie überhaupt der Datenschutz sorgen für Konfliktstoff, der als vernünftig betrachtete Lösungen erschwert. „*Jeder hat Angst, was mit seinen Daten passiert*", sagte ein Politikvertreter in der Fokusrunde. Die Sorgen um den Datenschutz sind in der Bevölkerung weit verbreitet – siehe die Konflikte über die elektronische Patientenakte oder die Funkzellenabfrage zur Einbruchsprävention. Als Folge haben wir „*eine sehr kritische öffentliche Diskussion, wenn es um die allgemeine Verwendung von Daten geht. Wir haben auch ein öffentliches Narrativ, das eher negativ geprägt ist. Wir sprechen von der Datensammelwut der Unternehmen etc. Wir sprechen nicht von den Vorteilen. Wir haben eine sehr stark risikogetriebene politische Diskussion, die sich entsprechend stark auf die Medien überträgt*", befand ein Teilnehmer.

Von Unternehmen und Verbrauchern wird umgekehrt die Politik als bremsend wahrgenommen, eher als Mies- denn als Mut-Macher. Der Wirtschaft gehen die Fortschritte zu langsam voran und nicht weitgehend genug. Sie stört insbesondere, dass die Diskussion in

Politik und Medien auf die Risikoaspekte fokussiert, anstatt das Nutzen-Narrativ zu betonen. So sagt ein Wirtschaftsexperte: „*Aus der politischen Diskussion der letzten Jahre, die wir als Unternehmen geführt haben, habe ich vor allem die risikogetriebene Diskussion führen müssen mit Verbraucherschutz, Justizministerium, Justizministerkonferenz, Datenethik-Kommission etc. – und weniger die eher chancenorientierte Diskussion mit dem Wirtschaftsminister.*“

Diese Unterschiede in Selbst- und Fremdwahrnehmung bei Politik und Wirtschaft zeigen sich beispielhaft beim Personenbeförderungsgesetz (PBefG), das 2021 reformiert wurde, um neue Mobilitätsformen zu fördern. Während Politik und Öffentlicher Verkehr das Gesetz als Fortschritt begrüßen, geht es der Digitalwirtschaft nicht weit genug: „*Da wurde nur ein halber Schritt in die richtige Richtung gemacht.*“ Kritik wurde etwa daran geübt, dass „*es eine bestehende, sehr tradierte Branche, die Taxibranche, in eine Vormachtposition bringt. Mietwagen, Uber, Clevershuttle etc. müssen immer zurückfahren zu ihrem Betriebsort. Diese Rückkehrpflicht schützt nur die Taxibranche, hilft keinem anderen wirklich weiter, dem Klimaschutz schon gar nicht.*“ Doch selbst diese „*halbe*“ Reform des PBefG fällt dem ÖPNV schwer, gestand ein Branchenexperte. „*Die Branche hatte kein Interesse an Open Data und erst einmal massiv dagegen gearbeitet. Es hat viel Kraft gekostet, diese Wege umzukehren*“, berichtete er. Inzwischen unterstütze die Branche das reformierte PBefG, auf dessen Grundlage die neue Mobilitätsdatenverordnung beschlossen wurde: „*Jetzt müssen alle Unternehmen statische Daten bereitstellen. Ab Januar die nächste Stufe, spannend wird es dann bei Echtzeitdaten zu Verspätungen.*“

Eine wesentliche Divergenz zwischen Politik und Wirtschaft besteht auch in der Frage, wie weit der Minderheitenschutz für Non-Digitals und Datenkritiker gehen soll. Während die Politik diesen aus grundsätzlichen Erwägungen betont – Teilhabe sei ein hoher Wert, die gesellschaftliche Spaltung dürfe durch die Digitalisierung nicht noch verstärkt werden –, sollte die Politik nach Ansicht der Wirtschaft mehr Gewicht darauflegen, den Nutzen für die Mehrheit zu fördern und für Minderheiten Sonderlösungen zu entwickeln. Ein Experte umschrieb das Dilemma so: „*Es gibt Leute, die primär den Nutzen sehen und Leute, die primär skeptisch sind. Wenn wir beiden gerecht werden wollen, müssen wir eine Zeit lang beide Systeme nebeneinander laufen lassen. Das ist unwirtschaftlich. Aber die Frage ist, was machen wir? Sagen wir denen, die dem nicht trauen, Pech gehabt?*“ Dem widerspricht ein Politikvertreter: „*Genau um diese fünf oder zehn Prozent müssen wir, die Politik, uns kümmern, das können nicht die Firmen machen.*“ Als Beispiel führte er ein Modellprojekt im Saarland an, da gebe es „*Lotsen für Leute, die mit den Automaten nicht umgehen können. So etwas muss es geben.*“

Um dieses Dilemma zu überwinden, sei mehr Tempo und Experimentierbereitschaft nötig, führte ein Wissenschaftler aus: „*Schweden ist uns fünf bis zehn Jahre voraus. Da kann man in keinem Bus mehr ein Ticket kaufen und das ist für keinen mehr ein Problem. Wir müssen Geschwindigkeit aufnehmen. Da würde ich eine Gegenthese aufmachen und sagen: Jetzt lasst uns das einfach mal versuchen. Für 95 Prozent der Leute geht das. Und um die fünf Prozent Rest kümmern wir uns gesondert und da müssen wir gute, faire und solide Chancen finden.*“ Innovationsfreudiger gehe es auch im Silicon Valley zu, stimmte ein anderer Teilnehmer zu. Dort würden Unternehmen „*gezielt ganz schnell Gesetzeslücken ausnutzen. Bis die Gesetzgeber entschieden haben, haben die einfach gemacht, … und das zügig. Das liegt nicht unbedingt in unserer DNA. Ich glaube aber, wir haben viel Potenzial und würde mir davon noch viel mehr wünschen. … Dass Politik das ausdrückt, das sehe ich im Moment noch nicht. Das sind vielleicht einzelne Bundesländer, die etwas mehr machen, in der Bundespolitik sehe ich es nicht.*“

Welche Wirkung das Chancen-Narrativ entfalten kann, darauf verwiesen Experten aus Wirtschaft und Wissenschaft am Beispiel von Tesla, das an der Börse ungefähr doppelt so viel wert sei wie BMW, VW, Mercedes und andere zusammen. „*Die Chancen, Technologie zu entwickeln und sie in ein Mobilitätsprodukt zu packen, müssen offenbar riesig sein. Dabei ist das große Versprechen, das eine Marke wie Tesla macht: Du hast eine Form von komfortabler und demnächst autonomer, von Verkehr und Stress unabhängiger Mobilität. Das Narrativ wird von der Wirtschaft schon erzählt. Das werden die fleißig weiter tun.*“ Wichtig sei zudem, als Gegengewicht zum Chancen-Narrativ der Wirtschaft ein generell stärker chancenorientiertes Diskussionsklima zu schaffen, um dem Thema Big Data for Public Good auf die Sprünge zu helfen. „*Viel interessanter ist, wie wir ein Nudging hinbekommen, z. B. eigene Daten für Forschung, Gesundheitsentwicklung, Optimierung von Verkehrs- und Warenströmen, Klimawandel usw. herzugeben. Da fehlt mir im Großen die Fantasie, im Kleinen gibt es Dinge, z. B. Apps, die sehr kommunikativ arbeiten.*“

3.3.2.2 Der Öffentliche Verkehr steht vor großen Herausforderungen

Mit Bezug auf die Erwartungen der Gesellschaft an die zukünftige Mobilität sind gegenwärtig vier Entwicklungslinien für den Öffentlichen Verkehr kennzeichnend:

- Als Pfeiler der Mobilitätswende mit einer starken Dateninfrastruktur müssen die Akteure des Öffentlichen Verkehrs die Nutzung und das Sharing von Daten intensivieren. Das ist allerdings mit hohen Kosten für den Aufbau und die Pflege der Dateninfrastruktur verbunden. Gleichzeitig stehen die Erlöse der Branche durch die Pandemie bedingt rückläufigen Fahrgastzahlen unter Druck.
- Die Deutsche Bahn (DB) ist hier als überregionale Macht mit einer überregionalen Plattform Antreiber und Taktgeber. Die Vernetzung mit der DB bietet den anderen Akteuren im Verkehr und den Verbrauchern einen hohen Nutzen.
- Der ÖPNV sieht sich eher als Getriebener unter der Last der Anforderungen bei Datenaustausch und Datenschutz. Dazu hat er strukturelle Probleme, die eine Kooperation schwierig gestalten und den Nutzen des Datenaustauschs schwer fassbar machen. Allerdings besteht hier eine große Spanne zwischen innovativen und bremsenden Akteuren.
- Der Datenschutz ist für öffentliche Unternehmen eine höhere Barriere als für Privatunternehmen, die rechtliche Grauzonen ausloten können. Mitunter bietet sich für den ÖPNV die Kooperation mit Tech-Unternehmen als Ausweg, um Innovationen zumindest auszuprobieren.

Mit dem Aufbau einer Plattform für intermodale Mobilität für Verbraucher, des DB Navigator, und weiteren eigenen Datenplattformen sowie einem starken Datenpool gibt die Deutsche Bahn den Takt vor. Zwar nehmen Experten die Entwicklung als schleppend wahr und sehen die Potenziale bei Weitem noch nicht als ausgeschöpft an,doch die Verbraucher honorieren den großen Nutzen und den kontinuierlichen Ausbau des Mobilitätsangebots. „*Eine App, die einen an die Hand nimmt, die Alternativen anzeigt, es kommen immer mehr Verbünde rein, das macht mein Leben einfacher*", sagte ein Teilnehmer. Er nutzt den DB Navigator intensiv und stuft ihn sogar als „*lebensnotwendig*" ein. Auch dass die DB mit Google kooperiert und Echtzeitdaten und Buchungslinks in Google Maps eingebunden sind, wurde als weiterer Schritt in Richtung intermodale Mobilität positiv vermerkt. So urteilt der Experte aus der Politik: „*Ich glaube, wir müssen viel offener darangehen, dass es eben auch deutsche und europäische Unternehmen gibt, die dieses Ticketing anbieten ... Die Nutzer nehmen Dinge an, die einfach zu bedienen sind.*"

Die Konkurrenz im Fernverkehr erweist sich allerdings noch als Hindernis für das Data-Sharing. So berichtet ein Experte aus der Politik, dass die Lufthansa bei den Mobilitätsplattformen der Deutschen Bahn nicht mitmachen wollte: „*Alle haben Angst, was passiert mit ihren Daten. Der Staat muss den Hut aufhaben und garantieren, dass die Daten der Deutschen Bahn nicht bei Lufthansa landen und umgekehrt.*" Deshalb sieht sich der Bund in Verantwortung für die Datenplattformen. Bei Kooperationen im Nahverkehr setze jedoch die Deutsche Bahn die Standards, sodass sich der ÖPNV bei der Harmonisierung der Dateninfrastruktur unter Anpassungsdruck gesetzt fühlt. Es müsse jetzt schnell etwas geschehen, sagte ein Wissenschaftler und schlug vor: „*Entweder sagen wir, die Bahn fährt 50 Prozent der Fernverkehre und 50 Prozent der Nahverkehre und nimmt die anderen mit auf. Oder wir machen eine kooperative große Datenplattform. Aber irgendwas müssen wir jetzt machen und das muss schnell gehen.*"

Auf dem Weg zur vernetzten, intermodalen Mobilität hat insbesondere der ÖPNV noch eine längere Wegstrecke vor sich. Ein Branchenexperte wies darauf hin, dass im öffentlichen Verkehr „*die Daten von jeher eine besondere Rolle spielen*". Historische Daten etwa werden als Kontrollinstrument eingesetzt, Unpünktlichkeit wird nach dem Verkehrsvertrag mit Abzügen bestraft. Diese Kontrollfunktion mag dazu beigetragen, dass kein Interesse an einer Weitergabe von Standort- und Echtzeitdaten besteht. „*Es ist bis heute nicht gelungen, den Verkehrsunternehmen aufzuzeigen, worin ihr Nutzen liegt, ihre Daten, insbesondere Echtzeitdaten, weiterzugeben*", so die Einschätzung des Branchenexperten. Doch mit dem neuen PBefG und der Mobilitätsdatenverordnung besteht die Hoffnung, dass die Blockadehaltung langsam aufbricht.

Dazu muss im ÖPNV noch eine ganze Reihe von Problemen gelöst werden. Das fängt schon mit dem Geschäftsmodell an: Bei den Tickets für die Beförderung spielen Daten bislang keine Rolle. Generell mangelt es hier an digitaler Fachkompetenz und einem digitalen Mindset. In der Kundenbeziehung vermag die Branche nur schwer einzuschätzen, wie die Monetarisierung digitaler Services gelingen kann. Zudem ist der Aufbau einer Datenstruktur mit hohen Kosten verbunden. So wies ein Experte darauf hin: „*Alles, was für die Fahrgäste komfortabel ist, ist mit wahnsinnigen Serversystemen und teuren Da-*

tendrehscheiben auf Seiten der Länder gepusht. Das alles ist unsichtbare Infrastruktur, die sehr viel Geld kostet und schneller erneuert werden muss als die sichtbare." Dabei ist offensichtlich: Um den öffentlichen Verkehr zu stärken und die Mobilitätswende mit Hilfe von Big Data voranzutreiben, ist Kooperation zwischen den Mobilitätsakteuren unabdingbar. Aber „*das ist etwas, was die Branche nicht gut kann.*" Wettbewerb, etwa mit privaten Anbietern, habe auch negative Seiten. Zwar könnten private Anbieter auch Wert für den ÖPNV schaffen, große überregional vertretene Anbieter würden aber oft als Konkurrenz gesehen.

Einmal mehr ist es der Föderalismus, der Schwierigkeiten verursacht. Die Vielzahl an unterschiedlich strukturierten Verkehrsbetrieben erschwert die Einigung und Standardisierung. Im Datenschutz behindert er die Zusammenarbeit zusätzlich und frustriert die Akteure. Allgemein gilt der strenge bzw. streng verstandene Datenschutz als Innovationsbremser in der Branche. Lokale Projekte würden deshalb häufig gestoppt oder die Anbieter weichen aus, indem sie eine Kooperation mit Google eingehen.

3.3.2.3 Die paradoxe Sichtweise der Verbraucher

Auch aus Sicht der Verbraucher sind es die Politiker, die bremsen, während die Wirtschaft antreibt. Beispiele dafür sind die Versäumnisse beim Netzausbau und bei der Digitalisierung sowie die zu langwierigen Prozesse. Das hindert die Verbraucher aber nicht daran, sich die Politik in der Bremser-Rolle zu wünschen, wenn sie die Gefahr sehen, von Disruption und Fortschritt überrannt zu werden, oder wenn sie um den Verlust von Verbraucherrechten oder ihrer Privacy fürchten.

Im Allgemeinen fokussieren Verbraucher auf den Nutzen, den ihnen die Wirtschaft gibt. Unterschwellig schwingt bei der Nutzung jedoch Unbehagen mit, dass die Datenspuren zu den eigenen Ungunsten verwendet werden könnten und man letztlich einen zu hohen Preis zahlt. Trotz dieses Unbehagens überprüfen sie jedoch nur selten dezidiert die Nutzungs- beziehungsweise Datenschutzbedingungen: Die Literatur spricht in diesem Zusammenhang vom Nutzer-Paradoxon (Knorre et al. 2020). Die Verbraucher haben generell das Gefühl, überfordert zu sein und für die Entscheidung nur wenig Freiheitsgrade zu haben. So sagte eine Nutzerin in der Fokusgruppe: „*Oft bleibt einem aber auch nichts Anderes übrig, als alles zuzulassen, um die App richtig nutzen zu können, und selbst wenn ich alles blockiere: Wahrscheinlich sammeln die meisten trotzdem heimlich Daten oder kriegen diese woanders her.*" Ein andere stimmte sofort zu: „*Diese Worte fassen meine Einstellung recht gut zusammen. Oftmals bleibt einem keine Wahl, wenn man gewisse Dienste nutzen möchte. Am Ende wird wahrscheinlich gesammelt, was gesammelt werden kann.*"

Diesen Aussagen widersprach ein Experte entschieden: „*Das ist eine deutsche Diskussion, ob ich die Daten jemandem gebe oder nicht, weil ich immer der irrigen Meinung bin, dass derjenige, der die Daten bekommt, irgendetwas damit macht, was nicht in meinem Sinne ist.*" Mit dieser Entgegnung vermochte er die Verbraucher jedoch nicht zu überzeugen. Deren Meinung zufolge sichern lange, schwer verständliche Datenschutzhinweise die Unternehmen ab, nicht deren Kunden, und unterstützen so das Gefühl komplexer Risiken und lassen sie resignieren. Die Verbraucher wünschen sich stattdessen eine Geschäftsbeziehung auf Augenhöhe mit einer transparenten, nutzerorientierten Kommunikation, die angesichts der Komplexität von Big Data so einfach wie möglich sein sollte. Ihr Misstrauen basiert auf eigenen oder medial vermittelten Erfahrungen, z. B. mit personalisierter Werbung, Geomarketing, Mikrotargeting sowie Diskriminierung bei einer Kreditvergabe.

3.3.2.4 Wissenschaft in der Komplexitätsfalle

Die Wissenschaft ist im gesellschaftlichen Diskurs datengetriebener Mobilität zu wenig präsent. In den Fokusgruppen ist von Analysen und Meinungen der Wissenschaft selten die Rede. Datengetriebene Services scheinen primär ein Thema der Wirtschaft zu sein, die eben diese entwickelt, sowie der Politik und des Daten- und Verbraucherschutzes.

Auf drei Ebenen hat die Wissenschaft Ansatzpunkte zur Teilnahme an diesem Diskurs: erstens durch Beobachtung und Analysen auf der Metaebene; zweitens durch Beratung und Begleitung von Wirtschaft, Politik und Gesellschaft; drittens durch die Nutzung von Big Data für die eigene Forschung. Dabei macht sie die Erfahrung, dass die Bereitschaft zur Datenbereitstellung für den Allgemeinnutzen (Big Data for Public Good) häufig kritischer gesehen wird als für kommerzielle Produkte, die dem User direkten Nutzen bieten. Dies bestätigen auch die Ergebnisse dieser Studie. Die Aufgaben der Wissenschaft liegen nach Ansicht der Diskutanten in den Fokusgruppen insbesondere auf folgenden fünf Feldern:

- Die Bestimmung des Werts der Daten, damit die Wertschöpfung kalkulierbar wird. Dies ist einer der Erfolgsfaktoren für den Datenaustausch der Wirtschaft.
- Die Definition ethischer Standards und deren Anwendung als zentrale Voraussetzung, um Risiken zu reduzieren. Beim Missbrauch sei man wieder *„bei Ethik und Ethik-Check von Algorithmen. Wenn ich in eine datengetriebene Diskriminierungszone komme, ist da sicher die Grenze“*, sagte ein Teilnehmer. *„Das ist ein Problem, das nicht gelöst ist, aber gelöst werden kann“*, stimmte ein anderer Teilnehmer zu. Es gebe aber auch *„Möglichkeiten, solche Diskriminierungen aufzudecken, bei einem Algorithmus noch besser als beim Menschen“*. Diese Entwicklung müsste wissenschaftlich sehr eng begleitet werden.
- Konfrontation der Big-Data-Euphorie mit der Realität, um zu einer realistischen Einschätzung der notwendigen Datenqualität und der Grenzen der Anonymisierbarkeit zu kommen.
- Überwindung der Simplifizierung durch andere Stakeholder angesichts der Komplexität. *„Die Themen, die wir behandeln, kann man nicht einfach behandeln“*, wurde argumentiert. Es komme auf die Perspektiven an. Man könne keine pauschale Antwort finden und müsse eher auf gruppierte Einzelfälle gehen.
- Der Aufbau von Digital Literacy und Digital Mindset schon als Themen für die Lehre: *„Man muss viel früher ansetzen und Digital Literacy tiefer in die Gesellschaft tragen.“*

3.3.2.5 Zusammenfassung: Stakeholder-Rollen beschreiben den Möglichkeitsraum

Die Rollenverteilung der Stakeholder in der Verhandlung um Daten bewegt sich, wie Abb. 3.4 zeigt, in einem komplexen, miteinander eng verbundenen Spannungsfeld:

- Die Politik (Regierungen, Abgeordnete) versteht sich als Antreiber, Ermöglicher und Regulierer (je nach Funktion und politischer Orientierung). Die Vielzahl der Stakeholder und Interessen blockieren sich oft gegenseitig.
- Die Wirtschaft ist, trotz der bevorzugten Rolle als Innovator, eine stark heterogene Gruppe. Verhandlungen finden vor allem auch innerhalb der Wirtschaft statt (Branchen, Hersteller und Zulieferer). Sie wünscht sich von der Politik mehr Ermöglichung als Regulierung und arbeitet im Zweifelsfall auch mit den US-Hyperscalern zusammen.
- Die Öffentlichen Verkehrsunternehmen befinden sich in einer kritischen Stellung: Als wichtige Datenlieferanten im engen Korsett des Datenschutzes sehen sie für sich nur beschränkte Möglichkeiten, von Big Data zu profitieren.
- Die Verbraucher sind bei den Verhandlungen um Daten Akteur, auch wenn sie sich gegenüber der Wirtschaft in einer schwächeren Position sehen (u. a., weil es an Transparenz und Spielraum bei Freigaben mangelt). Ihre Nutzen-Ansprüche sehen sie dennoch von Unternehmen als direkten Partnern eher vertreten als von der fernen Politik, die nur dann gefragt ist, wenn es um den Schutz der Rechte und der Daten der Verbraucher geht.
- Die Medien agieren nur mittelbar über den öffentlichen Diskurs, sie sehen sich stärker als Anwalt der Verbraucher als der Wirtschaft.
- Die Wissenschaft sieht sich in der Beobachter- und Beraterrolle. Sie agiert zurückhaltend und ist mit ihren Lösungsvorschlägen im öffentlichen Diskurs wenig präsent. Als Datenempfänger ist sie eher in einer abhängigen Position denn aktiver Mitgestalter der Verhandlung um Daten.

Zusammenfassung: Die Rollenverteilung der Stakeholder in der Verhandlung um Daten !
Wissenschaft sieht sich in der Beobachter- und Beraterrolle. Agiert zurückhaltend und ist mit ihren Lösungsvorschlägen im öffentlichen Diskurs wenig präsent. Als Datenempfängerin ist sie eher abhängige denn aktive Mitgestalterin der Verhandlung um Daten.
Wirtschaft ist trotz der von allen bevorzugten Rolle als Innovatoren eine stark heterogene Gruppe. Verhandlungen finden vor allem auch innerhalb statt (Branchen, Hersteller und Zulieferer). Wünscht sich von Politik mehr Ermöglichung als Regulierung. Arbeitet im Zweifelsfall auch mit Hyperscalern zusammen.
Öffentliche Verkehrsunternehmen mit kritischer Stellung: Als wichtige Datenlieferanten im engen Korsett des Datenschutzes sehen sie für sich beschränkte Möglichkeiten, von Big Data zu profitieren.
Gleichheit, Ausgleich
Teilhabe, Minderheitenschutz
(gesellschaftlicher) Fortschritt
BIG DATA
Mobilität
Machbarkeit
Erhalt Lebensgrundlagen
Mensch vor Maschine
Customer Centricity
Partizipation
Autonomie, Freiheit
Politik (Regierungen, Abgeordnete) verstehen sich als Treiber*innen / Ermöglicher*innen und Regulierer*innen (je nach Rolle und politischer Orientierung). Vielzahl der Stakeholder und Interessen blockieren sich oft gegenseitig.
Medien agieren mittelbar über den öffentlichen Diskurs, sehen sich stärker als Anwalt der Verbraucher als der Wirtschaft.
Verbraucher sind Teil der Verhandlung um Daten, auch wenn sie sich gegenüber der Wirtschaft in einer schwächeren Position sehen (u.a. wegen mangelnder Transparenz und Spielraum bei Freigaben). Ihre Nutzen-Ansprüche sehen sie dennoch von Unternehmen als direkte Partner eher vertreten als von der fernen Politik, die dann gefragt ist, wenn es um den Schutz der Rechte und der Daten der Verbraucher geht.
Quelle: Ergebnisse aus drei Fokusgruppen im September/Oktober 2021

Abb. 3.4 Stakeholder der Mobilität und ihre Rollen in der Big Data-Debatte

3.3.3 Handlungskonzepte

Die Experten aus Wirtschaft und Medien sowie die Verbraucher waren sich in der Diskussion in den Fokusgruppen einig: Das Thema Big Data muss unter der Nutzenperspektive betrachtet werden. Im Unterschied zur Machbarkeitsorientierung, die einfach auf das Datensammeln abstellt und daraus Chancen ableitet, geht es in der Diskussion der Nutzenorientierung darum, für den User ein Problem zu lösen und den Nutzen für ihn zu definieren, um daraus die erforderlichen Daten zu bestimmen und ein Geschäftsmodell zu entwickeln.

3.3.3.1 Die Diskussion vom Kopf auf die Füße zu stellen heißt: vom Nutzen herdenken!

Aus der Diskussion in den Fokusgruppen ergeben sich fünf zusammenfassende Befunde:

1. Den **Kundennutzen als Ausgangspunkt für die Entwicklung von Geschäftsmodellen** (wie bei Start-ups) zu nehmen, heißt, für den Verbraucher Lösungen für seine Wünsche zu entwickeln. Die vorherrschende Meinung in den Fokusgruppen dazu gibt folgendes Zitat eines Teilnehmers wieder: „*Es macht Sinn, erst mal zu fragen: Was bringt das eigentlich, wenn man das macht? Und wenn der Kundennutzen ein guter ist, sollten wir darüber nachdenken, das zu machen. Da haben wir in der Vergangenheit speziell in Deutschland viele Chancen verpasst, diese ganzen Systeme zu modernisieren und für den Nutzer attraktiver zu machen.*" Ähnlich betonte ein anderer Experte: „*Ich finde, in der Mobilität muss das Ergebnis der Datennutzung für diejenigen, die diese Mobilitätsangebote in Anspruch nehmen wollen, klar sein. … Hat ein Kunde etwas davon? Dass jedes Unternehmen, jedes Start-up seinen eigenen Nutzen definiert, das spielt auch eine Rolle, keine Frage. Aber: In der Mobilität muss am Ende immer der Nutzer im Vordergrund stehen. Für den werden ja die Geschäftsmodelle entwickelt und bei dem müssen sie ankommen.*"

   Methodisch solle es aber nicht heißen: Erst einmal so viele Daten wie möglich sammeln und dann schauen, was man daraus macht. Das ist leider noch nicht die Regel, wie ein Experte formulierte: „*Es wird selten mit Sinn und Verstand Daten gesammelt, sondern es wird gesammelt, was zu sammeln ist, und dann liegen da Datenberge, ohne dass man weiß, was man damit anfangen kann.*"
2. Starken Nutzen haben Dienste, die auf **Autonomie und Individualität, Entlastung und Bequemlichkeit** einzahlen, darin waren sich die Teilnehmer einig. So erklärte eine grundsätzlich hoch datenkritische Nutzerin: „*Wenn ich den Nutzen weiß, bin ich bereit, meine Daten zu geben. Zum Beispiel im öffentlichen Nahverkehr, wenn die wissen, wer wann fährt, können sie öfter fahren, größere Wagons machen etc.*" Ähnlich argumentieren andere: „*Solange ich für mich selbst einen persönlichen Nutzen sehe und sagen kann, dass da Innovationen vorangebracht werden, würde ich dem zustimmen.*" Für einen Wirtschaftsexperten hieß deshalb die Schlussfolgerung: „*Wir müssen sicherstellen, dass wir ein Problem lösen, das der Bürger und die Bürgerin, der Kunde und die Kundin hat, nur dann entsteht wirklich konkret was. Wenn ich kein Problem*

löse, entsteht kein Markt.“ Er fand: „*Wenn man den Bürgerinnen und den Bürgern einen Nutzen daraus gibt, ist das alles kein Riesenakt. Es ist 2021, die Leute laden sich das runter und nutzen das. Das machen die Amerikaner schlauer als wir, weil sie auf das Individuelle einsteigen und dafür einen Nutzen bieten. Das ist der Zeitgeist.*“

3. Dabei kann gesellschaftlicher Nutzen **Lockerungen beim Datenschutz** begründen. Wichtig ist, den Diskurs zu eröffnen und Experimentierklauseln einzuführen. Der Datenschutz darf nicht vorgeben, welcher Nutzen machbar ist. In diesem Sinne warnte ein Experte aus der Wirtschaft: „*Bevor wir nützliche Verwendungen von Daten unmöglich machen, brauchen wir ein Reallabor, wo wir schauen, wie wir den Datenschutz beachten und datenbasiert Nutzen stiften können.*“ Klar ist, dass die Nutzenorientierung nicht nur Chancen, sondern auch Risiken birgt: Datennutzung für unliebsame Zwecke und Datenmissbrauch sind es, was den Kunden Sorgen macht, nicht ihre Transparenz per se. Dafür braucht es den öffentlichen Diskurs und entsprechende Sicherheitsinstrumente.
4. Der **Nutzen des Data-Sharing muss auch für Unternehmen** deutlich werden. Vorbild dafür kann die Datenplattform der Automobilindustrie Catena-X sein. „*Wir müssen bei dem Thema datengetriebene Mobilität über Kosten und Nutzen nachdenken, Nutzen nicht nur für Fahrgäste, sondern auch für Verkehrsunternehmen und andere Beteiligte am Mobilitätssystem*“, meinte dazu der Experte aus der Wirtschaft. Deshalb muss die Politik „*gemeinsam mit der Zivilgesellschaft überlegen, wie können wir einen Nutzen generieren durch datenbasierte Tools. Von der Nutzenperspektive herdenken, Zivilgesellschaft und Politik zusammenbringen, das hat nicht funktioniert beim Datenraum Mobilität, weil der viel zu technizistisch aufgesetzt wurde und nicht vom Nutzen aus.*“
5. Die Nutzenorientierung unterstützt die **Wertbestimmung der Daten** („Bepreisung“) sowie Datensparsamkeit, Transparenz, Akzeptanz und Sharing-Bereitschaft. „*Wichtig ist, dass wir alle aufgeklärt sind, was mit unseren Daten passiert. Da liegt die Verantwortung schon auch auf jedem Einzelnen. Auf der anderen Seite würde ich mir von jedem Anbieter wünschen, dass er klar auf Augenhöhe kommuniziert. Das sehen wir noch viel zu selten*“, sagte ein Teilnehmer.

Wie Abb. 3.5 zeigt, ist mit diesen fünf Feststellungen eine grundsätzliche Änderung der Denkrichtung in Sachen Datenschutz verbunden: erst wird der potenzielle Nutzen erhoben, dann wird geprüft, was datenschutzrechtlich möglich ist. Die übliche Datenschutzdiskussion, die zunächst grundsätzlich auf die rechtlichen Beschränkungen hinweist, wird damit quasi vom Kopf auf die Füße gestellt.

3.3.3.2 Datenschutz, Daten-Teilen fürs Gemeinwohl und der Bedarf nach einem ethischen Diskurs

Wie bereits gesagt: Kennzeichnend für die Diskussion in den Fokusgruppen war, dass der Nutzen im Zentrum der Diskussion stand. Demgegenüber wurden ethische Fragen von den Teilnehmern der Fokusgruppen – ähnlich wie in der Community – relativ selten the-

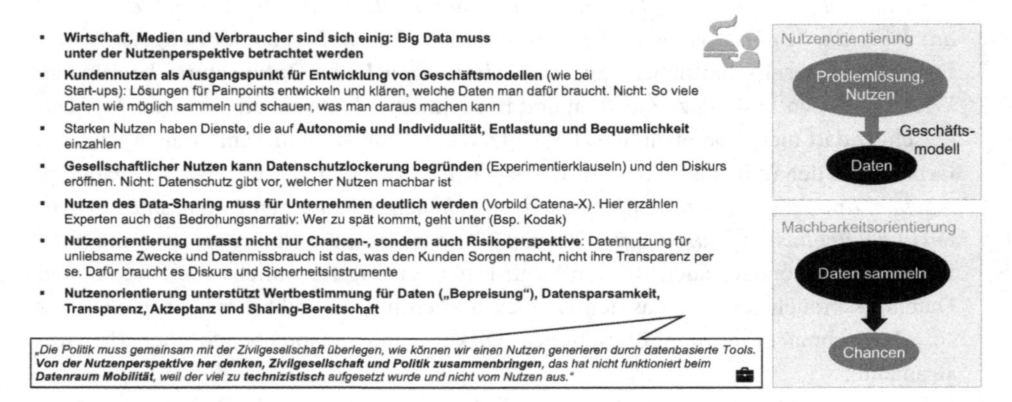
Vom Kopf auf die Füße stellen:
Vom Nutzen her denken!
Wirtschaft, Medien und Verbraucher sind sich einig: Big Data muss unter der Nutzenperspektive betrachtet werden
Kundennutzen als Ausgangspunkt für Entwicklung von Geschäftsmodellen (wie bei Start-ups): Lösungen für Painpoints entwickeln und klären, welche Daten man dafür braucht. Nicht: So viele Daten wie möglich sammeln und schauen, was man daraus machen kann
Starken Nutzen haben Dienste, die auf Autonomie und Individualität, Entlastung und Bequemlichkeit einzahlen
Gesellschaftlicher Nutzen kann Datenschutzlockerung begründen (Experimentierklauseln) und den Diskurs eröffnen. Nicht: Datenschutz gibt vor, welcher Nutzen machbar ist
Nutzen des Data-Sharing muss für Unternehmen deutlich werden (Vorbild Catena-X). Hier erzählen Experten auch das Bedrohungsnarrativ: Wer zu spät kommt, geht unter (Bsp. Kodak)
Nutzenorientierung umfasst nicht nur Chancen-, sondern auch Risikoperspektive: Datennutzung für unliebsame Zwecke und Datenmissbrauch ist das, was den Kunden Sorgen macht, nicht ihre Transparenz per se. Dafür braucht es Diskurs und Sicherheitsinstrumente
Nutzenorientierung unterstützt Wertbestimmung für Daten („Bepreisung“), Datensparsamkeit, Transparenz, Akzeptanz und Sharing-Bereitschaft
„Die Politik muss gemeinsam mit der Zivilgesellschaft überlegen, wie können wir einen Nutzen generieren durch datenbasierte Tools. Von der Nutzenperspektive her denken, Zivilgesellschaft und Politik zusammenbringen, das hat nicht funktioniert beim Datenraum Mobilität, weil der viel zu technizistisch aufgesetzt wurde und nicht vom Nutzen aus.“
Nutzenorientierung
Problemlösung, Nutzen
Geschäfts-modell
Daten
Machbarkeitsorientierung
Daten sammeln
Chancen

Abb. 3.5 Vom Kopf auf die Füße gestellt: Vom Datennutzen zum Datenschutz

matisiert oder sogar mehr oder weniger deutlich abgelehnt: „Meines Erachtens diskutieren wir in diesem Land viel zu viel auf der Metaebene und philosophieren, ohne uns an konkreten Fakten zu orientieren. Moralisierende Darstellungen haben wir meiner Ansicht ebenfalls bereits viel zu viel“, meinte eine Nutzerin vom Typ „Offensive Resignation“.[10] Doch vereinzelt kam der Wunsch nach einem ethischen Diskurs und der Abwägung von Nutzen und Gefahren in verschiedenen Stakeholder-Gruppen zur Sprache. So sagte ein Vertreter des Typs „Abwägend“: „In vielen Diskussionen zu Digitalisierung und vernetzter Mobilität werden von den Protagonisten unendliche Vorteile nach vorne gestellt. Dann gibt es die Technologiegegner, die in allem etwas Schlechtes sehen. Was ich vermisse ist eine ausgewogene Darstellung von Vorteilen, Nachteilen, Chancen und Gefahren. Das Ganze sollte meiner Meinung nach auch philosophisch diskutiert werden, was moralisch/ethisch vertretbar ist. Leider (gibt es hier) wie in vielen gesellschaftlichen Themen heute sehr polarisierende Standpunkte und wenig ganzheitliche Abwägung.“

Dass es eines intensiveren ethischen Diskurses und einer Definition gemeinsamer ethischer Standards in Gesellschaft und Wirtschaft etwa in Form von Selbstverpflichtungen bedarf, traf in der Diskussion auch auf Zustimmung. So plädierte ein Wirtschaftsexperte: *„Ich würde mir wünschen, dass wir noch viel mehr Diskurs hätten. Das eine ist, dass wir es als Nutzer einfordern, das andere, dass wir als Anbieter eine digitale Ethik in den Vordergrund stellen und ganz klar sagen, was wir sammeln, warum wir es sammeln – und eben nur so viel sammeln, wie es Sinn macht.*“ In diesem Zusammenhang wurde auch die Forderung nach einem Ethik-Check von Algorithmen erhoben. So sagte ein Wissenschaftler: *„Wir brauchen eigene Plattformen und Sicherheitsstandards und im Bereich der Algorithmen ethische Standards. Wir dürfen das nicht den Amerikanern überlassen.*“

[10] Vgl. zu den Typen Abschn. 2.3.

Dass der Datenschutz allein die Gefahren nicht einhegen kann, war in den Diskussionen weitgehend Konsens. Er wurde eher als nutzenunabhängiger Bremser gesehen, denn er widerspricht in seinem Bedeutungskern dem Daten-Teilen, der Voraussetzung von Big Data als Schlüsseltechnologie für die Mobilität der Zukunft. Aber wenn das Teilen von Daten für das Gemeinwohl zentral für Mobilität der Zukunft ist, muss es kommunikativ gut begleitet werden. Dies gilt umso mehr, als Public Goods nicht immer einen direkten Kundennutzen haben, sodass die Bereitschaft zum Daten-Teilen beschränkt ist. Ohnehin dominieren hier Misserfolge wie die digitale Patientenakte oder der digitale Führerschein die Wahrnehmung. „*Es gibt wenige gute Beispiele, dass politikgetriebene große Digitalinitiativen erfolgreich waren*“, so ein Wirtschaftsvertreter.

Aus Expertensicht wurden folgende Lösungsansätze für die Kommunikation vorgeschlagen:

- Mehr große Erfolgsnarrative in die Öffentlichkeit tragen, wie beispielsweise die kollaborative digitale Karte der Sammeltaxis in Nairobi, die auf den Daten der Mobiltelefone ihrer Nutzer basiert.[11]
- Public Goods mit dem Kundennutzen im Sinne eines Nudgings verbinden – beispielsweise den Preisvorteil von Handytickets oder den Nutzen von Stauprognosen herausstellen. Das ist allerdings nicht einfach: „*Wie wir ein Nudging hinbekommen, eigene Daten für z. B. Forschung, Gesundheitsentwicklung, Optimierung von Verkehrs- und Warenströmen, Klimawandel usw. herzugeben, da fehlt mir im Großen die Fantasie, im Kleinen gibt es aber immer wieder Möglichkeiten und Beispiele, z. B. Apps die sehr kommunikativ arbeiten*“, urteilen Experten aus Wissenschaft und Wirtschaft.
- Beim Klimaschutz die Kommunikation des Nutzens auf Augenhöhe gestalten und eine Einladung zur Partizipation aussprechen: Hier kann auf das Selbstwirksamkeitsmotiv nachhaltigkeitsbewusster Verbraucher gebaut werden, das für 42 Prozent der deutschen Bevölkerung zutrifft und bei ÖPNV-Nutzern noch stärker anzutreffen ist, das aber auch bedient werden muss (Rothmund 2021). Das kann z. B. durch App-basierte Klimaschutzwettbewerbe wie den „Klimathon“ oder das Lernen von Nachhaltigkeits- und Klima-Apps geschehen, auf die auch Experten verwiesen.

Für den letztgenannten Lösungsansatz sprach sich auch eine Verbraucherin explizit aus: „*Ich würde lieber meine Daten einem kleinen Start-up oder einem kleinen deutschen Unternehmen geben, denn die werden nicht so richtig gefördert, während die großen die Entlastung bekommen. Deshalb würde ich als Verbraucher die kleinen, jungen, innovativen mit meinen Daten unterstützen und sagen, ihr bekommt meine Daten, euch vertraue*

[11] Das u. a. vom MIT Civic Data Design Lab unterstützte Open Data-Projekt „Digital Matatus“ (www.digitalmatatus.com) gilt als Vorbild für viele Entwicklungsländer, deren urbane Verkehre weitgehend auf informellen, privaten Angeboten beruhen. Tatsächlich aber ist die Rezeption dieses Projektes im deutschsprachigen Raum gering, wenn man als schnellen Indikator die wenigen Fundstellen gelten lässt, die eine Online-Abfrage bei der Hochschulbibliothek Osnabrück am 10.02.2022 ergab.

ich mehr als den Riesen mit Daten auf der ganzen Welt.“ Diese Bereitschaft, Start-ups zu unterstützen, kann auch als Bedürfnis nach Selbstwirksamkeit und Partizipation interpretiert werden. Und wenn das Public Good im Einklang mit ethischen Zielen steht, fällt die Entscheidung nicht schwer: „*Wenn ich die Wahl habe zwischen meinem eigenen Datenschutz und einem Beitrag für die Umwelt durch E-Mobilität, dann wähle ich stets Letzteres. Hier muss ich an meine Folgegeneration denken.*“

3.3.3.3 Politik als Antreiber, Mut zum Experimentieren und einfache Nutzer-Lösungen

Angesichts der Klage der Wirtschaft über fehlenden Innovationsmut erarbeiteten die Experten etliche Lösungsansätze. Neben dem abermaligen Ruf nach mehr Erfolgsnarrativen und Vorbildern (aus Skandinavien und innovativen Kommunen und Bundesländern) wurde vor allem, wie Abb. 3.6 zeigt, der weitere Ausbau von Experimentierklauseln in Gesetzen bzw. Reallaboren genannt.

Dass hier die Kommunen eine entscheidende Rolle spielen können, fand allgemeine Zustimmung: „*Wenn es so etwas gäbe wie Experimentierraum oder unsere Kultur ein kleines bisschen offener wäre zu experimentieren und nicht so angsterfüllt und risikoavers, dann würden wir mit Sicherheit einen größeren Nutzen aus unseren technischen Errungenschaften ziehen können.*“ Und ein Medienexperte argumentierte: „*Ich finde, dass öffentliche Verkehrsunternehmen in Deutschland viel mehr in der Pflicht sein sollten, solche Experimente zu machen. Die machen lokal interessante Sachen, aber da guckt keiner genau hin. Der Staat sollte mehr Einfluss nehmen und Ziele setzen, sonst dauert das ewig, wie beim Deutschland-Ticket.*“

Solche Experimentierräume findet auch die Privatwirtschaft wichtig, die sich darüber hinaus eine weitere Deregulierung wünscht und mehr Offenheit für Lösungen aus der

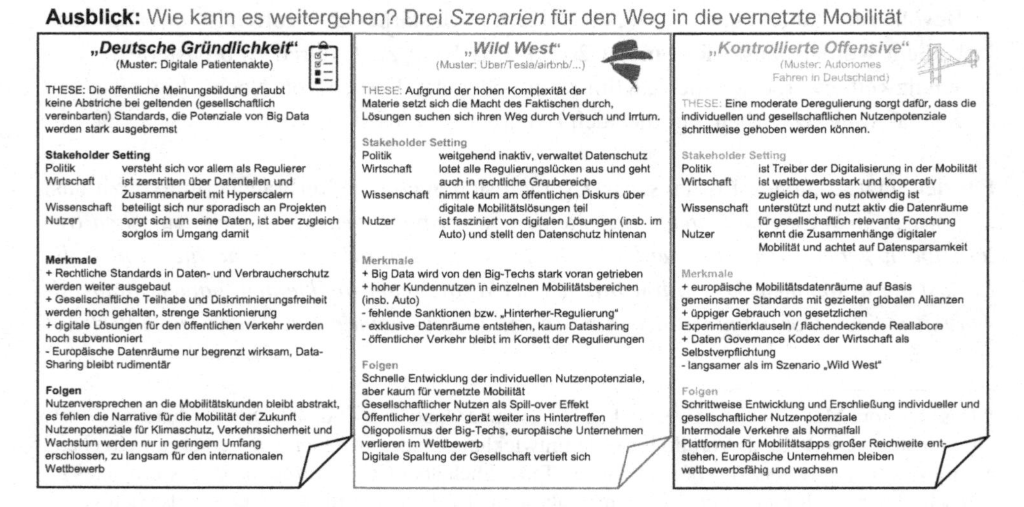

Abb. 3.6 Drei Szenarien für die Wege in die vernetzte Mobilität

Digitalwirtschaft vor allem im ÖPNV. So plädierte ein Wirtschaftsexperte: „*Damit der öffentliche Verkehr nicht zurückfällt, müssen gesetzliche Rahmenbedingungen geschaffen werden. … Wir müssen mehr Innovationsmut ermöglichen und Experimentierräume öffnen. Und wenn es nicht anders geht, mit einem Real-Labor-Gesetz des Bundes.*“ Zwar verpflichtet die Mobilitätsdatenverordnung die Mobilitätsanbieter zur Bereitstellung von Daten inklusive der Echtzeitdaten, aber Effekte sind noch nicht abzuschätzen. Insgesamt brauche es digitale Fachkompetenz und eine Veränderung des Mindsets: „*Ja, man soll und kann sie (die Politik, A.d.V.) in die Pflicht nehmen, das müsste standardisiert und einheitlich sein. Ein Teil der rechtlichen Rahmenbedingungen ist schon da. Aber die Verkehrsunternehmen brauchen Partner, die das Know-how haben. Man sollte auch auf andere Player schauen: Sharing-Unternehmen, andere Mobilitätsdienstleister, die tun schon Dinge über Apps und Algorithmen, die im Grenzbereich dessen unterwegs sind, was man in Deutschland schon darf. Über diese Pipeline bekommt man interessante Daten.*“

Damit Big Data zum Nutzen aller Beteiligten verwendet werden kann, wird der Politik die Aufgabe zugewiesen, das Vertrauen darin zu fördern und zugleich die Interessen der nicht digital-affinen Bürger zu vertreten. Wie groß hier die Verunsicherung ist, lässt sich an den Handlungsempfehlungen der Verbraucher in den Fokusgruppen ablesen: „*Thema Datensammeln, da sollte es klare Vorgaben vom Gesetzgeber geben, der dem Verbraucher mehr Rechte einräumt, auch abzulehnen, dass nicht technisch relevante Daten benutzt und übermittelt werden. Immerhin zahle ich ja auch für diese Technik! Schon bei der Einrichtung sollte ich gefragt werden, was ich freiwillig übermitteln will und was man übermitteln muss, damit die Technik einwandfrei funktioniert. Da sollte es bei jedem Gerät so eine Art Daten-TÜV geben.*“ Aber gleichwohl heißt es auch, dass die Bedenken nicht von allen geteilt werden: „*Für die Verwendung von Daten empfinde ich eine Wahl zwischen dem Bezahlen mit Daten oder einem monetären Entgelt als vorteilhaft. Die Personen, denen der Schutz ihrer Daten hinreichend wichtig ist, können die Option wählen, statt mit Daten mit Geld zu bezahlen.*“

„*Was wir schaffen müssen*“, war sich ein Politik-Experte denn auch bewusst, „*ist das Vertrauen, dass die Daten so genutzt werden, dass sie zu unserem Nutzen sind.*“ Insofern sei die Politik als Moderator und garantierende Instanz unverzichtbar. Sie habe den Hut auf bei Datenplattformen, der Staat als Garant für die Datensicherheit müsse gleichzeitig aber Vorsicht walten lassen, damit nicht, wie im Fall Tesla, der Eindruck entstehe, dass zweierlei Maß angelegt werde. Ausnahmen oder Sonderregelungen müssten gut begründet werden, um nicht Vertrauen zu verspielen.

Vertrauen zu schaffen, ist zugleich eine gesamtgesellschaftliche Aufgabe aller Stakeholder – durch einen ethischen Diskurs, die gesellschaftliche Kontrolle und die Kommunikation sinnvoller Erfolgsnarrative. Besonders gefordert ist hier die Wirtschaft, die durch geeignete Maßnahmen erheblich zur Vertrauensbildung beitragen kann:

- Eine Selbstverpflichtung zu Datensparsamkeit: Es werden nur die Daten erhoben, die für einen bestimmten Nutzen notwendig sind.

- Die Transparenz des Nutzens (nicht primär der erhobenen Daten), der verständlich und kunden-/bürgerzentriert formuliert sein muss – gerade dann, wenn sich kein unmittelbarer Nutzen für den Kunden ergibt, sondern seine Daten für Entwicklungen gebraucht werden.
- Durch einfache Lösungen für eine komplexe Welt (z. B. das Deutschlandticket).
- Durch Testsiegel für Datensparsamkeit und einen Daten-TÜV.

Voraussetzung für den Erfolg sei zudem eine grundlegende Aufklärung über Daten und Digitalisierung. Digital Literacy und Digital Mindset müssen deshalb aus Sicht aller Stakeholder gestärkt werden. Dies machte ein Teilnehmer deutlich, indem er auf das immer noch vorherrschende grundlegende Missverständnis bei Daten hinwies:

„*Daten sind eben nicht das neue Öl, sondern eine ganz andere Form von Rohstoff. Öl ist nicht reusable und auch nicht sharable. Bei Daten ist es genau umgekehrt: Je mehr Daten genutzt werden, also je mehr Reusability, desto mehr Datenveredlung, desto wertvoller werden sie. Bei Shareability ist es genauso: Wenn ich die Daten von meinem Regio-Zug für mich behalte, dann weiß ich, wann ich ihn reparieren muss. Aber wenn ich sie teilen würde in der Region, dann könnte ich eine ganz tolle Verkehrssteuerung machen. Dieses Umdenken, dass Daten eben nicht das neue Öl sind, dass Daten eine vollkommen andere Form von Rohstoff sind, das hat in den Chefetagen noch nicht stattgefunden. Deshalb werden Konzepte, die in der Vergangenheit erfolgreich waren nach dem Motto: ‚Ich passe auf meines auf und gate das, dass ja keiner drankommt‘, auf heute übertragen. Die klappen aber überhaupt nicht, weil sich Daten entgegengesetzt verhalten. Wir haben ein Riesenproblem, weil in den heutigen Chefetagen keine Digital Natives sind. Die haben den Schalter von Öl auf Daten nicht umgelegt.*“

Alle Teilnehmer waren sich auch einig, dass das Thema Big Data in der Bildung stärker berücksichtigt werden muss. Dies betrifft vor allem die Schulen und Universitäten. In allen Branchen brauche das Management zukünftig Digital Literacy und Digital Mindset, vor allem auch im Verkehr, wie der Branchenexperte betonte: „*Wir wissen, die Unternehmen müssen in der Zukunft Daten liefern. Wir kennen noch nicht die Schnittstellen. Wir können gut Öffentlichen Verkehr, aber wir müssen demnächst mehr können, damit wir diese Wege gehen können. Und das wird nirgendwo an den Universitäten gelehrt, dafür macht keiner dieser Verkehrsunternehmenschefs eine Ausbildung und trotzdem brauchen wir hier digitale Kompetenz.*“

Gleichzeitig sind schnellere Lösungen für die aktuelle Praxis notwendig. Die Unternehmen müssen dazu ihre digitale Fachkompetenz ausbauen, mit der Digitalwirtschaft kooperieren und sich über Inhouse-Start-ups Know-how verschaffen. Für die Verbraucher gilt es, integrierende Sonderlösungen für die Non-Digitals zu kreieren, wie z. B. im bereits genannten Modellprojekt Saarland mit den Lotsen für die Ticket-Automaten. Insgesamt erwarten die Verbraucher, dass sich die bisherige Entwicklung hin zur stärkeren Nutzerzentrierung der Angebote fortsetzt, was auch die Non-Digitals stärker ins Boot holen wird. So sagte eine Nutzerin: „*Ich bin mir sicher, dass moderne und vernetzte Technologien weiter fortschreiten, wenn die Technik sich allen Menschen öffnet, nicht nur der Generation der unter 40-Jährigen, die solche Innovationen eher akzeptieren als vielleicht über 60-Jährige, aber diese braucht man auch zum Gelingen. Somit muss alles einfacher werden, alles selbsterklärend zu verstehen und bedienen sein, so wie es auch das Smartphone nun ist.*"

3.3.3.4 Zusammenfassung: Nutzenorientierung führt zu konkreten Handlungsvorschlägen

- Big Data in der Mobilität wird zunehmend aus der Nutzenperspektive betrachtet: Was muss getan werden, damit sich vor allem der **gesellschaftliche Nutzen für Klimaschutz und Verkehrssicherheit** tatsächlich realisieren lässt? Das ist ein Paradigmenwechsel hin zu einem größeren Spektrum an Mobilitätslösungen.
- Die Bundes- und Landesregierungen haben vor allem die **Rolle als Antreiber** von Big Data in der Mobilität, ansonsten drohen Initiativen der Bundesregierung, wie der Datenraum Mobilität (Mobility Data Space), zu scheitern und/oder ein Einzelfall zu bleiben.
- Dazu gehört auch, ein **neues Narrativ für die Mobilität von morgen** zu entwickeln, welches das bisherige geopolitische Motiv, das die Geschichte von der Souveränität Europas gegenüber den Hyperscalern erzählt, ablöst. Diese ist zwar nach den hier vorliegenden Befunden bei allen Stakeholdern angekommen, kann aber aufgrund der Verflechtungen mit den US-Big-Techs faktisch nicht aufgehen.
- **Datenkompetenz** entwickelt sich neben Datenschutz zum zentralen gesellschaftspolitischen Ziel.
- Ein **engmaschiges Netzwerk von Experimentierräumen/Reallaboren** auf der Grundlage gemeinsamer Datenräume stellt einen wirkungsvollen Hebel dar, um dem Datenschutz-Dilemma bzw. der restriktiven Regulatorik zu entkommen. Hier sollten vor allem Kommunen vorangehen können, um die intermodale Mobilität von morgen erproben zu können.
- Noch bestehende (erstaunliche) Zeitvorteile wie beim autonomen Fahren sind unbedingt weiter auszubauen – durch Beibehaltung oder sogar Beschleunigung der bestehenden Zulassungspraxis. Die **Wissenschaft** kann gerade hier viel stärker in den **öffentlichen Diskurs** einsteigen.
- Die Chancen in der **Zusammenarbeit zwischen europäischen Unternehmen und den US-Big-Techs bzw. Hyperscalern** sollten nicht eingeschränkt werden, nur weil sie politisch nicht opportun erscheint.
- **Öffentliche Verkehrsunternehmen** werden nur dann nicht zum Verlierer unter den Verkehrsträgern, wenn sie **massiv in ihren digitalen Möglichkeiten gestärkt** werden. Die Experimentierklausel des Personenbeförderungsgesetzes sowie die Mobilitätsdatenverordnung können dann ihre Wirkung entfalten.
- Im Fokus aller Stakeholder stehen **einfache Kundenlösungen**, die eine hohe Reichweite in den Märkten entfalten können – ob mit hoher oder geringer digitaler Kompetenz. Eine Mobilitätsapp für alle und überall in Deutschland (**„Deutschland-Ticket"**) und sogar Europa (**„Europa-Ticket"**) bleibt das Ziel.
- Um Kundennutzen und gesellschaftlichen Nutzen miteinander zu verbinden, lassen sich verhaltenswissenschaftliche Erkenntnisse, z. B. im Sinne des **Nudgings**, einsetzen.

3.4 Stakeholder und ihre Ansprüche an Big Data in der Mobilität – Fazit aus Medienanalyse und Fokusrunden

Der Stakeholder-Ansatz kann jenseits der rechtlichen Frage, wem die Daten der Mobilitätskunden gehören, einen gedanklichen Ausweg bieten, indem weniger gefragt wird, wem die Daten gehören, sondern was interessenübergreifend damit erreicht werden kann, sodass alle Stakeholder-Ansprüche ausgewogen berücksichtigt werden. Der Stakeholder-Kapitalismus bietet auch für den Umgang mit Big Data eine normative Selbstverpflichtung, deren Lenkungswirkung der rechtlichen kaum nachsteht. Geht man grundsätzlich davon aus, dass nicht nur der Autofahrer oder Mobilitätsteilnehmer, der die Mobilitätsdaten mit seinem Verhalten erzeugt, sondern auch Hersteller, Versicherer oder öffentliches Verkehrsunternehmen genauso wie Politik und Wissenschaft dieselben legitimen Ansprüche auf den Nutzen von Big Data in der Mobilität haben, dann relativieren sich einseitige Machtansprüche und der Schritt zur gemeinsamen Nutzung bzw. zum Gebot des Datenteilens ist nicht mehr weit. Sowohl die Community-Forschung (siehe Abschn. 2.3) als auch die Fokusrunden haben bestätigt, dass es in diesem Punkt – wenngleich mit Abstrichen beispielsweise bei den Automobilherstellen – ein hohes Konsenspotenzial unter den Stakeholdergruppen gibt.

Die Stakeholder-Rollen, die bereits in der Medienanalyse sichtbar wurden, bestätigten sich auch in der Fokusrunden. Das gilt auch für das damit verbundene Stakeholder-Verhalten. Zu beobachten ist die uneinheitliche, changierende Rolle der Automobilindustrie, die mal deutlich sichtbare, dann im Spätsommer 2021 wieder zurückgenommene Treiberrolle der Bundesregierung sowie die sehr zurückhaltende Rolle der Wissenschaft und die wenig ausgeprägte Präsenz der Umweltschutzverbände in dieser doch so umweltrelevanten Debatte um die Potenziale von Big Data. Zugleich bleiben die Mobilitätskunden in ihrer engeren Verbraucherrolle als Autofahrer oder ÖPNV-Nutzer; erweiterte Rollen als Datenhändler, Lifestyle-Aktivisten oder Mitgestalter von Innovationen (Bergman et al. 2017, S. 171) sind nicht festzumachen (siehe Kap. 5). Der Vergleich zwischen Medienanalyse und Fokusgruppenauswertung zeigt darüber hinaus, dass die Bedeutung von Kommunen (und Bundesländern) und öffentlichen Verkehrsunternehmen als Stakeholder von Big Data in der Mobilität medial wenig wahrgenommen wird, während die Experten sie besonders hervorheben. Diese Wahrnehmungslücke zu schließen, wird deshalb von den Experten als eine der zentralen Aufgaben angesehen.

Vor diesem Hintergrund lassen sich die Ergebnisse der beiden qualitativen Erhebungen, die in diesem Kapitel im Fokus standen, im Einzelnen wie folgt zusammenfassen:

1. Die Debatte um Dateneigentum und Datenschutz scheint festgefahren und wird vor allem mit rechtlichen Argumenten geführt. Das **Stakeholder-Konzept**, das von vielfältigen legitimen Ansprüchen an Mobilitätsdaten ausgeht, kann diese aufbrechen und mit neuen Handlungsperspektiven versehen.
2. Einseitige Machtansprüche auf den Nutzen von Big Data in der Mobilität relativieren sich, wenn grundsätzlich davon ausgegangen wird, dass **alle Stakeholder legitime**

Ansprüche haben: nicht nur der Autofahrer oder Mobilitätsteilnehmer, der die Mobilitätsdaten mit seinem Verhalten erzeugt, sondern auch Hersteller, Versicherer (siehe Kap. 6) oder öffentliches Verkehrsunternehmen, genauso wie Politik und Wissenschaft. Die vielfältigen Ansprüche aus Wirtschaft, Wissenschaft und Politik werden auch deshalb als legitim angesehen, weil der Nutzen von Big Data für eine klimafreundliche Mobilität der Zukunft für alle Stakeholder eine hohe Priorität genießt.

3. In diesem Fall ist auch der Schritt zur **gemeinsamen Datennutzung bzw. zum Gebot des Datenteilens** nicht mehr weit. Sowohl die Community-Forschung als auch die Fokusrunden haben bestätigt, dass es hier ein **hohes Konsenspotenzial** auf allen Seiten gibt. Die Nutzung der Daten muss jedoch begründet werden, wenn sie beispielsweise keinen ersichtlichen **Vorteil für den Nutzer oder die Gemeinschaft** hat. Gleichzeitig ist Transparenz bzgl. der geteilten Daten erforderlich, insbesondere falls diese nicht anonymisiert sind (siehe Abschn. 5.5). Die vollständige technische Anonymisierung bleibt eine noch ungelöste Aufgabe der Forschung.
4. Unter welchen Rahmenbedingungen Big Data wie genutzt wird, ist daher Ergebnis eines **Aushandlungsprozesses zwischen den Stakeholdern**, die dabei jeweils ihren eigenen Logiken folgen. **Politik** hat hier die Aufgabe, die **Rolle des Treibers** einzunehmen, weil sich ansonsten andere Stakeholder (z. B. Unternehmen innerhalb der Automobilbranche, ÖPNV-Unternehmen und Aufgabenträger oder NGOs, die Klimaschutz und Datenschutz gleichermaßen vertreten) gegenseitig blockieren.
5. Aufgrund des gleichzeitigen Zusammenwirkens vieler Faktoren (insb. unklare Stakeholder-Interessen, Komplexität, zunehmende Erfolgstories digitaler Mobilitätslösungen, Aufmerksamkeitsökonomie) ist zu erwarten, dass das **Thema des Datenschutzes bzw. der Regulierung von Big Data und Künstlicher Intelligenz** in den Massenmedien **nur noch nachrichtlich** erwähnt wird. Das nimmt Druck von der Politik und erweitert die Handlungsspielräume (siehe dagegen Abschn. 5.5).
6. Zugleich geht es in der Datenpolitik darum, **wenig gehörte Stakeholder zu schützen** bzw. ihnen eine Stimme zu geben sowie insgesamt die **Datenkompetenz** quer durch die Gesellschaft zu erhöhen. Ein erstes Ergebnis in die gewünschte Richtung ist der von der Bundesregierung initiierte **Mobilitätsdatenraum (Mobility Data Space)**. Um den MDS bzw. sein technisches Design (standardisierter Connector) im Sinne einer **breit zugänglichen Dateninfrastruktur** zu verankern und Unternehmen zum Datenteilen zu veranlassen, bedarf es weiterer Unterstützung insbesondere durch Regierungshandeln.
7. In **gesetzlichen Experimentierklauseln** bzw. infolgedessen eröffneten **Reallaboren** besteht bereits ein wirkungsvolles Handlungskonzept, um die Nutzenpotenziale zu heben. Ein bereits angedachtes Reallaborgesetz bzw. eine generelle gesetzliche Experimentierklausel in allen Fachgesetzen, die für **datenbasierte, intermodale Mobilitätslösungen** relevant sind, zeigen die weiteren Möglichkeiten auf, diese Instrumente gestalterisch einzusetzen (siehe Abschn. 5.4).
8. Kommunen können als **„Smart Cities“** beim Aufbau eines engen Netzwerkes an Reallaboren eine entscheidende Rolle spielen. Im kommunalen Rahmen kann

i. d. R. vergleichsweise schnell ein Stakeholder-Konsens erzielt werden. Darüber hinaus haben die **Novellierung der StVO und des PBefG (einschließlich der Mobilitätsdatenverordnung)** sowie das im Sommer 2021 in Kraft getretene Gesetz zum autonomen Fahren die Spielräume für die kommunale Verkehrspolitik deutlich erweitert.

9. Erkenntnisse der **Verhaltensökonomie**, namentlich des Nudgings, sind generell einzusetzen, um die Bereitschaft zum Datenteilen in den entsprechenden Datenräumen (MDS) zu erhöhen. Das gilt sowohl in Bezug auf die Nutzer, aber explizit auch für Unternehmen, denen zusätzliche Anreize gegeben werden können.
10. Nutzer wollen die Möglichkeiten von Big Data für **mehr Komfort, höhere Sicherheit und wirtschaftliche Vorteile**, z. B. durch Vorzugsabos oder günstigere Versicherungstarife, in Anspruch nehmen. Dazu spenden oder verkaufen sie ihre persönlichen Daten, wenn nachvollziehbar ist, zu welchen Zwecken und unter welchen Bedingungen dies geschieht. Hier erwarten Kunden Angebote von allen Unternehmen der Mobilitätsbranchen (siehe Kap. 2 und 5).
11. Die **Wissenschaft** kann ihre **Rolle als Forscher und Erklärer** technischer, sozialer und ökonomischer Zusammenhänge noch stärker als bisher ausfüllen, nicht zuletzt, um Datenteilen durch bestmögliche Anonymisierung zu fördern. Dabei kommt angesichts der Komplexität von Big Data dem interdisziplinären Austausch eine wichtige Rolle bei der Entwicklung akzeptanzfähiger, nachhaltiger Mobilitätslösungen zu. Darüber hinaus können anwendungsorientierte Forschungsprojekte ein Gamechanger sein (Beispiel: der Mobility Data Space mit seiner dezentralen Architektur mithilfe der Dataspace Connectoren). Die **Wissenschaftskommunikation**, wie sie z. T. in der Corona-Pandemie entwickelt wurde, kann auch hier den Stakeholder-Dialog noch deutlich fördern.

Was bedeutet dieser Blick auf Big Data nun für die Zukunft der Mobilität? Versucht man diese Beobachtungen im Sinne von Szenarien zu sortieren, dann werden die in Abb. 3.6 skizzierten drei Szenarien für den Weg in die vernetzte Mobilität sichtbar. Alle drei Szenarien sind von einem jeweils spezifischen Setting der relevanten Stakeholder geprägt, welches die zukünftige Entwicklung maßgeblich bestimmt.

Das Szenario *„Deutsche Gründlichkeit"* beschreibt im Wesentlichen die Fortsetzung der bisherigen Entwicklung einer nur sehr eingeschränkten, aber dafür am Datenschutz ausgerichteten Nutzung von Big Data. Die Rollenverteilung in den Umweltsphären bzw. unter den Stakeholdern bleibt unverändert bestehen: die Politik sieht sich vor allem als Regulierer, die Wirtschaft ist vom Wettbewerb – insbesondere der Automobilhersteller und anderen Unternehmen der Branche einschließlich der Versicherer – geprägt; die Wissenschaft verharrt im Wahrnehmungsschatten und die Nutzer leben ihr paradoxes Verhalten aus.

Das Szenario *„Wild West"* beschreibt eine Entwicklung des „Durchwurstelns" in einer nur noch für Experten durchschaubaren Komplexität. Die Politik zieht sich aus einer aktiven Gestaltung zurück und beschränkt sich darauf, den Rechtsrahmen kleinteilig anzupassen. In der Wirtschaft haben die Marktakteure Vorteile, die in rechtlichen Graubereichen Powerplay spielen und die Zusammenarbeit mit den Hyperscalern suchen. Die Wissenschaft verabschiedet sich ganz aus dem öffentlichen Dialog. Die Nutzer erliegen der Macht des Faktischen und geben ihre Marktmacht weitgehend ab.

Schließlich ergibt sich ein drittes Szenario *„Kontrollierte Offensive"*, das davon ausgeht, dass sich die Priorität der Nutzenperspektive unter allen Stakeholdern durchsetzt. Die Politik tritt als Treiber von digitalen Mobilitätslösungen auf, die Wirtschaft eint trotz hoher Wettbewerbsintensität ein gemeinsames Interesse an Aufbau und Zugang zu Massendaten in ausreichender Menge und hoher Qualität. Die Wissenschaft beteiligt sich aktiv daran, die Komplexität von datengestützter Mobilität aufzuhellen und übernimmt ihrerseits eine Vorbildrolle in Sachen Data-Sharing. Die Nutzer sehen sich nicht nur als Verbraucher oder Mobilitätskunden, sondern als aktive Datenhändler oder Datenspender für Zwecke, die ihnen wichtig sind.

Alle drei Szenarien basieren auf denselben empirischen Beobachtungen und sind mit einer vergleichbaren Wahrscheinlichkeit ausgestattet, ein mittleres Szenario im Sinne eines wahrscheinlichen Szenarios ist hier nicht definiert. Verlässt man die Wahrscheinlichkeitsbetrachtung und sucht nach einer normativen Perspektive, so könnte diese gleichwohl im Szenario „Kontrollierte Offensive" liegen. Ein solcher Wechsel aus der empirischen in die normative Betrachtung erhält dadurch seine Relevanz, dass die gestalterische Kraft von Narrativen für soziale und ökonomische Entwicklungen belegt ist (Shiller 2019); sie war auch Ausgangspunkt der ersten Big Data-Studie (Knorre et al. 2020). Auch im engeren Kontext von Innovationen in der Mobilität gilt die „generative Kraft" von Visionen und Narrativen als gesetzt (Bergman et al. 2017, S. 160 f.) In diesem Sinne versteht sich auch diese Studie zu Big Data in der Mobilität als Beitrag zur Gestaltung eines Innovationspfades für die Mobilität von morgen.

Literatur

Bergman N, Schwanen T, Sovacool BK (2017) Imagined people, behaviour and future mobility. Insights from visions of electric vehicles and car clubs in the UK. Transp Policy 59:165–173

Bergt S (2021) Mobilitätsdaten sind ein Riesenschatz (04.03.2021). taz. Die tageszeitung

Brüsemeister T (2008) Qualitative Forschung. Ein Überblick. Springer VS, Wiesbaden

Buchenau MW (2020) Prüfkonzern Dekra fordert Transparenz bei den Auto-Daten (07.12.2020). Handelsblatt

Buchholz U, Knorre S (2019) Interne Kommunikation und Unternehmensführung. Theorie und Praxis eines kommunikationszentrierten Managements. Springer Gabler, Wiesbaden

Bundesregierung (2018) Koalitionsvertrag zwischen CDU, CSU und SPD. https://www.bundesregierung.de/resource/blob/974430/847984/5b8bc23590d4cb2892b31c987ad672b7/2018-03-14-koalitionsvertrag-data.pdf?download=1. Zugegriffen am 27.08.2021

Delhaes D (2020a) Autobauer sollen Daten bündeln (08.09.2020). Handelsblatt

Delhaes D (2020b) Merkel drängt Autokonzerne: BMW, Daimler und VW sollen Datenschatz teilen (28.10.2020). Handelsblatt

Delhaes D (2020c) Datenschatz Verkehr: VW und Daimler wollen die Pläne der Kanzlerin unterstützen (17.11.2020). Handelsblatt

Delhaes D (2021a) VW, BMW und Daimler zieren sich bei Merkels Datenplattform – denn sie haben eigene Pläne (23.03.2021). Handelsblatt

Delhaes D (2021b) Verkehrsanbieter behalten Datenschatz (22.07.2021). Handelsblatt

Delhaes D, Hoppe T (2020) Open Data für alle: Bundesregierung will Datenschätze der Verwaltung öffnen (26.11.2020). Handelsblatt

Delhaes D, Murphy M (2021) Milliardenmarkt Mobilitätsdaten: Deutsche Autobauer verteidigen das Zukunftsgeschäft (08.04.2021). Handelsblatt

Delhaes D, Fasse M, Kerkmann C (2020) Allianz um BMW und SAP baut gemeinsame Datenplattform für Autoindustrie (01.12.2020). Handelsblatt

DLR (2021) Vierte DLR-Erhebung zu Mobilität & Corona: Hintergrundpapier. https://verkehrsforschung.dlr.de/public/documents/2021/DLRBefragung4_Hintergrundpapier.pdf. Zugegriffen am 27.08.2021

dpa (2019) Digitalklausur in Meseberg (17.11.2019). zeit.de. https://www.zeit.de/news/2019-11/17/deutschland-steht-vor-riesigen-aufgaben-beim-mobilfunkausbau. Zugegriffen am 27.08.2021

Fockenbrock D (2020) Sinnlose Blockade (14.09.2020). Handelsblatt

Freeman RE (2010) Stakeholder theory. The state of the art. Cambridge University Press, New York

Friedman M (1970) A Friedman doctrine – The social responsibility of business is to increase its profits. The New York Times. https://www.nytimes.com/1970/09/13/archives/a-friedman-doctrine-the-social-responsibility-of-business-is-to.html. Zugegriffen am 30.08.2021

Heitmann KJ (2021) Wir wären ein guter Partner für Tesla (21.07.2021). Handelsblatt

Holzki L, Höpner A, Hoppe T, Koch M (2020) Deutschland fällt im KI-Test durch (09.09.2020). Handelsblatt

Honold D (2020) Nur der langfristige Gewinn zählt (27.01.2020). Frankfurter Allgemeine Zeitung. https://www.faz.net/aktuell/wirtschaft/davos-stakeholder-kapitalismus-statt-shareholder-value-16601887.html?premium. Zugegriffen am 03.09.2021

Knorre S (2020) Agiles Verwaltungsmanagement und interne Kommunikation: Neue Perspektiven einer kommunikationszentrierten Führung in der öffentlichen Verwaltung. In: Kocks K, Knorre S, Kocks JN (Hrsg) Öffentliche Verwaltung – Verwaltung in der Öffentlichkeit. Springer VS, Wiesbaden, S 39–55

Knorre S, Müller-Peters H, Wagner F (2020) Die Big-Data-Debatte. Chancen und Risiken der digital vernetzten Gesellschaft. Springer Gabler, Wiesbaden

Kugoth J (2021a) Ohne Fahrer (11.02.2021). Der Tagesspiegel

Kugoth J (2021b) Kabinett verabschiedet Mobilitätsdatenverordnung (22.07.2021). Der Tagesspiegel Background Verkehr & Smart Mobility

Kugoth J, Rusch L (2021) Angebot nach Datenlage (01.04.2021). Der Tagesspiegel

Maak N (2020) Die Rechner, bitte (22.11.2020). Frankfurter Allgemeine Sonntagszeitung

Maak N (2021) Abschied vom Lenkrad (24.04.2021). Frankfurter Allgemeine Zeitung

Mendelow AL (1981) Environmental scanning: the impact of the stakeholder concept. Int Conf Inform Syst Proc 20:407–418

Merten K, Wienand E (2004) Medienresonanzanalyse. https://www.yumpu.com/de/document/view/3582851/medienresonanzanalyse-comdat. Zugegriffen am 24.02.2022

Mortsiefer H (2021) Ich wünsche mir mehr Pragmatismus (01.04.2021). Der Tagesspiegel

Neuerer D (2019) Groko liefert sich Wettlauf um die beste Datenstrategie (09.12.2019). Handelsblatt

Presse- und Informationsamt der Bundesregierung (2019) Ergebnisse des Treffens zur Konzertierten Aktion Mobilität im Bundeskanzleramt. PM 364 November 4. https://www.bundesregierung.de/breg-de/themen/buerokratieabbau/mobilitaet-der-zukunft-gestalten-deutschlands-chancen-nutzen-ergebnisse-des-treffens-zur-konzertierten-aktion-mobilitaet-im-bundeskanzleramt-1688544. Zugegriffen am 27.08.2021

Ronald K, Mitchell B, Agle R, Wood DJ (1997) Toward a theory of stakeholder identification and salience: defining the principle of who and what really counts. Acad Manage Rev 22:853–886

Rothmund J (2021) Nachhaltigkeit im Fokus. https://rothmund-insights.de/blogbeitrag-nachhaltigkeit-im-fokus. Zugegriffen am 10.01.2022

Rüegg-Stürm J, Grand S (2015) Das St. Galler Management-Modell, 2., vollst. überarb. u. grundl. weiterentwickl. Aufl. Haupt, Bern

Rüegg-Stürm J, Grand S (2019) Das St. Galler Management-Modell. Management in einer komplexen Welt. Haupt, Bern

Schwab K, Vanham P (2021) Stakeholder capitalism: a global economy that works for progress, people and planet. Wiley, Hoboken

Shiller RJ (2019) Narrative economics: how stories go viral and drive major economic events. Princeton University Press,

Tatje C (2021) Das Ende des Lenkrads (18.02.2021). Die Zeit

Von der Leyen U (2020) Souveränität in der Technologie (19.02.2020). Handelsblatt

Wagner H (2009) Qualitative Methoden in der Kommunikationswissenschaft. Nomos, Baden-Baden

Weiner J (1964) The Berle-Dodd dialogue on the concept of the corporation. Columbia Law Rev 64:1458–1467. https://doi.org/10.2307/1120768

Zwick D (2020a) Die Staats-Cloud wird für die Autobauer zum teuren Projekt (09.09.2020). https://www.welt.de/wirtschaft/article215294112/Die-Staats-Cloud-wird-fuer-die-Autobauer-zur-teuren-Gefahr.html. Zugegriffen am 27.08.2021

Zwick D (2020b) Ihr Auto weiß bald alles – und wird Sie verraten (27.11.2020). https://www.welt.de/wirtschaft/article218276230/S-Klasse-und-Co-fitness-Ihr-Auto-weiss-bald-alles-und-wird-Sie-verraten.html. Zugegriffen am 27.08.2021

Auswirkungen von Big Data auf den Mobilitätsmarkt

4

4.1 Einflüsse von Megatrends

Globale Megatrends beeinflussen Gesellschaft und Wirtschaft auf breiter Ebene. Sie verändern gesellschaftliches Verhalten, bergen neue Chancen sowie Herausforderungen, führen zu einer veränderten Risikolandschaft und bringen vielfach neue Geschäftsmodelle hervor. Megatrends weisen einen langfristigen Zeithorizont auf und nehmen einen großen Einfluss auf Gesellschaft, Wirtschaft und Individuen. Mit ihnen gehen regelmäßig bereichs- und branchenübergreifende Auswirkungen mit großer Bedeutung für die Entwicklungen in der Zukunft einher. Häufig werden sie daher auch als „global" bezeichnet (Horx 2014). In den vergangenen Jahren hat sich ein wahrer Hype in der Trendforschung entwickelt: (Mega-)Trends sind Gegenstand zahlreicher Untersuchungen und beschäftigen Forscher und Wissenschaftler weltweit. Das Verständnis zur Entstehung sowie die Analyse der Treiber und vielfältigen Auswirkungen von Trends sollen Aussagen über die Zukunft ermöglichen und dazu beitragen, die Zukunft planbarer zu machen (Linden und Wittmer 2018, S. 2).

Die nachfolgenden Trends werden von einem Großteil der Trendforscher als hochrelevant eingeschätzt. Aufgrund ihres globalen Charakters wirken sie sich allesamt auch auf den Bereich der Mobilität aus.

Übergeordnet ist vor allem der Megatrend der **Globalisierung** einschlägig, der mit weltweiten Wanderungsbewegungen sowohl von Bevölkerungsgruppen als auch Individuen einhergeht und somit stark mit der räumlichen Mobilität korreliert ist.[1] Denn auf der einen Seite liefert die Mobilität – allen voran die räumliche Mobilität – die Voraussetzung für eine globalisierte Welt. Auf der anderen Seite führt das Mehr an räumlicher Mobilität zu einem weiteren Zusammenwachsen von Gesellschaften und Märkten, was wiederum

[1] Ein ähnliches Verhältnis zeigt sich zwischen der Globalisierung und der informationellen Mobilität, d. h. auch der Digitalisierung, die ebenfalls deutliche Wechselwirkungen aufweisen.

N. Gatzert et al., *Big Data in der Mobilität*,
https://doi.org/10.1007/978-3-658-40511-3_4

die Globalisierung zusätzlich fördert. Dies spiegelt sich auch deutlich in der Anzahl an Mobilitätsaktivitäten, sowohl des Individual- als auch des öffentlichen Verkehrs, wider (Verband Deutscher Verkehrsunternehmen 2022).[2] Im Ergebnis zeigt sich die zunehmende Bedeutung von Mobilität und einer Verschiebung des Mobilitätsbedürfnisses hin zu einem Grundbedürfnis, dessen einfache und schnelle Erfüllung zunehmend als selbstverständlich angesehen wird (ADAC e.V. 2017, S. 23; Linden und Wittmer 2018, S. 16).[3]

In diesen Kontext lässt sich auch der Megatrend der **Urbanisierung** einordnen. Bereits mehr als 70 % der europäischen Bevölkerung lebte im Jahr 2021 in Städten. Die weitere Ausbreitung urbaner Lebensformen, die bis 2050 84 % der Bevölkerung in urbanen Räumen bündeln könnte, konfrontiert Städte auf der ganzen Welt mit einem immens ansteigenden Verkehrsaufkommen (ADAC e.V. 2017, S. 11 f.). So kam es in der Vergangenheit zu immer mehr Staus, Unfällen, Parkplatznot sowie Luft- und Lärmbelastungen (Hasse et al. 2017, S. 8); Tendenz weiter steigend. Während dies auf der einen Seite die Minderung von Lebensqualität für die städtische Bevölkerung zur Folge hat, kommt es gleichzeitig zu einer immer vielfältigeren Angebotslandschaft, die das Stadtleben auf der anderen Seite lebenswerter machen sollen.[4] Diese Aspekte miteinander in Einklang zu bringen sowie den Herausforderungen der Zunahme an Mobilitätsaktivitäten und dem Bedarf an Verkehrsmitteln gerecht zu werden, stellt auch in Zukunft eine der großen Herausforderungen für Städte und Gemeinden dar. Gemeinsam mit den weiteren Akteuren des Mobilitätsmarkts müssen daher neue Fortbewegungsmittel etabliert und alternative Mobilitätskonzepte entwickelt werden.

Ein weiterer Megatrend ergibt sich aus der **Digitalisierung**, die bereits seit einigen Jahren erhebliche Umbrüche in Gesellschaft und Wirtschaft mit sich bringt. Im engeren Sinne bezeichnet Digitalisierung den Prozess, analoge Informationen in eine diskrete Form umzuwandeln, um so automatisiert Informationen verarbeiten zu können (Bühler und Maas 2017, S. 46). Ebendieser Prozess wurde in den letzten beiden Jahrzehnten rasant beschleunigt, und neben der Datenmenge wachsen auch die Möglichkeiten in Hinblick auf die Methoden und Technologien zur Datenspeicherung, -analyse und -auswertung immer schneller (Horvath 2013, S. 1 f.; Graumann et al. 2022, S. 5).

Eine der bedeutendsten Entwicklungen in diesem Zusammenhang ist die Zunahme an Informations- und Kommunikationstechnologien, die Einzug in sämtliche Lebensbereiche gefunden haben und mehr oder weniger zu einer ständigen Generierung von Daten führen.

[2] Eine Unterbrechung dieser über die letzten Jahrzehnte sehr gleichmäßigen Entwicklungen zeigt sich in den Jahren 2020 und 2021, in denen die Corona-Pandemie zu einer deutlichen Abnahme der räumlichen Mobilität (z. T.) zugunsten der informationellen Mobilität (Beispiel: Homeoffice) führte.

[3] Ob und inwieweit die jüngsten geopolitischen Entwicklungen, u. a. ausgelöst durch die Corona-Krise sowie den Ukraine-Krieg, künftig einen Gegentrend hin zu einer gewissen De-Globalisierung auslösen, z. B. um in den einzelnen Weltregionen und Gesellschaftssystemen/Wirtschaftsräumen globale Lieferkettenrisiken zu mindern und die Versorgungssicherheit (wieder) zu erhöhen, wird sich zeigen.

[4] Erforderlich wird dies auch deshalb, weil Städte zunehmend international miteinander im Wettbewerb stehen – um Industrien und talentierte Menschen (Linden und Wittmer 2018, S. 8).

Sie ermöglichen die verbale sowie die text- und bildbasierte Kommunikation zwischen Menschen, Menschen und Maschinen sowie auch zwischen Maschinen untereinander. So hat der Besitz an mobilen Devices in den vergangenen Jahren rasant zugenommen. Im Jahr 2021 besaßen mit 97,6 % nahezu alle Haushalte in Deutschland ein Mobiltelefon, der Anteil der mobilen Internetnutzer steigt jährlich an (in 2021 lag er in Deutschland bei 82 %), und jeder fünfte Deutsche nutzt Wearables (Statistisches Bundesamt 2021). Die mobilen Devices führen zu einer voranschreitenden Vernetzung und einer immer effektiveren Kommunikation, die durch Identifikationstechnologien ermöglicht und beschleunigt wird. Neben den mittlerweile etablierten Medien, die vom Menschen zu Kommunikationszwecken eingesetzt werden (Computer, Smartphones), nimmt die Einbindung maschineller Kommunikation stetig zu: Konkret werden immer mehr alltägliche und nicht-alltägliche Objekte und Gegenstände mit Technologie ausgestattet. In Kombination mit der Verbreitung und Verfügbarkeit des Internets entsteht eine Konnektivität, die auch Gegenstände in nahezu allen gesellschaftlichen und wirtschaftlichen Bereichen in die Lage versetzt, untereinander (Maschine-zu-Maschine-Kommunikation) oder aber mit dem Menschen (Maschine-zu-Mensch-Kommunikation) zu interagieren. Für die Erfassung und Lokalisierung von Daten und deren Erzeugern werden Identifikations- und Lokalisierungstechnologien genutzt, die zugleich eine Grundlage für das Internet of Things (IoT) bilden. Zu ihnen gehören Sensoren und biometrische Verfahren, wie Fingerabdruck-, Iris- und Gesichtserkennung, die bislang überwiegend im industriellen Bereich, bspw. in der Logistik, eingesetzt wurden, um die Identität einer Person zu erkennen oder sie zu bestätigen bzw. zu widerlegen. Verstärkt finden diese Technologien jedoch auch Eingang in den privaten Bereich. Durch das Erkennen von Personen, Sachen oder Vorgängen und die damit einhergehende Möglichkeit zur Steuerung und Kontrolle tragen Identifikationstechnologien u. a. dazu bei, dass Prozesse beschleunigt werden. Gleichzeitig ermöglichen sie auf der einen Seite einen deutlichen Zuwachs an **Sicherheit** (Hausladen 2016, S. 7 f.) und bergen auf der anderen Seite neue (Cyber-)Risiken, durch die sich die Risikolandschaft erheblich verändert.

Im Bereich der Mobilität sind von den technischen (Weiter-)Entwicklungen insbesondere Fahrzeuge, allen voran das Kfz, betroffen. Die Kombination aus dem Einsatz verschiedener Identifikationstechnologien – neben der klassischen Lokalisierungstechnologie des GPS vor allem Sensoren – und der Verwendung von Informations- und Kommunikationstechnologien ermöglicht die automatisierte Kommunikation der Fahrzeuge untereinander. Sogenannte Connected Cars tauschen Daten sowohl untereinander als auch mit weiteren Verkehrsmitteln und der sie umgebenden Infrastruktur aus. Der dadurch entstehende „Vernetzte Verkehr" – der ebenso den „smarten Schienenverkehr" umfassen kann – erlaubt die sichere Koordination zwischen den Verkehrsteilnehmern und optimiert sowohl die Mobilitätsaktivitäten einzelner Nutzer als auch die intelligente Steuerung des Verkehrsaufkommens als solches. So können durch die Auswertung der Echtzeit-Verkehrsdaten bspw. Parkplätze allokiert werden und dynamische Richtungsänderungen zu einer effizienteren Nutzung verfügbarer Mobilitätsinfrastruktur führen (siehe dazu z. B. das Projekt MORE der EU, das die Aufgabe hatte, mittels gezielter und effizienter

Steuerung besonders verkehrsintensive Gebiete zu entlasten (European Commission 2017)). In der Folge können Staus vermieden oder reduziert werden und es kommt zu einem verminderten räumlichen Bedarf (Hasse et al. 2017, S. 19). Ebenso kann der Betrieb Öffentlicher Verkehrsmittel, wie Bus und Bahn, mit derartigen Vorhersagemodellen effizienter gesteuert werden (Hasse et al. 2017, S. 8), bspw. durch die Vernetzung mit Verkehrsleitsystemen und die Steuerung von Ampelsignalen. Einige Trendforscher sehen vor dem Hintergrund nicht nur eines steigenden Bedürfnisses nach Sicherheit, sondern auch der vielfältigen neuen Möglichkeiten, Sicherheit zu erreichen, das Thema „Sicherheit“ als eigenen Mega-Trend (Linden und Wittmer 2018, S. 15).

Neben der Erhöhung von Sicherheit kann der vernetzte Verkehr dazu beitragen, die Bequemlichkeit für die Verkehrsteilnehmer zu steigern – insbesondere dann, wenn der Einsatz der genannten Technologien zu einem (teil-)automatisierten Fahren, d. h. einer zunehmenden Übernahme von Fahraufgaben durch das Fahrzeug selbst, führt. Die Stufen hin zu einem Fahrzeug, das sich gänzlich ohne menschliche Eingriffe zielgerichtet fortbewegen kann, wurden von der Society of Automotive Engineers (SAE) wie folgt definiert:

- Level 0: Der Fahrer übernimmt sämtliche Fahrfunktionen. Es gibt kein in die Fahraufgaben eingreifendes System.
- Level 1 (Assistiertes Fahren): Der Fahrer führt die Längs- und Querführung selbst aus; einzelne Assistenzsysteme unterstützen ihn bei bestimmten Fahraufgaben. Zu derartigen Assistenzsystemen zählen bspw. der Tempomat oder der automatische Spurhalteassistent.
- Level 2 (Teilautomatisiertes Fahren): Das teilautomatisierte Fahrzeug nach Level 2 kann unter definierten Bedingungen bestimmte Aufgaben zeitweilig selbst ausführen und in definierten Anwendungsfällen die Längs- und Querführung übernehmen. Hierfür werden verschiedene Einzelsysteme miteinander kombiniert, die es bspw. ermöglichen, selbstständig zu bremsen oder zu beschleunigen. Die jederzeitige Überwachung des Fahrzeugs obliegt dem menschlichen Fahrer.
- Level 3 (Hochautomatisiertes Fahren): Ein Großteil der Fahraufgaben kann zeitweilig selbstständig und ohne menschlichen Eingriff vom Fahrzeug übernommen werden. Kommt das System an seine Grenzen, fordert es den Fahrer zur Übernahme der Fahraufgabe auf.
- Level 4 (Vollautomatisiertes Fahren): Das vollautomatisierte Fahrzeug ist in der Lage, sämtliche Fahraufgaben ohne menschliches Dazutun zu übernehmen. Im spezifischen Anwendungsfall ist daher kein Fahrer mehr erforderlich und das Fahrzeug kann auch längere Strecken alleine zurücklegen. Es erkennt seine Grenzen rechtzeitig und ist in der Lage, sich sodann selbst in einen sicheren Zustand zu begeben.
- Level 5 (Autonomes Fahren): In Level 5 haben die Passagiere keine Fahraufgaben mehr. Das Fahrzeug wird in jeglichen, auch hochkomplexen, Situationen vollständig durch das System gesteuert.

Eine Übersicht gibt Abb. 4.1.

Abb. 4.1 Stufen des automatisierten Fahrens. (Eigene Darstellung)

	Längs- und Querführung durch das System	Fahrer darf sich vom Verkehr abwenden	keine Haftung durch den Fahrer	Fahrten ohne Fahrer sind möglich
Level 1				
Level 2	✓			
Level 3	✓	✓		
Level 4	✓	✓	✓	
Level 5	✓	✓	✓	✓

Während in Deutschland fahrerlose Kraftfahrzeuge bislang nur auf abgegrenzten Teststrecken zu finden sind und sich der autonome Personentransport auf vorab definierte Strecken (z. B. der autonome Bus im bayerischen Bad Birnbach, der zwischen dem örtlichen Bahnhof und dem Marktplatz verkehrt) und zeitlich begrenzte Projektdauern beschränkt – oder sehr punktuell auf den Schienenverkehr begrenzt ist (z. B. die autonome U-Bahn in Nürnberg) –, werden in anderen Ländern vereinzelt bereits fahrerlose Fahrzeuge auch im öffentlichen Straßenverkehr eingesetzt. So dürfen bspw. in Peking das Elektroauto-Startup Pony.ai sowie der chinesische Internetgigant Baidu seit Ende April 2022 auch vollständig fahrerlose Mitfahrdienste (Robo-Taxis) anbieten (Bellan 2022). Ähnlich sieht es in einigen Regionen der USA, speziell Kalifornien, aus, in denen Unternehmen wie Waymo und Cruise autonome Ride-Hailing-Dienste erbringen. In der Folge wird damit Personen Zugang zum Individualverkehr ermöglicht, die ansonsten – bspw. aufgrund körperlicher Einschränkungen – dazu nicht in der Lage wären.

Insbesondere vor dem Hintergrund der **demografischen Entwicklung** ergeben sich erhebliche Potenziale, den Mobilitätanforderungen und -bedürfnissen der verschiedenen Generationen gerecht zu werden und (altersgerechte) Letzte-Meile-Angebote[5] bereitzustellen. Gleichzeitig soll das autonome Fahrzeug die Verlagerung verschiedener Aktivitäten ermöglichen, da der Fahrer – der zum Mitfahrer wird – sich parallel anderen Aufgaben widmen kann. Neben einem komfortablen Reisen kann somit auch dem Wunsch bspw. nach mobilem Arbeiten entsprochen werden. Die Entwicklungsperspektiven und -geschwindigkeiten korrelieren dabei nicht ausschließlich mit den technologischen

[5] Ursprünglich aus der verkabelten Telekommunikation stammend, meint der Begriff der letzten Meile die Versorgung auf dem letzten Streckenabschnitt. Im Kontext der Mobilität sind damit in der Regel Angebote gemeint, die den letzten Streckenabschnitt, bspw. von der Haltestelle des Öffentlichen Verkehrsmittels zur Haustür, abdecken.

Fortschritten, sondern hängen ebenso stark von der gesellschaftlichen Akzeptanz sowie den rechtlichen und wirtschaftlichen Rahmenbedingungen ab (Gatzert und Osterrieder 2020).

Auch in Deutschland sind die rechtlichen Rahmenbedingungen für das autonome Fahren vielversprechend. So wurde im Juli 2021 mit dem Gesetz zum autonomen Fahren ein neuer Rechtsrahmen geschaffen, der den Einsatz fahrerloser Fahrzeuge im Regelbetrieb des öffentlichen Straßenverkehrs grundsätzlich ermöglicht. Für die Zulassung autonom fahrender Autos hat der Bundesrat am 20. Mai 2022 die „Verordnung zur Regelung des Betriebs von Kraftfahrzeugen mit automatisierter und autonomer Fahrfunktion und zur Änderung straßenverkehrsrechtlicher Vorschriften" verabschiedet. Zwar müssen noch einige Änderungswünsche der Länder umgesetzt werden; es ist allerdings mit einem zeitnahen Inkrafttreten zu rechnen. Deutschland begibt sich damit auch im internationalen Vergleich in eine Vorreiterrolle. In puncto Hersteller – also darüber, von welchem Anbieter die ersten autonomen Autos auf deutschen Straßen kommen – herrscht aktuell ein intensiver Wettbewerb. Die ambitioniertesten Pläne hat die israelische Intel-Tochter Mobileye verkündet, die noch im Jahr 2022 in Kooperation mit Sixt mit einer autonomen Flotte den deutschen Straßenverkehr betreten möchte. Anders als bspw. bei Tesla, ergänzt Mobileye die in das System integrierten Kameras durch LiDAR (Light Detection And Ranging)-Sensoren, die unabhängig von bestehenden Lichtverhältnissen ein exaktes 3D-Bild der Fahrzeug- oder Prozessumgebung erzeugen.

Zweifelsohne erfordert (teil-)automatisiertes Fahren eine erheblich steigende Zahl an Sensoren, die gleichzeitig eine riesige Masse und Vielfalt an Daten (Stichwort „Big Data") produzieren. Da sich die entstehenden Datenmengen mit herkömmlichen Verfahren der Datenverarbeitung nicht mehr auswerten lassen, sind neue Methoden erforderlich (Data-Analytics-Verfahren). Sie verfolgen das Ziel, Informationen einerseits zu strukturieren und andererseits Schlussfolgerungen aus den Daten zu ziehen. Im Unterschied zur deskriptiven Analyse nimmt die prädiktive Analyse Ableitungen vor und wertet damit nicht nur beobachtbares Verhalten aus, sondern schließt auch auf Trends und Verhaltensmuster (Bardmann 2019, S. 579 f.). Da hierbei menschliches Problemlösungsverhalten an seine Grenzen stößt, ist in der Regel der Einsatz Künstlicher Intelligenz[6] vonnöten.

Neben der sehr engen daten- und technologiegetriebenen Definition von Digitalisierung besteht eine Reihe weiterer Definitionsansätze, die den Begriff deutlich umfassender verstehen. So kann die Digitalisierung auch als grundlegender Wandel definiert werden, der vorhandene Strukturen verändert und bestehende Lösungen und Konzepte mithilfe neuer Technologien ergänzt oder sogar ersetzt.[7] Digitalisierung kann somit auch als

[6] Durch die Automatisierung intelligenten Verhaltens mittels informationstechnologischer Methoden, wie dem maschinellen Lernen, werden Systeme in die Lage versetzt, eigenständiges Problemlösungsverhalten zu entwickeln.

[7] Obwohl die Digitalisierung nicht mit der Entstehung und Etablierung neuer Technologien gleichgesetzt werden kann, lässt sie sich doch als eine Folge der Entstehung neuer technologischer Möglichkeiten und der damit verbundenen Potenziale interpretieren. Die technologischen (Weiter-)

umfassender **sozioökonomischer Wandel** verstanden werden, der mit umfassenden gesellschaftlichen Transformationsprozessen einhergeht (Jarke 2018, S. 3) und gesellschaftliche Verhaltensänderungen bedingt.[8]

Die Verfügbarkeit von Informationen hat in den vergangenen Jahren die Entstehung einer Informations- und Wissensgesellschaft vorangetrieben. Die damit einhergehende Autonomie begünstigt und forciert gleichzeitig den Megatrend der **Individualisierung** (Linden und Wittmer 2018, S. 13). Da Mobilität Beweglichkeit und Flexibilität bedeutet – oder diese zumindest ermöglicht – sind auch die Mobilität und der Trend der Individualisierung eng miteinander verknüpft und bedingen sich gegenseitig.

Die Individualisierung, die auch durch einen gestiegenen Lebensstandard und vielfältigere Lebensformen vorangetrieben wird, äußert sich durch ausdifferenzierte Weltanschauungen sowie die steigende Bedeutung postindustrieller Werte der Selbstbestimmung, der Selbstverwirklichung und nicht zuletzt der Unabhängigkeit. Sie führt zu dem wachsenden Bedürfnis nach Entfaltung der individuellen Persönlichkeit und einem Pluralismus an Lebensstilen, der häufig mit (dem Wunsch nach) räumlicher Flexibilität und auch einer höheren Sprunghaftigkeit einhergeht (ADAC e.V. 2017, S. 11). Diese Flexibilität betrifft sowohl das private als auch das berufliche Leben und führt zu einem weiteren Trend: den des **„New Way of Working“**. Statt des in der Vergangenheit häufig anzutreffenden Nine-to-Five-Arbeitstages lösen sich die starren Grenzen zwischen Berufs- und Privatleben vermehrt auf (Work-Life-Blending). Insbesondere die während der Corona-Pandemie geltenden Homeoffice-Verhältnisse und das mobile Arbeiten haben diese Entwicklung unterstützt: Zeit- und ortsunabhängiges Arbeiten wird zur neuen Normalität und beeinflusst Mobilitätsanforderungen und -verhalten (ADAC e.V. 2017, S. 10; Nobis 2021, S. 4 f.).

Gleichzeitig resultieren daraus veränderte und vor allem steigende Anforderungen an Angebote und Leistungen. Durch die vorhandene „Multioptionalität“ steigen die Wünsche und Anforderungen in Hinblick auf möglichst passgenaue Lösungen; Produkte und Dienstleistungen sollen möglichst jederzeit den jeweiligen Bedürfnissen und der spezifischen Situation des Individuums entsprechen. In der Folge entsteht der Bedarf nach um-

---

Entwicklungen durchdringen jegliche Lebensbereiche und charakterisieren die heutige digitalisierte Gesellschaft. Im Mittelpunkt der Digitalisierung stehen die zunehmende Vernetzung sowie die Etablierung neuer Technologien, die damit einhergehende Zunahme an Daten sowie das Vordringen von Technologien in verschiedene gesellschaftliche Bereiche (Kruse Brandão und Wolfram 2018, S. 25).

[8] Vgl. auch die Definition von Hofer zur Digitalisierung, wie folgt: „Bezeichnung für den Sachverhalt, dass Dokumente, Informationen, Kommunikation, Bilder, Videos, Audios oder weitere Datentypen in eine digitale Form gebracht werden können oder vorhanden sind und so mittels Computertechnologie … verarbeitet werden können. Die umfassende … digitale Repräsentation … führt zu neuen Möglichkeiten hinsichtlich der Geschwindigkeit sowie zu neuen Analysemöglichkeiten und Automatisierungspotenzialen bei der Verarbeitung. … Die mit der Digitalisierung einhergehenden Verhaltensänderungen in der Bevölkerung werfen weitere Fragestellungen auf, … wie die Kommunikation und die Zusammenarbeit mit den Kunden gestaltet werden müssen. Letztlich geht es hier um Fragen nach Anpassungen in den Geschäftsmodellen …“ (2017, S. 228).

fassenden, anlassbezogenen Problemlösungen, die jederzeit und schnell verfügbar sein müssen (Jost 2021, S. 135). Diese veränderte Bedürfnislage lässt sich ohne weitere Anpassungen auch auf den Mobilitätsbereich übertragen: Mobilitätsangebote sollen anlassbezogen jederzeit zur Verfügung stehen und individuelle Bedürfnisse möglichst umfassend befriedigen.

Die beschriebenen Trends und Entwicklungen wirken sich zweifelsohne auf sämtliche Märkte aus und bewirken die Veränderung und Anpassung bestehender Geschäftsmodelle. Die zunehmend geforderte Individualität und Ganzheitlichkeit von Lösungen führt dazu, dass Angebote vielfach nicht mehr von einem Anbieter alleine bereitgestellt werden und Wertschöpfungsketten atomisieren. Dadurch kommt es nicht nur zum Eintritt neuer Marktteilnehmer, sondern auch zur Entstehung branchenübergreifender Kooperationen. Diese wiederum führen dazu, dass tradierte Branchendefinitionen und -grenzen verschwimmen (Ternès et al. 2015, S. 9 f.). In der Folge lässt sich die Bildung erster netzwerkartiger Strukturen beobachten (**Ökosysteme**), die vielfältige neue Wertschöpfungspotenziale und Angebote mit sich bringen. Eines der Beispiele für neu entstehende Geschäftsmodelle innerhalb von Ökosystemen bezieht sich auf den in Abschn. 2.1.2 angesprochenen inter- und multimodalen Mobilitätsmix, d. h. die Abkehr von singulären Lösungen hin zur Bereitstellung eines ganzheitlichen Mobilitätsnetzes (multimodale Mobilitätsplattformen). Durch die kooperative Zusammenarbeit verschiedener Akteure und die damit einhergehende Integration verschiedener Mobilitätsdienstleistungen können gesonderte (bestehende oder neue) Mobilitätsangebote kombiniert werden und ganzheitliche sowie flexible individualisierbare Lösungen entstehen. Gerade durch die einfache Kombinierbarkeit der Angebote wird dem steigenden Wunsch nach Flexibilität und bequemer Problemlösung nachgekommen. Einer der weltweit ersten Anbieter war moovel (Mercedes-Benz Group 2018), und einer der größten Plattformentwickler für *„Mobility-as-a-Service"* ist die Tochterfirma der Deutschen Bahn, das Tech-Startup Mobimeo, an der nach der Übernahme im Oktober 2020 als Teil der moovel Group auch BMW und Daimler Mobility minderheitsbeteiligt sind (Deutsche Bahn AG 2020).

Ebenfalls auf den zunehmenden Wunsch nach Flexibilität lässt sich das Phänomen der **Sharing Economy** zurückführen, das zudem auch weitere Entwicklungstrends berücksichtigt und verschiedenen veränderten Anforderungen gerecht wird (z. B. dem gesellschaftlichen Nachhaltigkeitsbewusstsein). Sharingmodelle werden auch durch technologische Entwicklungen begünstigt, allen voran durch digitale Zahlungssysteme, die Zugangsbarrieren reduzieren und die spontane Anmietung von Fahrzeugen vereinfachen. So hat sich, ergänzend zur klassischen Vermietung von Fahrzeugen (die meist tageweise erfolgt), in vielen deutschen Großstädten die geteilte Verwendung von Kraftfahrzeugen, Fahrrädern und E-Scootern für kurze Zeiträume etabliert (Mikromobilität durch Bike-Sharing und Co.).

Hintergrund ist die Tatsache, dass privat genutzte Fahrzeuge weder zeitlich noch kapazitativ auch nur ansatzweise ausgelastet sind: Der Nutzungsgrad ist gering und den Großteil der Zeit steht das Auto ungenutzt auf dem Parkplatz. In Kombination mit der sinkenden Bedeutung des Eigentums an entsprechenden Verkehrsmitteln, die sich außer auf verschiedene Gründe im Zusammenhang mit der Urbanisierung (immer mehr autofreie Zonen in Großstädten, angespannte Parkplatzsituationen etc.) zuletzt ebenfalls vermehrt auf ein steigendes gesellschaftliches Nachhaltigkeitsbewusstsein (Megatrend der **Neo-Ökologie**) zurückführen lässt, hat sich eine Vielzahl unterschiedlicher Sharing- und Flatrate-Angebote entwickelt, die die gemeinsame Nutzung von Fahrzeugen ermöglicht (Zukunftsinstitut GmbH o.J.; Kahner et al. 2009, S. 11). Dies ist entweder nacheinander möglich (z. B. Car- oder Bike-Sharing)[9] oder aber die Nutzung findet zeitgleich gemeinsam statt, d. h. Fahrten werden gemeinsam vorgenommen (Ride-Sharing).

Eine Zwischenform zwischen Sharing und dem Öffentlichen Verkehr bilden die On-Demand-Ridepooling-Angebote. Beim Ridepooling werden mehrere individuelle Fahrgäste „gepoolt" und teilen sich das Fahrzeug – gewissermaßen als nachfragegesteuerter Shuttle-Service, der im Auftrag des ÖPNV ähnliche Routen verschiedener Kunden zusammenlegt und diese (mittels On-Demand-Fahrten) gemeinschaftlich befördert. Die Angebote sind oft regional, wie z. B. von IsarTaxi in München oder BerlKönig in Berlin.[10] Davon zu unterscheiden ist das Ride-Sharing, das als organisierte Fahrgemeinschaft definiert ist. Ride-Hailing wiederum meint die Koordination einzelner Passagiere mit lokalen Fahrern, die (in der Regel mit ihren privaten Fahrzeugen) Haus-zu-Haus-Fahrten anbieten (Beispiele sind Free Now, Uber und Lyft). Koordination und Buchung laufen bei allen Angeboten über digitale Plattformen. Kommunen können zur Steuerung eine „Poolingquote" und Preisspannen für Fahrdienstvermittler festlegen, um einen fairen Ausgleich („level playing field") zwischen verschiedenen Verkehrsformen sicherzustellen sowie Taxi und ÖPNV nicht zu benachteiligen (Ritzer-Angerer 2021, S. 53). Im Ergebnis lässt sich durch die geteilte Nutzung von Fahrzeugen die absolute Zahl benötigter Fahrzeuge reduzieren, was erneut das Verkehrsaufkommen entlastet. Gleichzeitig kann die Anbindung ländlicher Regionen verbessert werden.

Doch auch abseits von Sharingangeboten zeigt sich die wachsende Sensibilisierung von Wirtschaft, Gesellschaft und Politik für ökologische (und soziale) Belange (Stichwort „Nachhaltigkeit"). In gegenseitiger Einflussnahme verändern sich Geschäftsmodelle sowie Werteverständnisse und Verhaltensweisen werden angepasst. Gleichzeitig lässt sich in vielen Bereichen eine Verschärfung von Gesetzen und Markteingriffen beobachten.

Besonders anschaulich zeigt sich dieses Zusammenspiel in Bezug auf die Elektromobilität, deren Einsatz das Ziel verfolgt, die Mobilitätswende voranzutreiben und die mit dem klassischen Verbrennungsmotor verbundenen Emissionen zu reduzieren (Dekarbonisierung als grundlegendes Wirtschaftsprinzip). Aktuell bestehen jedoch noch vielfältige Herausforderungen, die – Stand heute – die Elektromobilität als Übergangslösung charakterisieren. Dazu gehören in puncto Nachhaltigkeit vor allem der Ressourcenverbrauch für die Fahrzeugherstellung, bspw. die Verwendung Seltener Erden für den

---

[9] Hier geht es um die geteilte Nutzung von Fahrzeugen, bei der zwischen dem stationären Sharing und sogenannten Free-Floating-Angeboten, die die standortunabhängige Anmietung und Rückgabe von Fahrzeugen ermöglichen, unterschieden werden kann.

[10] Nach vierjähriger Testphase endete das Angebot des Ridepooling-Dienstes im Juli 2022.

Antriebsstrang sowie die Produktion, Halbwertzeit und Entsorgung der Batterien. Zu guter Letzt bleibt in diesem Kontext anzumerken, dass auch die Gewinnung des für den Betrieb erforderlichen Stroms in die Klimabilanz der Fahrzeuge einfließt. Entsprechend besteht eine direkte Abhängigkeit von der Energiewende und deren Vorankommen. Auf Seiten der Verbraucher liegen die Hürden der Nutzung von E-Fahrzeugen u. a. in den hohen Anschaffungskosten,[11] der oft noch geringen Reichweite und langen Ladedauer der Batterie sowie einer noch lückenhaften Infrastruktur.

Um diesen Herausforderungen zu begegnen, die Mobilitätswende voranzutreiben und gesellschaftlichen Ansprüchen nachzukommen, wurden seitens der Politik sowie unterstützt durch zahlreiche Interessensverbände in den vergangenen Jahren bereits verschiedene Maßnahmen initiiert: begonnen bei der Dieselprämie, mittels derer der Austausch von Dieselfahrzeugen mit hohem Stickstoffoxid-Ausstoß unterstützt wurde, über den Umweltbonus, der bis Ende 2022 den Kaufpreis von E-Autos, Wasserstoffautos sowie – wenn bestimmte Voraussetzungen erfüllt sind – Plug-in-Hybriden bezuschusst, bis hin zur Verpflichtung öffentlicher Auftraggeber, bei der Beschaffung von Fahrzeugen eine bestimmte Quote „sauberer" Fahrzeuge einzuhalten.[12, 13]

Neben der Förderung von E-Mobilität hat sich die öffentliche Hand – vor dem Hintergrund ausgerufener Nachhaltigkeitsziele und Klimaschutzbestrebungen – die Förderung des Öffentlichen Verkehrs zum Ziel gesetzt. Zur Steigerung der Attraktivität, bspw. durch die oben dargestellte intelligente Datennutzung und Verkehrssteuerung, sind hierzu auch eine umfassende Infrastruktur des Öffentlichen Verkehrs, flexible und wettbewerbsfähige Tarifstrukturen sowie mobile und bequeme Bezahlmöglichkeiten (Hasse et al. 2017, S. 33) zu schaffen, ebenso finanzielle Anreize, die bspw. mit der Einführung des 9-Euro-Tickets im Sommer 2022 gesetzt wurden. Auch der Ausbau von Mikromobilitätsangeboten inkl. bspw. von Fahrradwegen oder Park-and-Ride-Angeboten tragen zu einem nachhaltigeren Mobilitätsmix bei und unterstützen das Ziel der Mobilitätswende.

4.2 Data Sharing

4.2.1 Data Sharing: Hintergründe zur Entstehung

Unsere heutige digitale Welt fußt auf Daten, die zu einem immer wichtiger werdenden Wertschöpfungsfaktor werden (Schieferdecker 2021, S. 191). In sämtlichen Sektoren und Branchen stellen sie die Basis für die (Weiter-)Entwicklung von Produkten, Dienst-

[11] Es zeigt sich, dass – auch im Bereich der Mobilität – umweltfreundlichere Alternativen von Verbrauchern zwar goutiert werden, allerdings von etwa der Hälfte der Bevölkerung nur dann, wenn sie nur maximal die gleichen Kosten mit sich bringen.

[12] Gesetz zur Umsetzung der Richtlinie (EU) 2019/1161 vom 20. Juni 2019 zur Änderung der Richtlinie 2009/33/EG über die Förderung sauberer und energieeffizienter Straßenfahrzeuge sowie zur Änderung vergaberechtlicher Vorschriften (Clean Vehicles Directive).

[13] In anderen europäischen Ländern sind diese Bestrebungen bereits weiter vorangeschritten. So liegt der Anteil an E-Autos bei Kfz-Neuzulassungen in Norwegen bereits bei rund 75 %.

leistungen und damit Geschäftsmodellen dar und bilden so die Grundlage für wettbewerbsfähige und wachstumsstarke Märkte (Kühne et al. 2020, S. 14). Der Mehrwert der Daten nimmt mit ihrer Masse sowie der Aggregation aus unterschiedlichen Quellen kontinuierlich zu (Gantz et al. 2021).

In Abschn. 2.2.5 wurden die Chancen und Herausforderungen von Big Data in der Mobilität skizziert. Hierbei zeigte sich, dass für sämtliche Mobilitätsangebote – insbesondere für deren Verbesserung in Hinblick auf Sicherheit und Komfort – eine grundlegende Abhängigkeit von Daten besteht. Nur durch das Zusammenführen möglichst umfassender Datenbestände, im Optimalfall unterschiedlicher Arten und Quellen, lassen sich umfassende Mobilitätsangebote (wie bspw. multimodale Mobilitätslösungen) ermöglichen. Daraus ergibt sich gleichermaßen, dass die Verfügbarkeit von Daten auch für die Verkehrsteilnehmer ein wichtiger Schlüsselfaktor für zeitgemäße Mobilität darstellt. Daten ermöglichen die Navigation, geben Auskunft über Ankunfts- und Abfahrtszeiten sowie das nächste Sharing-Fahrzeug, erlauben die elektronische Ticketbuchung und vieles mehr.

Gleichzeitig – obwohl das Bewusstsein für den Wert der Daten steigt und die technologischen Auswertungs- und Analysemöglichkeiten zunehmend vorhanden sind – werden die sich aus den Datenschätzen ergebenden vielfältigen Möglichkeiten heute jedoch bei Weitem noch nicht ausgeschöpft. Denn vielfach fehlt es noch an den entsprechenden Zugängen, dem inhaltlichen Verständnis über die Nutzenpotenziale der einzelnen Daten oder den technischen Fähigkeiten zur Auswertung (Stichwort „Datenkompetenz"; Bundeskanzleramt 2021, S. 33). Hinzu kommt, dass ein großer Teil der existierenden Daten im Verfügungsbereich einzelner Konzerne, speziell Online-Plattformen, liegt, dort auch verwendet wird und der restliche Markt für Mobilitätsdaten sehr heterogen und stark fragmentiert ist.

Eine der Maßnahmen, dem zu begegnen, liegt in der bewussten und gezielten Schaffung von Infrastruktur zum unternehmens- und sektorübergreifenden Teilen von Daten. Solche Datenökosysteme bringen verschiedene Akteure zusammen und schaffen einen ganzheitlichen Rahmen, um Daten zu generieren und auszutauschen (Putnings 2021, S. 7). Eine primäre Unterscheidung kann zwischen der Art der Daten (Forschungsdaten, Open Data, sektorspezifische Daten etc.) sowie zwischen den geltenden Austauschprinzipen vorgenommen werden: Während Data-Sharing-Plattformen im engeren Sinne auf die geteilte Nutzung von Daten ausgelegt sind, gibt es auch Plattformen, auf denen Daten gegen Entgelt gehandelt werden. Darüber hinaus kann eine Unterscheidung anhand der beteiligten Parteien und Akteure vorgenommen werden. Handelt es sich um Daten, die zwischen Unternehmen ausgetauscht (B2B), mit dem Kunden geteilt (B2C) oder mit dem Staat ausgetauscht werden (B2G)? Optimalerweise sind sämtliche Stakeholder involviert, sodass der Austausch zwischen allen genannten Parteien erfolgt.

Für eine detaillierte Klassifizierung schlägt Spiekermann (2019) eine auf neun Kategorien basierende Taxonomie vor, die in Abb. 4.2 dargestellt ist.

Den verschiedenen Datenplattformen gemein ist, dass sie das Ziel verfolgen, Datenzugänge zu verbessern, systematische Wertschöpfungspotenziale zu generieren, Prozesse

Kategorien	Merkmalsausprägungen		
Leistungsversprechen	Transaktionszentrierung		Datenzentrierung
Transaktionsmechanismus	Datenmarktplatz		Sharing Plattform
Rollenverständnis	Neutral		Aktiv
Plattformzugang	Offen	Halboffen	Geschlossen
Datenintegration	Domänenspezifisch		Domänenunspezifisch
Datentransformation	Passive Bereitstellung		Aktive Bereitstellung
Plattformarchitektur	Zentral	Hybrid	Dezentral
Geschäftsmodell	Fokussiert		Diversifiziert
Finanzierungsstruktur	Eindimensional		Mehrdimensional

Abb. 4.2 Taxonomie zur Klassifizierung von Data-Sharing-Plattformen. (Spiekermann 2019)

effizienter zu gestalten und Innovationen voranzutreiben. Somit besteht sowohl gesamtgesellschaftlich auch auf individueller Ebene der einzelnen Akteure Interesse an der Etablierung von und der Beteiligung an Datenplattformen (Schieferdecker 2021, S. 178); auch und in besonderem Maße für den Mobilitätsbereich.

Im Interesse der öffentlichen Hand liegt es, Mobilitätsangebote möglichst sicher, komfortabel und nachhaltig zu gestalten. Im Fokus stehen daher insbesondere die Optimierung von Infrastruktur, das effiziente Verkehrsrouting und -pooling sowie die Weiterentwicklung vernetzter Mobilität. Die hierfür benötigten Daten umfassen vor allem Makrodaten zu Verkehrsströmen und Umweltbedingungen, die im Öffentlichen Verkehr primär durch Verkehrsbetreiber, im Individualverkehr häufig durch Hersteller sowie im Bereich der Umwelt-/Umgebungsdaten (Infrastrukturdaten, Wetter, Geschäfte; s. dazu Abschn. 2.2.3) durch zahlreiche andere Unternehmen und Institutionen erhoben und ausgewertet werden. Ein Zusammenführen der entsprechenden Daten wäre überaus vorteilhaft.

Für die Stakeholder der Wirtschaft, speziell Automobilhersteller und Mobilitätsdienstleister, ist es von Bedeutung, ihren Datenzugang zu erhalten/zu verbessern und die eigene Wettbewerbssituation zu stärken. Vielfach dürfte hierbei auch der Wunsch mitschwingen, monopolistischen Konzentrationsströmungen, wie sie aktuell bspw. bei Akteuren wie Google oder Amazon zu beobachten sind, entgegenzuwirken. Da den einzelnen Anbietern andernfalls jeweils nur die Daten des eigenen Verkehrsangebots zur Verfügung stehen (nur Fahrzeugdaten bspw. der BMW-Fahrer, der SIXT-Kunden oder der Nutzer des BVV) verbessert sich die Situation aller mitwirkenden Akteure (komparative Spieltheorie). In der Folge können sie ihre eigenen Angebote attraktiver gestalten, um so ein für den Kunden (Verkehrsteilnehmer) optimales Mobilitätserlebnis bereitzustellen. Dieses Mobilitätserlebnis wird nicht nur mit der höheren Attraktivität der einzelnen Mobilitätsangebote verbessert, sondern auch durch deren nahtlose Integration – ein weiterer Anreiz, Daten zu teilen.

Es ist vor diesem Hintergrund mehr als nachvollziehbar, dass sich – um die sich aus der Datenauswertung ergebenden Potenziale nutzbar machen zu können – sowohl in Deutschland als auch international in den vergangenen Jahren zahlreiche verschiedene Initiativen zum Teilen von Daten gebildet haben. Initiiert von Wirtschaftsunternehmen, Forschungseinrichtungen oder der öffentlichen Hand verfolgen sie das Ziel, per Skalen- und Netzwerkeffekten Datenzugänge zu verbessern und durch einen grenz- und branchenübergreifenden Datenfluss die Effektivität und Effizienz der Datenauswertung zu erhöhen. Basis hierfür sind (sektor- und bereichsübergreifende) Datenräume bzw. Data-Sharing-Plattformen, in denen Daten bereitgestellt und Transaktionen und Auswertungen sicher durchgeführt werden können.

Im Kontext der Mobilität muss – neben den oben genannten Differenzierungsmerkmalen – noch eine weitere Unterscheidung vorgenommen werden: Zum einen ist es in Bezug auf bestimmte Daten politisch gefordert, diese freizugeben. Hintergrund ist die RICHTLINIE 2010/40/EU zur Einführung intelligenter Verkehrssysteme im Straßenverkehr und für deren Schnittstellen zu anderen Verkehrsträgern. Sie legt den Grundstein für ein staatenübergreifendes intelligentes Verkehrssystem, das die Verkehrsinfrastrukturnutzung optimieren und sicherer gestalten soll (Art. 1). Die darin enthaltenen Maßnahmen sehen unter anderem die EU-weite Bereitstellung von multimodalen Reise-Informationsdiensten, Echtzeit-Verkehrsinformationsdiensten, Daten zur Erhöhung der Straßenverkehrssicherheit sowie die Bereitstellung einer EU-weiten eCall-Anwendung vor (Art. 3). Ergänzend dazu wurde im Mai 2017 die DELEGIERTE VERORDNUNG (EU) 2017/1926 beschlossen, die die Einrichtung nationaler Zugangspunkte fordert (Art. 3). Diese Zugangspunkte stellen die zentralen Sammelstellen für die durch Verkehrsbehörden, Verkehrsbetreiber, Infrastrukturbetreiber oder Anbieter von nachfrageorientierten Verkehrsangeboten zur Verfügung zu stellenden statischen Reise- und Verkehrsdaten dar (Art. 4). Die Umsetzung auf nationaler Ebene erfolgte durch das Gesetz zur Modernisierung des Personenbeförderungsrechts (PBefG) vom 16.04.2021, durch das der § 3a „Bereitstellung von Mobilitätsdaten" Eingang in das PBefG gefunden hat. Darauf aufbauend wurde am 20.04.2021 der Entwurf zur Mobilitätsdatenverordnung veröffentlicht, die die Datenbereitstellungspflicht der Mobilitätsanbieter konkretisieren und damit zu einer sicheren, effizienten und umweltverträglichen Mobilität der Zukunft beitragen soll. Mit der zweiten Änderungsverordnung der Mobilitätsdatenverordnung vom 01.07.2022 wurde zudem der auf dynamische Daten ausgeweitete Anwendungsbereich konkretisiert. Im Einzelfall geht es um Daten zur Auslastung oder zu Störungen im Linienverkehr, Daten zur Verfügbarkeit von Fahrzeugen (bspw. für Sharing-Fahrzeuge) oder zur Auslastung von Verkehrsknotenpunkten. Darüber hinaus müssen auch Daten zu den abgerechneten Kosten über den nationalen Zugangspunkt bereitgestellt werden – mit dem Ziel, einen fairen Wettbewerb zwischen den Verkehrsanbietern sicherzustellen (Bundesministerium für Digitales und Verkehr 2022a).

In Deutschland wird der nationale Zugangspunkt durch die „Mobilithek" sichergestellt, die damit wohl den wichtigsten Data-Sharing-Raum für Mobilität darstellt (siehe dazu ausführlich Abschn. 4.3).

Zum anderen besteht – vor allem seitens der Wirtschaftsakteure – auch ein Interesse am Teilen weiterer Daten. Entsprechend bilden sich auch mehr und mehr privatwirtschaftliche Räume und Marktplätze, in denen verschiedene Mobilitätsdaten geteilt werden (siehe dazu ausführlich Abschn. 4.2).

4.2.2 Voraussetzungen für das Data Sharing und Rahmenbedingungen

4.2.2.1 Rechtliche Voraussetzungen und Rahmenbedingungen

Zunächst stellt sich im Kontext der (geteilten) Datenverwendung die Frage nach dem Eigentum von Daten: Wer ist der rechtliche Eigentümer von Daten … bzw. gibt es den überhaupt? Hintergrund ist die eingängige Argumentation, dass Daten immer demjenigen gehören, den sie betreffen. Ganz so einfach ist es allerdings nicht. Denn schon allein durch die fehlende Sacheigenschaft, wie sie der Sachbegriff des § 90 BGB definiert, können Eigentumsrechte an Daten nach § 903 BGB nicht vorliegen. Voraussetzung für Eigentum ist eine Sache, und eine Sache ist als ein körperlicher Gegenstand definiert. In der Folge können wohl für Datenträger, nicht aber für die darauf befindlichen Daten Eigentumsrechte geltend gemacht werden. Bei immateriellen Gütern, wie z. B. Daten, ist die Exklusivität per se erschwert und „Eigentum" lässt sich schon allein aufgrund der unbegrenzten Reproduzierbarkeit nur schwer durchsetzen. Eine Ausnahme stellen in diesem Zusammenhang lediglich vermögenswerte Rechte dar – also bspw. Betriebs- oder Geschäftsgeheimnisse – die bereits im verfassungsrechtlichen Sinne eigentumsfähig sind (Denker et al. 2017, S. 44).

Sind Daten nicht eigentumsfähig, ergibt sich daraus die Notwendigkeit anderer gesetzlicher und vertraglicher Regelungen, deren an dieser Stelle relevante Aspekte im Folgenden überblicksartig dargestellt werden sollen. Eine tiefgehende juristische Auseinandersetzung kann und soll hier nicht erfolgen.

Das Zusammenleben in einer Demokratie erfordert rechtliche Rahmenbedingungen. Diese verfolgen sowohl den Zweck, den inneren Frieden zu sichern als auch Freiheit zu gewährleisten. Sie dienen der Vorbeugung von Konflikten und helfen dabei, die durch unterschiedliche Interessenlagen entstehenden Auseinandersetzungen friedlich auszutragen. Die Basis der Rechtsordnung in Deutschland ist das Grundgesetz, das 1949 als Verfassung der Bundesrepublik Deutschland geschaffen wurde und die Form ihrer politischen sowie rechtlichen Existenz definiert.

Einer ihrer Bestandteile sind die Persönlichkeitsrechte, die Personen vor Eingriffen in ihre Lebens- und Freiheitsbereiche schützen sollen (Art. 2 Abs. 1 GG i. V. m. Art. 1 Abs. 1 GG). Sie ergeben sich aus der Würde des Menschen und ermöglichen u. a. die Kontrolle über Informationen der eigenen Person und damit die Privatsphäre. Folglich finden sie vorrangig Anwendung bei der Abwehr hoheitlicher Eingriffe von durch Datenverarbeitung betroffenen Personen. Bereits hier zeigt sich, dass die Bereitschaft der Verbraucher, ihre Daten zu teilen, die wichtigste Grundvoraussetzung für ein funktionierendes (und rechtssicheres) Data-Sharing darstellt.

Da sich der Schutzbereich jedoch nur auf die Sphäre des Persönlichkeitsbereichs richtet, greift das Recht auf informationelle Selbstbestimmung nur dann, wenn es sich um Daten mit konkretem Personenbezug handelt. Während diese Merkmale bei Alter und Geschlecht zweifelsfrei gegeben sind, haben zahlreiche Mobilitätsdaten (dazu gehören insbesondere die in Abschn. 2.2.3 dargestellten Betriebsdaten zum Motor, zur Drehzahl und zum Verbrauch, sowie Fehler- und Wartungsdaten zu Ölstand, Bremsen und Verschleiß) so lange keinen konkreten Personenbezug, wie durch ihre gezielte Verknüpfung nicht ein solcher hergestellt wird. Gegenstück zu den personenbezogenen Daten sind technische Daten, wie sie bei der Verwendung von Maschinen- oder Gerätedaten, konkret im Bereich der Mobilität bei z. B. Infrastrukturkomponenten oder im Bereich der Verkehrstelematik entstehen. Hier greift der Anwendungsbereich des Datenschutzes regelmäßig nicht (Denker et al. 2017, S. 48).

Ergänzend hierzu gilt im Kontext der Datenerhebung und -auswertung das Recht auf Gewährleistung der Vertraulichkeit und Integrität informationstechnischer Systeme als jüngste Ausprägung des Allgemeinen Persönlichkeitsrechts (IT-Grundrecht). Dieses Recht kann immer dann Anwendung finden, wenn es sich nicht um einzelne, individuelle Datenerhebungen handelt, sondern die Infiltration der vom Verbraucher genutzten informationstechnischen Systeme (wie neben dem Computer bspw. die in modernen Fahrzeugen verbauten Systeme) zur Gefahr stehen; d. h. wenn es um große Datenbestände geht.

Auf der nächsten Ebene existieren spezielle Datenschutzrechte, die zum Ziel haben, alle Informationen über bestimmte natürliche Personen zu schützen und einen ethischen und politisch wünschenswerten Umgang mit Daten sicherzustellen (Bundeskanzleramt 2021, S. 7). Bereits in Artikel 8 der EU-Charta der Grundrechte ist verankert: „Jede Person hat das Recht auf Schutz der sie betreffenden personenbezogenen Daten“ (Art. 8, Abs. 1) und dass diese „nur nach Treu und Glauben für festgelegte Zwecke und mit Einwilligung der betroffenen Person oder auf einer sonstigen gesetzlich geregelten legitimen Grundlage verarbeitet werden“ dürfen. Konkret wird damit das Recht auf informationelle Selbstbestimmung unterstrichen, missbräuchlicher Datenverarbeitung begegnet sowie der Schutz der Privatsphäre sichergestellt. Abgeleitet wird daraus häufig die freie Entscheidung des/der von der Datenerhebung Betroffenen, wann er/sie wem welche persönlichen Daten über sich zur Verfügung stellen möchte. Ergänzend zu Art. 8 der EU-Charta der Grundrechte wurde im Jahr 2016 – mit dem Ziel, die Gesetzeslage an die Gegebenheiten des digitalen Zeitalters anzupassen – die Datenschutz-Grundverordnung (DSGVO) verabschiedet, die seit Mai 2018 uneingeschränkt in Deutschland sowie der gesamten EU gilt. Sie schafft neue Rechte für Einzelpersonen, indem sie Organisationen, Behörden und Unternehmen verschiedene Pflichten im Umgang mit personenbezogenen Daten auferlegt und so u. a. der Entstehung von Datenmonopolen von Privatunternehmen entgegenwirken soll.[14] Obgleich auch vor 2018 in vielen Ländern bereits umfassende Datenschutz-

[14] Zu beachten ist, dass es sich um keine absoluten Rechte handelt und diese folglich immer in Abwägung mit anderen Werten, wie bspw. Meinungs- und Pressefreiheit, Schutz des freien Binnenmarkts und des freien Datenverkehrs, zu bewerten sind, respektive eingeschränkt werden können.

regelungen galten, [15] hat die DSGVO nicht nur zu einer europäischen Vereinheitlichung geführt, sondern in einigen Bereichen auch deutlich höhere Standards festgelegt. Ihre Grundsätze lassen sich wie folgt zusammenfassen:

1. Verbot mit Erlaubnisvorbehalt: Das Erheben, Verarbeiten und Nutzen personenbezogener Daten erfordert die explizite Erlaubnis; diese kann sich entweder aus dem Gesetz oder der expliziten Einwilligung der von der Datenerhebung betroffenen Person ergeben (Art. 6 DSGVO).
2. Transparenz: Gleichzeitig müssen die Daten in einer für die Betroffenen nachvollziehbaren Weise verarbeitet werden (Art. 5 Abs. 1 DSGVO).
3. Datenminimierung (Datensparsamkeit und Zweckbindung): Erhobene Daten dürfen ausschließlich zu dem (angemessenen) Zweck verarbeitet werden, für den sie erhoben wurden (Art. 5, Abs. 1c DSGVO). Daraus ergibt sich gleichermaßen, dass aus (rechtmäßig erhobenen und verarbeitbaren) Daten keine weiteren personenbezogenen Informationen abgeleitet werden dürfen. So ist es bspw. nicht erlaubt, aus dem erhobenen Datum des Vornamens Rückschlüsse auf das Geschlecht der Person zu ziehen und diese Information wiederum zu verarbeiten. Damit einher geht auch das Recht auf Vergessenwerden, das den Anspruch auf Löschung oder Sperrung personenbezogener Daten beinhaltet, wenn die Berechtigung zu ihrer Verwendung entfällt (Art. 17 DSGVO).
4. Datenrichtigkeit: Daten müssen inhaltlich und sachlich richtig und aktuell gehalten sein (Art. 5, Abs. 1d DSGVO).
5. Datensicherheit: Die Datenverarbeitung muss eine angemessene Sicherheit gewährleisten (Art. 5 Abs. 1 f DSGVO). Hierfür sind entsprechende technische und organisatorische Maßnahmen zu ergreifen (Art. 32 DSGVO).
6. Recht auf Datenübertragbarkeit: Personenbezogene Daten müssen in einem Format vorgehalten werden, das die Weitergabe an einen anderen Verantwortlichen ermöglicht (Art. 20 DSGVO).

Das Verbot mit Erlaubnisvorbehalt führt zusammen mit der Datenminimierung in der Praxis zum Erfordernis, dass – sobald personenbezogene Daten erhoben werden – entsprechende Einwilligungen einzuholen sind. Zwar beziehen sich die Regelungen nur auf personenbezogene Daten, der Personenbezug wird jedoch großzügig interpretiert, sodass sich ein entsprechend weiter Anwendungsbereich der DSGVO ergibt (vgl. dazu EuGH-

[15] In Deutschland gelten daneben weiterhin parallel andere Regelungen, wie das Bundesdatenschutzgesetz Deutschland (BDSG), das Telemediengesetz (TMG), das Telekommunikationsgesetz (TKG), das Telekommunikation-Telemedien-Datenschutz-Gesetz (TTDSG) und das TTDSG Telekommunikation-Telemedien-Datenschutz-Gesetz. Daneben greift in vielen Fällen das Verfassungs-, das Urheber-, das Straf- oder das Lauterkeitsrecht. In der Folge ergeben sich eine hohe Heterogenität und Fragmentierung datenbezogener Regelungen, die Intransparenz begünstigen und regelmäßig dazu führen, dass Zugriffe statt durch die faktische Rechtslage durch die praktische Zugriffsmöglichkeit bzw. die Verfügungsgewalt geregelt sind (vgl. dazu auch Bundeskanzleramt 2021, S. 16).

Urteil vom 19.10.2016 – C-582/14). Regelmäßig wird in diesem Zusammenhang das Beispiel der IP-Adresse genannt, über die sich mithilfe von theoretisch zugriffsfähigen Zusatzinformationen die handelnde Person bestimmen lässt. Übertragen auf Mobilitätsdaten lässt sich schlussfolgern, dass auch hier zahlreiche Daten als personenbezogen zu kategorisieren sind. Dazu gehört auch der Großteil technischer Fahrzeugdaten des Individualverkehrs, da in aller Regel eine natürliche Person zugeordnet werden kann (Halter, Fahrer oder Mieter), wodurch der Personenbezug hergestellt wird. Einen möglichen „Ausweg" eröffnet die Anonymisierung bzw. die Pseudonymisierung. Während bei der Pseudonymisierung der Personenbezug durch Hinzunahme gesondert aufbewahrter Daten wiederhergestellt werden kann, ist dies bei der vollständigen Anonymisierung nicht möglich. Durch die Anonymisierung geht das Attribut der Personenbezogenheit verloren, wodurch entsprechende Daten nicht vom Geltungsbereich der DSGVO erfasst werden und ihre Verarbeitung deutlich erleichtert wird. Was in der Theorie nach einer guten Lösung klingt, schafft in der praktischen Umsetzung nur bedingt Abhilfe. Schließlich müssen die personenbezogenen Daten vorher dennoch zunächst erhoben werden, und eine entsprechende aktive Einwilligung der Betroffenen ist in aller Regel erforderlich.[16] Zwar wird diese durch den Hinweis der anonymisierten Verarbeitung wohl begünstigt, zweifelsohne werden dennoch Hürden errichtet, die insbesondere für kleine und mittelständische Unternehmen durch die DSGVO ohnehin schon deutlich erhöht wurden. Deren erheblich schwächere Marktposition im Vergleich zu internationalen Tech-Konzernen und die bürokratischen wie technischen Anforderungen im Zusammenspiel mit begrenzten Ressourcen zur Datenerhebung und -auswertung eröffnen Raum für die Kritik, datengetriebene Innovationen zu hemmen (siehe dazu z. B. Voss 2021).

Gleiches gilt für die Grundsätze der Datensparsamkeit und der Zweckbindung: Muss der Verwendungszweck a priori feststehen, lassen sich nur schwer neue Nutzenpotenziale erschließen – zumindest nicht ohne vorher erneut beim Betroffenen nachzufragen. Zwar kann dieses Erfordernis in der Praxis dadurch „umgangen" werden, dass der Zweck möglichst breit definiert wird (z. B. „Nutzung einer Mobilitätsplattform"), gleichermaßen ergibt sich jedoch in Hinblick auf das Transparenzgebot ein Dilemma: Je breiter der Zweck definiert ist, desto seltener muss zwar Einverständnis eingeholt werden, desto geringer ist allerdings auch die Transparenz. Werden Nutzungszwecke hingegen sehr detailliert offengelegt, erhöht sich die Masse der erforderlichen Einwilligungen. Eine höhere Masse an Einwilligungen geht für den Verbraucher gleichzeitig mit einer geringen Transparenz einher. Cookie-Richtlinien, AGB und Datenschutzerklärungen werden dann umso eher ungelesen akzeptiert und die Regelungen gehen an ihrer Intention vorbei. Davon ist insbesondere dann auszugehen, wenn die Datenfreigabe zwingend für den Leistungsbezug ist. Gerade vor dem Hintergrund der Kopplung von (kostenloser) Leistungsbereitstellung

[16] Ausnahme ist die Datenerhebung und -auswertung zu statistischen Zwecken (vgl. Erwägungsgrund 50 der DSGVO). Die Anonymisierung sowie die Verarbeitung anonymisierter Daten werfen zahlreiche weitergehende juristische wie praktische Fragen auf, die an dieser Stelle jedoch nicht vertieft werden sollen.

und des Erfordernisses der Freigabe von (für die Leistungserstellung nicht erforderlichen) Daten stellt sich zudem die Frage nach der Machtverteilung zwischen Unternehmen und Privatpersonen. Kritisch ist insbesondere, dass in aller Regel lediglich allgemeingültige und weitreichende Einwilligungsrechte gewährt werden, weil die Verbraucher die Freigabe ihrer Daten nur grundsätzlich erteilen können; nicht aber die granulare Weitergabe möglich ist (Denker et al. 2017, S. 6).

Durch die Industrie 4.0, neue Möglichkeiten der Datenauswertung und -analyse sowie die Entstehung vielfältiger datenbasierter Geschäftsmodelle sind Daten zum wichtigsten „Rohstoff" unserer Zeit geworden. Vielfach fehlt – im Speziellen bei den Verbrauchern – jedoch noch das Bewusstsein für den Wert der eigenen Daten sowie die Erkenntnis einer Analogie zu marktfähigen Gütern. Ein eigentumsähnliches Ausschließlichkeitsrecht, das es dem „Eigentümer" erlaubt, seine Daten wirtschaftlich souverän zu nutzen und andere von einer solchen Nutzung auszuschließen, ist daher durchaus diskutabel und würde neue Möglichkeiten der Nutzbarmachung eröffnen. Voraussetzung hierfür wäre ein rechtsübergreifender Rahmen, der konsistente Regelungen zu einer funktionierenden und zeitgemäßen Daten-Ökonomie schafft (Denker et al. 2017, S. 5). Auch hier haben sich in der Vergangenheit bereits Geschäftsmodelle zu etablieren versucht, die Verbrauchern für ihre Daten eine Art Wallet bereitstellen wollen und ihnen so die Möglichkeit versprechen, Daten gegen Entgelt an die eigens gewählten Unternehmen zu übermitteln (siehe dazu z. B. das Unternehmen Datacoup oder BitsaboutMe). Ob sich derartige Lösungen durchsetzen, bleibt abzuwarten. Bislang besteht die Gegenleistung für die Freigabe personenbezogener Daten zumeist nur durch den Zugang zu einer (kostenfreien) Leistung (vgl. z. B. soziale Netzwerke).

Der Umgang mit personenbezogenen Daten stand nicht zuletzt durch die in hohem Maße öffentlichkeitswirksame Debatte rund um die DSGVO stark im Mittelpunkt. Weniger brisant – zumindest aus Sicht der Verbraucher – ist der Umgang mit technischen, nicht-personenbezogenen Daten, weil sie nicht die Privatsphäre des Einzelnen betreffen (solange sie nicht mit dem Halter bzw. dem Fahrer verknüpft werden) und daher im Hintergrund der öffentlichen Wahrnehmung bleiben. Diese haben allerdings mindestens das gleiche Potenzial, Prozesse und Leistungen für Verbraucher und Kunden zu optimieren, zu individualisieren und Innovationen voranzutreiben.

Geregelt wird deren Verwendung primär durch die „Verordnung über den freien Verkehr nicht personenbezogener Daten", der die Speicherung, die Verarbeitung und die Übermittlung nicht-personenbezogener Daten überall in der EU ermöglicht (Verordnung (EU) 2018/1807 des Europäischen Parlaments und des Rates vom 14. November 2018 über einen Rahmen für den freien Verkehr nicht-personenbezogener Daten in der Europäischen Union). Nicht nur aufgrund der geringeren öffentlichen Wahrnehmung, sondern auch wegen des als geringer eingeschätzten persönlichen Risikos sowie der mitunter höheren technischen Komplexität sind auch ihre Nutzenpotenziale vielfach noch wenig bekannt. Vor diesem Hintergrund hat sich die Datenstrategie der Europäischen Kommission zum Ziel gesetzt, die Bürger mit transparenten Informationen zu versorgen und sie in die Lage zu versetzen, bessere Entscheidungen treffen zu können (Europäische Kommission

2020). Gleiches gilt natürlich auch für die Wirtschaft und den öffentlichen Sektor, für die eine bestmögliche datenbasierte Entscheidungshilfe vorgehalten werden soll. Für diese Zwecke hat die EU-Kommission am 23. Februar 2022 ihren Vorschlag zum EU Data Act vorgelegt, der den politischen Wunsch der Datenteilung juristisch regeln soll. Konkret sollen Hersteller vernetzter Produkte verpflichtet werden, ihre IoT-Daten zu teilen. Gleichzeitig sind Maßnahmen vorgesehen, die Interoperabilität von Datenräumen und Datenverarbeitungsdiensten zu verbessern und damit den Datenaustausch zu erleichtern. Die Neuregelung konkretisiert und erweitert damit das in der DSGVO geregelte Recht der Datenportabilität. Betroffen wären hiervon neben Automobilherstellern, deren Fahrzeuge vernetzte Geräte darstellen, die wiederum IoT-Daten (zur weiteren Verarbeitung) generieren, auch zahlreiche andere Akteure der Lebenswelt Mobilität. Sie würden durch die Umsetzung des Data Act verpflichtet, den Nutzer vor dem Fahrzeugerwerb bzw. vor Inanspruchnahme der (Mobilitäts-)Leistung zu informieren, welche IoT-Daten zu welchem Zweck gesammelt werden (vorvertragliche Informationspflichten) sowie diese dem Nutzer standardmäßig leicht, sicher und – soweit angemessen – direkt zugänglich zu machen (Europäische Kommission 2022). Durch dieses erweiterte Datenzugangsrecht sollen die durch Markt- und Datenkonzentrationen bestehenden Ungleichgewichte reduziert, kleine und mittelständische Unternehmen unterstützt und in Hinblick auf Zugang und Verarbeitung von Daten gestärkt sowie insgesamt die Innovations- und Wettbewerbsfähigkeit gefördert werden (Europäische Kommission 2022, S. 3).

Darüberhinausgehende rechtliche Rahmenbedingungen ergeben sich primär durch vertragliche Absprachen zwischen den am Datenaustausch beteiligten Parteien, die vor dem Hintergrund des Grundsatzes der Privatautonomie hohe Freiheitsgrade ermöglichen. Grenzen ergeben sich nur dort, wo geltendes Recht tangiert wird (wie bspw. das Urheberrecht, Wettbewerbsrecht, Vertragsrecht oder – im Fall personenbezogener Daten – das Datenschutzrecht (Kühne et al. 2020, S. 22 ff.)).

4.2.2.2 Technische Voraussetzungen und Rahmenbedingungen[17]

Nicht nur aufgrund (zu Recht) strenger rechtlicher Rahmenbedingungen bedarf es für den Aufbau einer umfassenden Datenplattform zunächst einer sicheren und vernetzten (Referenz-) Dateninfrastruktur. Hierfür wurde 2019 das Projekt GAIA-X vorgestellt, das den Aufbau einer standardisierten sowie leistungs- und wettbewerbsfähigen europäischen Dateninfrastruktur zur Aufgabe hat und damit gewissermaßen den Grundstein für ein Daten-Ökosystem legen soll. Mit dem Ziel der rechtskonformen Bereitstellung branchen- und sektorübergreifender Daten werden zentrale und dezentrale Infrastrukturen zu einem

[17] Die technischen Voraussetzungen und Rahmenbedingungen an die Datenerfassung, die Datenspeicherung, die gemeinsame Nutzung sowie die Verarbeitung und Auswertung sind äußerst vielschichtig und komplex. Eine Darstellung der verschiedenen Datenformate, Anforderungen an IT-Infrastrukturen etc. würde hier jedoch zu weit gehen, weshalb im Folgenden nur kurz angerissen wird, welche Herausforderungen grundsätzlich bestehen und wie diesen (auf europäischer Ebene) begegnet werden soll.

gesamthaften digitalen Ökosystem zusammengeführt. Auf Basis dieses Ökosystems sollen Daten und datenbasierte Geschäftsmodelle ermöglicht und branchenübergreifende Kooperationen gefördert werden. Innerhalb von GAIA-X sind nationale GAIA-X Hubs angesiedelt, die als zentrale Anlaufstellen für die verschiedenen Stakeholder der einzelnen Länder fungieren (Bundesministerium für Wirtschaft und Klimaschutz o. J.). Innerhalb des deutschen GAIA-X Hubs gibt es elf verschiedene Domänen: Eine davon ist „Mobilität", die sich primär mit der (Weiter-)Entwicklung technischer Grundlagen bereichsübergreifender Dateninfrastrukturen beschäftigt und die Ziele verfolgt, Innovationen zu fördern, Effizienz zu erhöhen und damit insgesamt Mehrwerte für die Nutzer zu schaffen (Bundesministerium für Wirtschaft und Klimaschutz 2021, S. 2). Neben Automobilherstellern engagieren sich verschiedenste Partner sämtlicher Mobilitätsbereiche sowie Akteure angrenzender Branchen, wie bspw. der Informations- und Kommunikationstechnologien. Gemeinsam arbeiten sie an der Weiterentwicklung von Technologien zum autonomen Fahren sowie an Konzepten zur Verbesserung der Klimabilanz (Deutsches Zentrum für Luft- und Raumfahrt e. V. o. J.). Daneben bestehen zahlreiche weitere Initiativen, die am Aufbau von Daten-Ökosystemen und deren Standardisierung arbeiten. Ein weiteres Beispiel ist die International Data Spaces Association, die das Referenzarchitekturmodell von Datenräumen steuern und mit ihren Aktivitäten das souveräne Teilen der Daten ermöglichen soll.

Der nächste Schritt der (geteilten) Datenauswertung werden KI-Modelle sein. Hierfür müssen die Datensätze durch semantische Verknüpfungen nutzbar gemacht und Metadaten abgeleitet werden. In der Folge könnten Auswertungen deutlich umfangreicher, schneller und präziser erfolgen, und Geschäftsmodelle auf Basis von Data-Sharing-Plattformen lassen sich effizienter entwickeln und verproben.

4.2.2.3 Organisatorische und sonstige Voraussetzungen und Rahmenbedingungen

Die größte Herausforderung von Data-Sharing im Bereich Mobilität ergibt sich durch die Vielzahl unterschiedlicher Akteure auf dem Mobilitätsmarkt, deren unterschiedliche Interessenschwerpunkte sowie insbesondere die Vielfalt und Heterogenität von Mobilitätsdaten (Nationale Plattform Zukunft der Mobilität 2021b, S. 9). Daneben sind Plattformen sowohl auf europäischer Ebene als auch auf Bundesebene, auf Landesebene sowie auf Ebene der Städte vorzufinden, und es ergibt sich ein komplexes Konstrukt an Datenportalen. Begünstigt durch das in Deutschland vorherrschende föderale System unterscheiden sich die Verkehrs- und Mobilitätsanforderungen, und rechtliche Rahmenbedingungen können – je nach Bundesland – voneinander abweichen. Hinzu kommt der auf regionaler Ebene stark fragmentierte Markt an Verkehrsbetrieben. In der Folge bestehen auch in Hinblick auf die Entwicklung von Mobilitätsdiensten und -produkten komplexe Anforderungen an Umsetzungskonzepte, die – gerade in kleineren Städten und Gemeinden, auch aufgrund fehlender Kapazitäten oder fehlendem Know-how – bislang ausschließlich für die regionale Nutzung konzipiert sind (Nationale Plattform Zukunft der Mobilität 2021b, S. 14).

Um Nutzen und Mehrwerte von Data-Sharing-Plattformen umfassend ausschöpfen zu können, ist die Integration möglichst vieler Datengeber erforderlich. Mit der Menge der auf der Plattform befindlichen Akteure steigen Quantität und Heterogenität der Daten und damit auch die Qualität des Datenbestands. Möglichst große, umfassende Plattformen scheinen daher sinnvoll: Je mehr – auch unterschiedliche – Akteure an einer Plattform mitwirken, desto vielschichtiger sind die Informationen, die daraus abgeleitet werden können (was insbesondere dann von Bedeutung ist, wenn KI-gestützte Verfahren zur Auswertung genutzt werden sollen, die wiederum eine möglichst umfangreiche Datenbasis benötigen). Gleichzeitig sinkt der Suchaufwand für die Nutzer, je weniger stark fragmentiert der Markt ist. Eine möglichst zentralisierte Datenstruktur, die sämtliche Datenpunkte eines Bereichs (z. B. Mobilität) umfasst, ist daher wünschenswert. Auf der anderen Seite steigen jedoch die (organisatorischen) Herausforderungen, wenn sich mehr Akteure auf den Plattformen bewegen und verschiedene Datenformate einspeisen. Datengeber und Datennehmer müssen zusammengeführt, Zugriffsrechte verteilt und Kontrollen durchgesetzt werden. Es braucht Governance-Grundsätze für den Datenaustausch, für die IT- und Cyber-Sicherheit, Haftungs- und Schlichtungsfragen müssen geklärt werden und es bedarf einer Einigung dazu, wer die Kundenschnittstelle innehat bzw. den Zugang zu den (personenbezogenen) Daten der Nutzer besitzt (siehe dazu Nationale Plattform Zukunft der Mobilität 2020). Insgesamt bestehen also vielfältige Fragstellungen und Herausforderungen, zu deren Lösung einheitliche Rahmenbedingungen zu formulieren und zu etablieren sind. Unter anderem hinsichtlich von Zugriffsmöglichkeiten und den Datentransfer werden Standards benötigt, um Qualität, Benutzbarkeit, Sicherheit und Interoperabilität sicherzustellen (Nationale Plattform Zukunft der Mobilität 2021a, S. 6). Standards erhöhen nicht nur die Effizienz und führen zu einem sichereren und weniger fehleranfälligem Datenaustausch, sie fördern auch die gesellschaftliche Akzeptanz und können bei allen beteiligten Parteien zu mehr Vertrauen beitragen (Bundeskanzleramt 2021, S. 8; Nationale Plattform Zukunft der Mobilität 2021a, S. 6).

Um einen vertrauensvollen Umgang zu ermöglichen, sind darüber hinaus nicht nur ein stabiler Rechtsrahmen, sondern auch ein ethischer Rahmen zu formulieren, in dem sich alle Beteiligten bewegen. Auch zu diesem Zweck hat sich bereits eine Reihe an Initiativen entwickelt, wie das Beispiel TRUSTS (Trusted Secure Data Sharing Space) zeigt. Auch in Hinblick auf Standards und Normen für die Datengenerierung und den Datenaustausch gibt es bereits eine Vielzahl an komplexen Vorschlägen, Initiativen und Rahmenwerken, die aber überwiegend noch ohne größere praktische Relevanz sind (Nationale Plattform Zukunft der Mobilität 2021b, S. 18; hier findet sich auch eine überblickartige Darstellung).

4.2.3 Data Sharing: Status quo und Beispiele für bestehende Mobilitätsdatenräume

Mit dem Ziel, Daten nutzbar zu machen, wurden in den vergangenen Jahren bereits zahlreiche unterschiedliche Datenräume geschaffen, auch – und insbesondere – rund um das

Thema Mobilität. Vom Bundesministerium für Verkehr und digitale Infrastruktur (BMVI) bereitgestellt, ist hier zunächst der Mobilitätsdaten-Marktplatz (MDM) zu nennen. Über eine Online-Plattform bündelt er Daten über verschiedene Verkehrsmittel, Netzelemente und Akteure und bringt so – Stand Juli 2022 – 510 Datenanbieter und 330 Datenabnehmer zusammen; pro Monat werden dabei 41 Millionen Datenpakete ausgeliefert (Bundesanstalt für Straßenwesen o. J.). Daneben besteht aktuell noch das Open-Data-Portal mCLOUD, das neben Verkehrs- und Infrastrukturdaten auch Informationen zum Klima und Wetter enthält. Vor dem Hintergrund des Ausbaus eines nationalen Zugangspunkts (Abschn. 4.2) sollen nun jedoch zunehmend die Angebote anderer Plattformen in den MDM integriert werden. Der wohl wichtigste Schritt in diesem Zusammenhang ist die seit dem 1. Juli 2022 voranschreitende schrittweise Zusammenführung von MDM und mCLOUD. Um der europarechtlichen Verpflichtung zur Bereitstellung bestimmter Mobilitätsdaten nachzukommen, werden beide Plattformen bis Ende 2023 gemeinsam in der „Mobilithek" aufgehen. Darauf gebündelt werden sollen sämtliche Informationen mit verkehrspolitischer Bedeutung, die auch die Grundlage für die Entwicklung neuer Geschäftsmodelle darstellen sollen (Bundesministerium für Digitales und Verkehr 2022b).

Stärker ausgerichtet auf den Handel mit freiwillig zur Verfügung gestellten Daten ist der durch die Bundesregierung im Rahmen der „Aktion Mobilität mit Unterstützung der Akademie für Technikwissenschaften" (Acatech) geschaffene Mobility Data Space (DRM Datenraum Mobilität GmbH o. J.; Bundesministerium für Digitales und Verkehr 2022b). Der von BMW, CARUSO, der Deutschen Bahn, der Deutschen Post Group, HERE Technologies, HUK COBURG, Mercedes Benz und der Volkswagen Group entwickelte Datenmarktplatz ist für alle interessierten Akteure offen und zeichnet sich durch deren einheitlichen und gleichberechtigten Zugang aus. Die zur Verfügung stehenden Daten umfassen Wetter-, Infrastruktur- und Umweltdaten sowie Daten zur Verkehrssicherheit und sollen innovative sowie umwelt- und nutzerfreundliche Mobilitätslösungen hervorbringen. Ab dem Jahr 2023 ist auch für den Mobility Data Space eine Anbindung an die Mobilithek vorgesehen.

Daneben bestehen zahlreiche weitere Plattformen, die entweder nur bestimmte Mobilitätsfelder umfassen oder die Bedürfnisse ausgewählter Akteure adressieren.

Plattformen im Bereich Kfz

- **Catena-X:** Das auf der GAIA-X basierende Datenökosystem verbindet Automobilhersteller, -zulieferer und -händler miteinander. Durch den standardisierten Datenaustausch sollen die Effizienz der Automobilbranche erhöht und die Wettbewerbsfähigkeit gesteigert werden. Gleichzeitig sollen die Transparenz und die Resilienz in den Lieferketten erhöht und neue Geschäftspotenziale geschaffen werden (Catena-X Automotive Network e.V. o. J.). Aktuell beteiligen sich 111 Mitglieder an dem Ökosystem, darunter der ADAC, die Continental AG, Deloitte, Microsoft, Siemens, ThyssenKrupp, ZF Friedrichshafen sowie die Automobilhersteller BMW, Ford, Mercedes Benz, Volkswagen und Volvo (Catena-X Automotive Network e.V. 2022).

- **Caruso:** Auch bei caruso steht das Automobil im Vordergrund. Caruso ist ein offener Marktplatz, auf dem fahrzeuginterne Daten standardisiert zur Verfügung gestellt werden. Auf Basis dieser Daten sollen neue Angebote für Fahrzeugnutzer und andere Dienstleister (wie z. B. auch Versicherer) ermöglicht werden (www.caruso-dataplace.com).
- **Otonomo** – ein Start-up aus Israel – stellt ähnlich wie Caruso eine cloudbasierte Plattform zum Austausch von Fahrzeugdaten bereit (siehe ausführlich unter www.otonomo.io).

Gemein ist diesen Datenräumen, dass es sich um B2B-Plattformen handelt, die den Verbraucher nicht einbeziehen. Andere Datenräume, bei denen auch der Nutzer aktiv wird, sind häufig singuläre Plattformen einzelner Automobilhersteller. Ein Beispiel ist BMW CarData, bei der der Fahrzeughalter gezielt steuern kann, wem (Werkstätten, Versicherer, andere Dienstleister) er welche Daten und in welcher Form (personenbezogen vs. anonymisiert) zur Verfügung stellen möchte.

Smart-City-Plattformen

Smart-City-Plattformen dienen der intelligenten Datenverknüpfung innerhalb von Städten und Gemeinden. Sie bündeln möglichst viele Informationen über das städtische Leben, speziell zur Infrastruktur, zu regionalen Mobilitätsanbietern sowie auch häufig zu Kultureinrichtungen und Freizeitangeboten (Bibri 2019, S. 2).

Ein Beispiel für die Umsetzung und Anwendung einer Smart-City-Plattform ist die „Städtische Datenplattform" der Stadt Darmstadt. Auf ihr sollen mittels Sensorik erfasste Daten eingehen sowie verarbeitet und nutzbar gemacht werden. Darüber hinaus werden Daten weiterer Anbieter integriert, bspw. des RKI zur aktuellen Corona-Lage.

Auch andere Städte arbeiten an ähnlichen Plattformen oder haben diese bereits etabliert. So gibt es in Berlin bspw. das FUTR HUB, das als Datenplattform urbane Daten (neben Mobilitätsdaten werden auch die Themen Energy und Nature abgedeckt) zusammenträgt und auswertet. Parallel fördert das BMDV die „Digitale Plattform Stadtverkehr", die – unterstützt durch die digitale Neugestaltung der Verkehrsinfrastruktur – ein frei zugängliches Webportal für Berlin aufbaut, das Daten des vernetzten Fahrens sowie statische und dynamische Sensordaten aus der Straßendetektion zusammenführt.

Auch das durch das Bundesministerium für Wohnen, Stadtentwicklung und Bauwesen (BMWSB) geförderte Projekt „Connected Urban Twins" hat u. a. das Thema der urbanen Datenplattformen im Fokus. Ziel des im Jahr 2021 gestarteten Projekts ist es, standardisierte Bausteine und Leitlinien für städtische Datenplattformen zu entwickeln. In den drei Partnerstädten Hamburg, Leipzig und München werden zudem neue Technologien, wie z. B. aus dem Bereich IoT oder Virtual Reality, erprobt, und Herausforderungen der Datenintegration und -bereitstellung sollen angegangen werden.

Mobilitätsnahe und sektorübergreifende Plattformen
Durch das Bundesamt für Kartographie und Geodäsie werden Geodaten auf dem Geoportal zusammengetragen (www.geoportal.de). Hintergrund ist die bereits im Jahr 2001 initiierte und 2017 in Kraft getretene europäische Initiative INSPIRE (INfrastructure for SPatial InfoRmation in Europe).[18] Ihr Ziel ist es, die Versorgung und Nutzung von und mit Geoinformationen zu verbessern, zukunftsfähige Innovationen zu fördern und so den Nutzen für Bürger, Wirtschaft, Wissenschaft und Verwaltung zu erhöhen (Bundesamt für Kartographie und Geodäsie o. J.-b).

Beispiele für bereichs- und sektorübergreifende Plattformen sind der Datenmarktplatz Advaneo des gleichnamigen Softwareunternehmens, die Amazon-Cloudplattform AWS Data Exchange, die Peer-to-Peer-Plattform Data Broker Global, die SaaS-Plattform Dawex sowie der Telekom Data Intelligence Hub.

Angedockt an die Data-Sharing-Plattformen siedeln sich wiederum neue Geschäftsmodelle an, die die auf den Plattformen verfügbaren Daten nutzbar machen. Ein Beispiel hierfür ist die MobilitySuite von highQ, die regionalen Mobilitätsdienstleistern (Verkehrsverbünden, Sharing-Anbietern, Kommunen etc.) die für sie jeweils relevanten Informationen aufbereitet und zur Verfügung stellt.

4.3 Entwicklung von Ökosystemen

4.3.1 (Digitale) Ökosysteme: eine Einführung

Die Digitalisierung vernetzt Gesellschaft und Wirtschaft, verändert Kundenanforderungen, transformiert bestehende und begünstigt die Entstehung neuer Geschäftsmodelle. Gerade Letzteres wird auch aufgrund der zunehmenden Datenflut (unter anderem zu Kundenwünschen und -bedürfnissen) sowie der Möglichkeiten, diese auszuwerten, ermöglicht. Der damit einhergehende Veränderungs- und Innovationsdruck wirkt sich auf sämtliche Branchen aus: er forciert das Eintreten neuer Marktteilnehmer, führt zu einer Neupositionierung bestehender Akteure und zu einer Vielfalt an neuen Lösungen. Der Umfang und die Bandbreite der neuen Angebote geht mit einer zunehmenden Atomarisierung von Wertschöpfungsketten einher: Viele Unternehmen sind immer stärker spezialisiert, und die vom Kunden gewünschten Rund-um-Lösungen können nicht mehr effizient und kernkompetent von einem Unternehmen allein bereitgestellt werden. Vor diesem Hintergrund werden Kooperationen zweckdienlich, die dazu beitragen, das eigene Leistungsangebot zu erweitern und dem Kunden eine möglichst umfassende, passgenaue und bequeme Lösung an die Hand zu geben.

[18] Bedingt durch die föderale Struktur Deutschlands erfolgt die nationale Umsetzung innerhalb der einzelnen Bundesländer, die jeweils eigene Gesetze erlassen haben (Bundesamt für Kartographie und Geodäsie o. J.-a).

In der Folge kam es in den vergangenen Jahren bereits verstärkt zur Bildung netzwerkartiger Strukturen, die mit einem Aufweichen bestehender Branchengrenzen einhergehen. Diese Entwicklung wird sich in den kommenden Jahren weiter verstärken und durch die voranschreitenden technologischen Entwicklungen – speziell Schnittstellen zum Data-Sharing – und damit einhergehende beschleunigte Prozesse sowie sinkende Transaktionskosten an Tempo gewinnen.

Mit der oben dargestellten Etablierung von Wertschöpfungs-Netzwerken wird der Grundstein für die Entstehung von Ökosystemen gelegt. Ökosysteme können als branchenübergreifende Kooperationen definiert werden, innerhalb derer Lösungen für die Kundenbedürfnisse einer bestimmten Lebenswelt angeboten werden.[19] Sie sind in der Regel plattformbasiert und damit technologiegestützt. Der Kunde interagiert in der Folge nicht mehr mit zahlreichen unterschiedlichen Unternehmen, um sich verschiedene Produkte und Dienstleistungen aufwändig selbst zusammenzustellen, sondern erhält ein – möglichst individuelles und flexibles – Komplettangebot. Bei der gemeinschaftlichen Bereitstellung derartiger Gesamtlösungen bedarf es nicht nur verschiedener Wertschöpfungspartner und deren Expertise und Kompetenzen, benötigt wird zudem eine klare Rollen- und Aufgabenverteilung. Im Ergebnis soll dadurch einerseits die eigene Wirtschaftlichkeit gesteigert werden, zum anderen sollen für den Kunden Effizienzvorteile entstehen und seine Convenience gesteigert werden. Die Attraktivität des Ökosystems steigt hierbei mit der Breite des integrierten Serviceangebots (Deloitte 2021, S. 23). Gleichzeitig ist es umso funktionsfähiger, je mehr Nutzer das Angebot in Anspruch nehmen.

Die typischen (vereinfachten) Rollen innerhalb eines Ökosystems sind die des Orchestrators und die der Zulieferer.[20] Der Orchestrator übernimmt die Steuerung der verschiedenen Parteien und Leistungen innerhalb des Ökosystems und verfügt zudem regelmäßig über die Kundenschnittstelle. Die Zulieferer hingegen bringen die unterschiedlichen (mehr oder weniger spezialisierten) Produkte und Dienstleistungen in das Ökosystem ein. Oft steuert auch der Orchestrator selbst noch relevante Teile des Leistungsangebots als Zulieferer zum Ökosystem bei. Während die Rolle des Orchestrators in der Regel nur einmal vergeben wird, können beliebig viele Zulieferer in ein Ökosystem integriert werden. Je mehr (passende und damit „wertvolle") Zulieferer Eingang finden, desto größer sind das Angebot und damit auch der potenzielle Nutzen für den Kunden. Gleichzeitig kann es dadurch auch zu Wettbewerbsverhältnissen innerhalb des Ökosystems kommen. Eine weitere Aufgabe, die teilweise auch der Orchestrator übernimmt, die aber auch von einem Dritten getragen werden kann, liegt in der Schaffung der technischen Voraussetzungen sowie der Sicherung ihrer Erfüllung. Für diese Aufgabe ist der Plattformbetreiber (Enabler) zuständig. Seine Rolle ist aus zwei Gründen besonders wichtig: Zum

[19] Ein Beispiel für eine solche Lebenswelt ist der Mobilitätsbereich (weitere Beispiele sind die Lebenswelten Gesundheit und Wohnen; siehe dazu, sowie ausführlich zum Konzept der Lebenswelten Knorre et al. 2020, S. 63 ff.).

[20] In der Literatur finden sich zahlreiche weitere Rollenkategorien, die jedoch nicht immer trennscharf voneinander abgegrenzt werden können.

einen, weil – im Zuge der zunehmenden Plattformökonomie – Geschäftsmodelle überwiegend internetbasiert sind (vgl. z. B. Handelsplattformen, wie Amazon und Check24 oder Social-Media-Plattformen), zum anderen, weil die technischen Schnittstellen und der Datenaustausch innerhalb des Ökosystems kritische Erfolgsfaktoren darstellen.

4.3.2 Akteure und Ökosystem-Ansätze im Mobilitätsbereich

In den vergangenen Jahrzehnten war der Mobilitätsbereich primär durch das Auto als „Mobilitätserbringer" geprägt und die automobile Wertschöpfung zu einem hohen Maß hardwareorientiert. In der heutigen Welt der Digitalisierung und Ökosysteme hat sich dies deutlich verlagert. In den Mittelpunkt rücken zunehmend service- und softwareorientierte Wertschöpfungsnetze, die statt des Produkts vielmehr den Kunden, dessen Mobilitätsbedürfnisse sowie seine Anforderungen an Flexibilität und Convenience in den Vordergrund rücken (Funk Risk Consulting 2020, S. 10). Dabei ist es von besonderer Bedeutung, dass verschiedene Mobilitätsangebote und die damit verbundenen Dienstleistungen nahtlos miteinander verknüpft werden und vom Kunden ohne Medienbrüche genutzt werden können. Statt beim Umstieg auf ein anderes Verkehrsmittel ständig die App wechseln zu müssen – die jeweils eine Anmeldung, Verifizierung, Hinterlegung von Zahlungsdaten etc. erfordern und bei denen unterschiedliche Vorgaben zu Buchungsvorgängen, Abo-Modellen, Verhaltensregeln, Stornomöglichkeiten und Versicherungsumfang gelten – soll im Rahmen des Ökosystem-Ansatzes ein gebündelter Zugang sichergestellt werden (Deloitte 2021, S. 32).

Für das Mitwirken in einem Ökosystem Mobilität sind zunächst die in Abschn. 2.1 dargestellten Akteure des Mobilitätsmarkts prädestiniert. Darüber hinaus können zahlreiche weitere Branchen (bspw. Unterhaltungsindustrie, Einzelhandel, Gastronomie etc.) ihre Angebote in entsprechende Ökosysteme einbringen und damit die Attraktivität des Gesamtangebots steigern. Das in Abschn. 6.2.4 genannte Beispiel des Gratis-Kaffees an der nächstgelegenen Raststätte von Seiten des Versicherers mit einem Telematik-Tarif illustriert diese Aussage; schließlich bedarf es hierfür einer Zusammenarbeit zwischen Versicherungsunternehmen und Raststätte. Derartige Kooperationen – gewissermaßen als Vorstufe eines Ökosystems – gibt es im Mobilitätsbereich schon reichlich. Im Schwerpunkt handelt es sich jedoch um die Kombination einzelner (sicher näherliegender) Angebote, wie z. B. von Autovermietung und Ride-Hailing.

Besonders prominent haben sich in den ersten Ansätzen von Ökosystemen rund um die Mobilität bislang die **Automobilhersteller** positioniert. Auf der einen Seite ist das naheliegend, wenn berücksichtigt wird, dass das Auto nach wie vor das mit Abstand am häufigsten genutzte Fahrzeug darstellt (Kap. 5). Auf der anderen Seite ist das Geschäftsmodell der Automobilhersteller – wie erwähnt – traditionell sehr hardwarelastig und der Transformationsbedarf zur Erreichung eines softwaregesteuerten Dienstleistungsgeschäfts mit der Anbindung verschiedener Services vergleichsweise groß. Vorteile entstehen den Automobilherstellern insbesondere dadurch, dass sie durch die zunehmende Technologisierung der Fahrzeuge mit der Zeit bereits eine hohe Expertise zur Datenerfassung und -auswertung aufgebaut haben. So ließ sich in den vergangenen Jahren eine überaus beachtliche Entwicklung der Automobilbranche und der Automobilhersteller beobachten. Längst produzieren Automobilhersteller nicht mehr nur noch Fahrzeuge, sondern bieten (teils allein, teils über Kooperationen) Dienstleistungen rund um das Fahrzeug an (Sharing, Finanzierung, Versicherung etc.). Dabei kommt es auch zu Kooperationen zwischen eigentlich im Wettbewerb stehenden Unternehmen. So haben im Jahr 2019 BMW und Daimler ein Joint Venture gegründet, das zunächst unter dem Namen „mytaxi" Taxi- bzw. Ride-Hailing-Services offerierte. Das Angebot wurde sukzessive erweitert und bietet – mittlerweile unter dem Namen FreeNow – auch die Buchung von u. a. Carsharing-Fahrzeugen und E-Scootern an.

Auch die **Öffentliche Hand**, die auf den ersten Blick vielleicht nicht mit dem Aufbau von Ökosystemen assoziiert wird, ist ein relevanter Akteur, der sich mit dem Thema beschäftigt. Durch die Bereitstellung der grundlegenden Infrastruktur und die Schaffung bspw. rechtlicher Rahmenbedingungen legt sie den Grundstein für die Funktionsfähigkeit eines Mobilitäts-Ökosystems und nimmt damit eine Sonderrolle ein. Gleichzeitig haben einige Städte oder Gemeinden es sich selbst zur Aufgabe gemacht, Mobilitätsangebote zu bündeln und ein einheitliches Bezahlsystem zu integrieren. Unter der Überschrift „Smart City" werden hierbei in der Regel auch offene Schnittstellen geschaffen, die es anderen Akteuren, App-Entwicklern, Start-ups etc. ermöglichen, Datenzugang zu erhalten und ihre Angebote im Sinne eines offenen Ökosystems anzudocken (Deloitte 2021, S. 13).

Technologieunternehmen und Digitalkonzerne werden in Ökosystemen, so auch im Bereich der Mobilität, in aller Regel als Plattformbetreiber/Enabler benötigt und eingesetzt. Durch die hohe Bedeutung technologischer Aufgaben – vor allem auch in Hinblick auf die Datenanalyse – wächst deren Relevanz für ein Ökosystem. Gerade Unternehmen wie Google, das eine führende Rolle im Bereich der Kartografierung einnimmt und nicht nur zahlreiche Kundendaten besitzt, sondern auch über die Fähigkeiten verfügt, diese mittels Künstlicher Intelligenz auszuwerten, können sich problemlos als Orchestrator und bedeutende Zulieferer in einem Ökosystem Mobilität positionieren. Schon heute kann bspw. Google Maps als Ökosystem angesehen werden, das durch seine globale Vernetzung und die Integration verschiedener Mobilitätsanbieter sowie von Akteuren aus anderen Bereichen, wie z. B. Einzelhandel, Kultur, öffentliche Einrichtungen, weitere erhebliche Wachstumspotenziale aufweist. Gleichzeitig arbeitet Google über sein Tochterunternehmen Waymo auch selbst an autonom fahrenden Autos und weitet sein Portfolio damit auch im Mobilitätsbereich sukzessive weiter aus. Automobilhersteller könnten ihre Vorreiterrolle dadurch verlieren und sich zum Zulieferer „zurück"entwickeln.

Diese Rolle als Zulieferer von Ökosystemen haben aktuell ganz klassisch die **Erbringer erweiterter Dienstleistungen** inne, zu denen Banken, Versicherungsunternehmen, Tankstellen, Werkstätten, Reisebüros u. v. m. gehören. Viele der betreffenden Originalmärkte sind stark polypolistisch strukturiert, die Geschäftsmodelle sind oftmals eng zugeschnitten und die einzelnen Unternehmen verfügen zum Teil nur über eine geringe Marktmacht oder agieren lediglich lokal. Die entsprechenden Akteure haben damit zwar die Möglichkeit, sich an bestehenden Ökosysteme anzudocken oder vereinzelte Sub-Ökosysteme zu bilden, gesamthafte und umfassende Mobilitäts-Ökosysteme dürften aus dieser Position heraus jedoch schwierig zu etablieren sein. Ähnliches gilt für **Erzeuger von Mobilität**, wie z. B. Bahnhöfe oder Flughäfen. Ausnahmen bilden im Bereich der erweiterten Dienstleistungen einerseits große, international aufgestellte Unternehmen, wie bspw. BP, das sein Geschäftsmodell zuletzt in Richtung Infrastruktur ausgebaut hat und sich mit dem Gemeinschaftsunternehmen Digital Charging Solutions (DCS) – das je zu einem Drittel BP, BMW und Daimler gehört – sowie Kooperationen wie mit der Siemens Smart Infrastructure im Bereich der Ladestationen aufstellt (Aral 2021). Darüber hinaus existieren im Bereich der erweiterten Dienstleistungen Unternehmen, die seit jeher plattformbasierte Geschäftsmodelle verfolgen; so z. B. DKV Mobility mit seinen On-the-Road-Paymentlösungen rund um Tankkarten und Mautboxen.

Daneben stellen die **Mobilitätsdienstleister** eine wichtige Akteursgruppe des Mobilitätsmarkts dar. Klassischerweise handelt es sich dabei um regionale Verkehrsverbünde, die Deutsche Bahn als nationalen Player, Fluggesellschaften, Taxiunternehmen u. a. Sie verfolgen seit jeher das Geschäftsmodell, das den Kern der Mobility-Ökosysteme darstellt: Sie bieten Zugang zu Verkehrsmitteln und schaffen damit Mobilitätsangebote. Rein vom Geschäftsmodell her verfügen diese Unternehmen wohl mit über die besten Voraussetzungen, sich im neuen Marktumfeld zu positionieren (allein durch Kooperationen untereinander könnten wesentliche Ziele und Anforderungen der Mobilitäts-Ökosysteme umgesetzt bzw. erreicht werden). Bislang ist eine Positionierung allerdings nur vereinzelt zu beobachten und der Großteil innovativer Lösungen wird losgelöst von einzelnen Akteuren umgesetzt. Ein Beispiel für ein durch einen Verkehrsverbund initiiertes Ökosystem liefert der Hamburger Verkehrsverbund (HVV), der mit hvv switch in der Region Hamburg Zugang zu Bus, Bahn, Fähre, Fahrrad, E-Roller und Auto liefert und hierfür u. a. mit Sixt, TIER und Moia zusammenarbeitet. Neuestes Projekt des Hamburger Verkehrsverbunds ist hvv Any, das durch eine intelligente Datenauswertung eine flexible Nahverkehrsnutzung ermöglichen soll. So müssen sich Nutzer beim Einstieg lediglich einmal per Smartphone einchecken. Per Beacon werden Umstiege erfasst und die auf der Route genutzten Verkehrsmittel werden automatisch erkannt. Am Ende des Tages ermittelt das System automatisch das günstigste Ticket und nimmt die erforderliche Abbuchung vor. So ist zumindest der Plan – noch befindet sich das Projekt in der Testphase.

Zu guter Letzt sind auch die **Verkehrsteilnehmer**, also die Nutzer von Mobilitätsangeboten bzw. die Kunden potenzieller Ökosysteme, den Akteuren auf dem Mobilitätsmarkt zuzuordnen. Sie stehen gewissermaßen im Mittelpunkt der verschiedenen Angebote und tragen mit ihren Wünschen und Anforderungen zur Transformation von Geschäftsmodellen bei. Außerdem sind die Verkehrsteilnehmer die wichtigsten Datenlieferanten (und damit in gewissem Sinne auch selbst Zulieferer im Ökosystem). Gelingt es einem (Ökosystem-)Anbieter, die Bedürfnisse der Kunden effizient und für den Kunden bequem zu lösen, stellt dies den wichtigsten Erfolgsfaktor dar. Von besonderer Bedeutung ist es in diesem Zusammenhang, das Vertrauen der Kunden zu gewinnen. Denn je mehr Angebote in das Ökosystem integriert werden, desto mehr unterschiedliche Daten des Kunden müssen erhoben werden und desto höher sind die Anforderungen der Kunden an den Datenschutz. Umgekehrt steigen die Chancen für mehrwertige Kundenangebote im Ökosytem, je mehr Daten über die Kunden vorhanden sind und zugunsten von innovativen, kundenorientierten Offerten eines Ökosystems ausgewertet werden können.

4.4 Fazit

Die Welt ist im Wandel: Megatrends wie Globalisierung, Digitalisierung und Neo-Ökologie wirken sich auf sämtliche Wirtschafts- und Gesellschaftsbereiche aus. In ihrer Folge verändert sich die Art und Weise, wie wir zusammenleben, miteinander kommunizieren, konsumieren und uns fortbewegen. Immer mehr Menschen Leben in Städten, sind digital miteinander vernetzt und legen größten Wert auf individuelle und komfortable Lösungen für ihre Bedürfnisse sowie eine höchstmögliche Flexibilität und Autonomie. Auch auf dem Mobilitätsmarkt sind diese Entwicklungen deutlich zu spüren und führen zu merklichen Umwälzungen. So ist die (städtische) Mobilität heute von Mikromobilität geprägt – wie E-Scootern oder Leihfahrrädern; Fahrzeuge werden nicht mehr nur besessen, sondern geleast, gemietet, geliehen, geteilt oder abonniert. Wer nicht selbst ans Steuer möchte, lässt sich einfach per Ride-Hailing mitnehmen oder wartet künftig ab, bis Autos ferngesteuert oder autonom zu ihm oder ihr unterwegs sind.

Das Fundament dieser Entwicklungen sind vor allem Daten. Im Kontext der Mobilität entstehen Daten nicht nur im Fahrzeug, sondern auch durch die moderne Infrastruktur (bspw. durch vernetzte Verkehrsleitsysteme), Sharing-Anwendungen, das GPS unseres Smartphones u. v. m. Permanent wird eine unübersehbare Masse an Daten generiert, die die Grundlage für wettbewerbsfähige und wachstumsstarke Märkte darstellt. Sie ermöglicht die (Weiter-) Entwicklung von Produkten, Dienstleistungen und damit Geschäftsmodellen und trägt dazu bei, Mobilität sicherer und komfortabler zu gestalten. Dabei steigt der Wert der Daten mit ihrer Menge, ihrer Granularität und ihrer Heterogenität.

Die volle Nutzbarkeit dieses „Datenschatzes" macht es erforderlich, Datenbestände zusammenzuführen und über Data-Sharing-Plattformen verfügbar zu machen. In Kombination mit den durch die Digitalisierung veränderten (und gestiegenen) Kundenanforderungen und dem spürbaren Innovationsdruck entstehen hierbei auch immer wieder neue Akteure, und Geschäftsmodelle werden transformiert. So gehen die am Markt bestehenden Angebote längst über singuläre Produkte einzelner Akteure hinaus. Mobilitätangebote werden miteinander verknüpft und zusätzliche Leistungen anderer Lebensbereiche werden integriert. Daraus erwachsen nach und nach umfangreiche Komplettlösungen, die bspw. den Fernverkehr mit einem „Last-Mile-Ride-Sharing" koppeln und ein Angebot für die Hotelübernachtung am Zielort enthalten. Um solche Rund-um-Lösungen anbieten zu können – und diese möglichst komfortabel zu gestalten –, haben sich zahlreiche Akteure mit angepassten oder erweiterten Geschäftsmodellen bereits heute neu aufgestellt. Dazu gehören bspw. Automobilhersteller, die zum einen immer mehr unterschiedliche Produkte und Dienstleistungen (Finanzierung, Versicherung,

Sharing etc.) in ihr Leistungsportfolio aufnehmen und zum anderen verstärkt sowohl mit anderen Akteuren als auch mit Wettbewerbern kooperieren.

Die Digitalisierung und das Aufkommen sowie die Dynamik von Big Data führen also zum Eintreten neuer Marktteilnehmer, der Transformation von Geschäftsmodellen und dem verstärkten Angebot von Rund-um-Lösungen. Durch die gleichzeitige Atomisierung von Wertschöpfungsketten und der damit einhergehenden Notwendigkeit, Kooperationen und Partnerschaften einzugehen, wird sich der Mobilitätsmarkt auch künftig weiter in Richtung von Ökosystemen entwickeln. Ökosysteme, als plattformbasierte Wertschöpfungsnetzwerke, verfolgen das Ziel, verschiedene Akteure und Kompetenzen zu bündeln und dem Kunden damit eine Komplettlösung aus einer Hand anzubieten. Für sämtliche Akteure auf dem Mobilitätsmarkt stellt sich daher die Frage, wie sie sich in dieser neuen Ökosystem-Welt positionieren wollen. Die Digitalisierungs-, Daten- und Schnittstellenkompetenz werden dabei zweifelsfrei zu den (neuen) Schlüsselkompetenzen gehören.

Literatur

ADAC e.V (2017) Die Evolution der Mobilität. https://www.adac.de/-/media/pdf/vek/fachinformationen/urbane-mobilitaet-und-laendlicher-verkehr/evolution-der-mobilitaet-adac-studie.pdf. Zugegriffen am 30.07.2022

Aral Aktiengesellschaft (2021) Aral und Siemens machen Tankstellen fit für Mobilität der Zukunft. https://www.aral.de/de/global/retail/presse/pressemeldungen/siemens-aral-grid-connect.html. Zugegriffen am 25.08.2022

Bardmann M (2019) Grundlagen der Allgemeinen Betriebswirtschaftslehre. Geschichte – Konzepte – Digitalisierung. Springer, Wiesbaden. (Erstveröffentlichung 2018)

Bellan R (2022) Baidu, Pony.AI win first driverless robotaxi permits in China. (28.04.2022). TechCrunch. https://techcrunch.com/2022/04/27/baidu-pony-ai-win-first-driverless-robotaxi-permits-in-china/. Zugegriffen am 25.08.2022

Bibri SE (2019) The anatomy of the data – driven smart sustainable city: instrumentation, datafication, computerization and related applications. J Big Data. https://doi.org/10.1186/s40537-019-0221-4

Bühler P, Maas P (2017) Transformation von Geschäftsmodellen in einer digitalisierten Welt. In: Bruhn M, Hadwich K (Hrsg) Dienstleistungen 4.0. Springer VS, Wiesbaden, S 43–70

Bundesamt für Kartographie und Geodäsie (o. J.-a) Rechtliche Umsetzung. https://www.gdi-de.org/index.php/INSPIRE/rechtliche%20Umsetzung.htm. Zugegriffen am 05.08.2022

Bundesamt für Kartographie und Geodäsie (o. J.-b) Grundsätze und Zielsystem. https://www.gdi-de.org/NGIS/Grundsätze%20und%20Zielsysteme.htm. Zugegriffen am 05.08.2022

Bundesanstalt für Straßenwesen (o. J.) Der MDM. Über den MDM. https://www.mdm-portal.de/der-mdm. Zugegriffen am 05.08.2022

Bundeskanzleramt (2021) Datenstrategie der Bundesregierung. Eine Innovationsstrategie für gesellschaftlichen Fortschritt und nachhaltiges Wachstum. https://www.bundesregierung.de/resource/blob/992814/1845634/f073096a398e59573c7526feaadd43c4/datenstrategie-der-bundesregierung-download-bpa-data.pdf. Zugegriffen am 05.08.2022

Bundesministerium für Digitales und Verkehr (2022a) Mehr und bessere Daten: Bundesrat verabschiedet BMDV-Mobilitätsdatenverordnung. https://www.bmvi.de/SharedDocs/DE/Pressemitteilungen/2022/028-mobilitaetsdatenverordnung.html. Zugegriffen am 05.08.2022

Bundesministerium für Digitales und Verkehr (2022b) Mobilithek – Deutschlands Plattform für Daten, die etwas bewegen. https://www.bmvi.de/SharedDocs/DE/Artikel/DG/mobilithek.html. Zugegriffen am 05.08.2022

Bundesministerium für Wirtschaft und Klimaschutz (2021) Gaia-X domain mobility. Position Paper Version 1.0 2021. https://www.bmwk.de/Redaktion/DE/Publikationen/Digitale-Welt/211116-pp-mobility.pdf?__blob=publicationFile&v=8. Zugegriffen am 05.08.2022

Bundesministerium für Wirtschaft und Klimaschutz (o. J.) Der deutsche Gaia-X Hub. Die Stimme der Nutzer des Gaia-X Ökosystems und die zentrale Anlaufstelle für Interessierte in Deutschland. https://www.bmwk.de/Redaktion/DE/Dossier/gaia-x.html. Zugegriffen am 05.08.2022

Catena-X Automotive Network e.V (2022) Catena-X Automotive Network e.V. Mitgliederliste. https://catena-x.net/fileadmin/user_upload/Vereinsdokumente/Catena-X_Mitgliederliste.pdf. Zugegriffen am 05.08.2022

Catena-X Automotive Network e.V (o. J.) Die Vision von Catena-X. https://catena-x.net/de/vision-ziele. Zugegriffen am 05.08.2022

Deloitte GmbH Wirtschaftsprüfungsgesellschaft (2021) Studie: Mobilitätsökosysteme. Nachfrage sucht Angebot. https://www2.deloitte.com/content/dam/Deloitte/de/Documents/consumer-industrial-products/Mobilit%C3%A4ts%C3%B6kosysteme-Nachfrage-sucht-Angebot.pdf. Zugegriffen am 25.05.2022

Denker P, Friederici F, Goeble T, Graudenz D, Grote R, Hoffmann C, Hornung G, Jöns J, Jotzo F, Radusch I, Schiff L, Schulz SE (2017) „Eigentumsordnung" für Mobilitätsdaten? – Eine Studie aus technischer, ökonomischer und rechtlicher Perspektive. Bundesministerium für Verkehr und digitale Infrastruktur. http://www.bmvi.de/SharedDocs/DE/Publikationen/DG/eigentumsordnung-mobilitaetsdaten.pdf?blob=publicationFile. Zugegriffen am 12.08.2017

Deutsche Bahn AG (2020) Deutsche Bahn setzt auf Plattformentwicklung für ÖPNV und übernimmt Bereiche von moovel. https://www.deutschebahn.com/de/presse/pressestart_zentrales_uebersicht/Deutsche-Bahn-setzt-auf-Plattformentwicklung-fuer-OePNV-und-uebernimmt-Bereiche-von-moovel-5679294. Zugegriffen am 25.08.2022

Deutsches Zentrum für Luft- und Raumfahrt e. V (o. J.) Die Projektfamilie. https://www.gaia--x4futuremobility.dlr.de. Zugegriffen am 05.08.2022

DRM Datenraum Mobilität GmbH (o. J.) Mobility data space. https://mobility-dataspace.eu/de#c16. Zugegriffen am 05.08.2022

Europäische Kommission (2020) Mitteilung der Kommission an das europäische Parlament, den Rat, den europäischen Wirtschafts- und Sozialausschuss und den Ausschuss der Regionen. Eine europäische Datenstrategie. https://eur-lex.europa.eu/legal-content/DE/TXT/PDF/?uri=CELEX:52020DC0066&from=DE. Zugegriffen am 05.08.2022

Europäische Kommission (2022) Verordnung des europäischen Parlaments und des Rates über harmonisierte Vorschriften für einen fairen Datenzugang und eine faire Datennutzung (Datengesetz). https://eur-lex.europa.eu/legal-content/DE/TXT/PDF/?uri=CELEX:52022PC0068&from=EN. Zugegriffen am 05.08.2022

European Commission (2017) Multi-modal optimisation for road-space in Europe. https://ec.europa.eu/inea/en/horizon-2020/projects/h2020-transport/infrastructure/more. Zugegriffen am 25.08.2022

Funk Gruppe GmbH (2020) Die Funk CEO Agenda 2030. Automotive – Ökosystem Mobility. https://www.funk-gruppe.ch/fileadmin/user_upload/de/Navigation_oben/03_Themen/01_Versicherungsmanagement/Leadmanagement/funk_ceo_agenda_2030_automotive.pdf. Zugegriffen am 25.08.2022

Gantz JF, Reinsel D, Rydning J (2021) Worldwide global datasphere forecast, 2021–2025: The world keeps creating more data – now, what do we do with it all?. IDC Corporate US. https://www.idc.com/getdoc.jsp?containerId=US46410421. Zugegriffen am 25.08.2022

Gatzert N, Osterrieder K (2020) The future of mobility and its impact on the automobile insurance industry. Risk Manag Insur Rev 23:31–51

Graumann M, Lehnen M, Caymazer L (2022) Management der Digitalisierung. In: Graumann M, Burkhardt A, Wenger T (Hrsg) Aspekte des Managements der Digitalisierung. Springer Gabler, Wiesbaden, S 3–12

Hasse F, Jan M, Ries JN, Wilkens M, Barthelmess A, Heinrichs D, Goletz M (2017) Digital mobil in Deutschlands Städten. https://www.pwc.de/de/offentliche-unternehmen/mobilitaetsstudie-2017.pdf. Zugegriffen am 30.07.2022

Hausladen I (2016) IT-gestützte Logistik: Systeme – Prozesse – Anwendungen. Springer Gabler, Wiesbaden (Erstveröffentlichung 2011)

Hofer C (2017) Digitalisierung. In: Wagner F (Hrsg) Gabler Versicherungslexikon. Springer Gabler, Wiesbaden, S 228. (Erstveröffentlichung 2011)

Horvath S (2013) Aktueller Begriff. Big Data. https://www.bundestag.de/resource/blob/194790/c44371b1c740987a7f6fa74c06f518c8/big_data-data.pdf. Zugegriffen am 31.07.2022

Horx M (2014) Das Megatrend-Prinzip. Wie die Welt von morgen entsteht. Pantheon, München

Jarke J (2018) Digitalisierung und Gesellschaft. Soziologische Revue. https://doi.org/10.1515/srsr-2018-0002

Jost T (2021) Kundenbeziehungsmanagement in der Versicherungswirtschaft. Ein Perspektivwechsel vor dem Hintergrund der Digitalisierung und der Entwicklung von Ökosystemen. Dissertation, Universität Leipzig

Kahner C, Sayler P, Ulrich C, Wenzel E, Winterhoff M (2009) Zukunft der Mobilität 2020. Die Automobilindustrie im Umbruch? (26.07.2022). i-magazine AG. https://www.yumpu.com/de/document/read/33855175/zukunft-der-mobilitat-2020-arthur-d-little. Zugegriffen am 26.07.2022

Knorre S, Müller-Peters H, Wagner F (2020) Die Big-Data-Debatte. Chancen und Risiken der digital vernetzten Gesellschaft. Springer Gabler, Wiesbaden

Kruse Brandão T, Wolfram G (2018) Digital Connection. Wiesbaden

Kühne B, Lindner M, Straub S (2020) How to share data? Data-sharing-plattformen für Unternehmen. Betriebswirtschaftliche und juristische Grundlagen, aktuelle Praxis Projekte, erste Handlungsempfehlungen. https://www.iit-berlin.de/wp-content/uploads/2021/04/SDW_Studie_DataSharing_ES.pdf. Zugegriffen am 05.08.2022

Linden E, Wittmer A (2018) Zukunft Mobilität: Gigatrend Digitalisierung und Megatrends der Mobilität. https://www.alexandria.unisg.ch/253291/2/Zukunft%20Mobilit%C3%A4t%20-%20Gigatrend%20Digitalisierung_A5_final.pdf. Zugegriffen am 31.07.2022

Mercedes Benz Group (2018) moovel: Mobility-as-a-Service Pionier hat 5 Millionen Nutzer. https://group-media.mercedes-benz.com/marsMediaSite/de/instance/ko/moovel-Mobility-as-a-Service-Pionier-hat-5-Millionen-Nutzer.xhtml?oid=40812683. Zugegriffen am 04.08.2022

Nationale Plattform Zukunft der Mobilität (2020) Plattformbasierte intermodale Mobilität und Handlungsempfehlungen zu Daten und Sicherheit. https://www.plattform-zukunft-mobilitaet.de/wp-content/uploads/2020/07/NPM-AG-3-Plattformbasierte-intermodale-Mobilit%C3%A4t-und-Handlungsempfehlungen-zu-Daten-und-Sicherheit.pdf. Zugegriffen am 05.08.2022

Nationale Plattform Zukunft der Mobilität (2021a) Standards und Normen für die Mobilität der Zukunft. Ergebnisse der Arbeitsgruppe 6 der NPM 2018–2021. https://www.plattform-zukunft-mobilitaet.de/wp-content/uploads/2021/10/NPM_AG6_Kompendium.pdf. Zugegriffen am 05.08.2022

Nationale Plattform Zukunft der Mobilität (2021b) Daten und Vernetzung – Standards und Normen für intermodale Mobilität. https://www.plattform-zukunft-mobilitaet.de/wp-content/uploads/2021/07/NPM-Bericht-AG3_AG6-Bericht_Daten_Vernetzung.pdf. Zugegriffen am 05.08.2022

Nobis C (2021) Covid-19: Veränderungen des Mobilitätsverhaltens (01.02.2021). Earth system knowledge platform. https://www.eskp.de/energiewende-umwelt/covid-19-veraenderungen-des-mobilitaetsverhaltens-9351113/. Zugegriffen am 31.07.2022

Putnings M (2021) Datenökosystem. In: Neumann J, Neuroth H, Putnings M (Hrsg) Praxishandbuch Forschungsdatenmanagement. De Gruyter Saur, Berlin, S 7–10

Ritzer-Angerer (2021) Digitalisierung des Personennahverkehrs – Das neue Personenbeförderungsgesetz. ifo Institut – Leibniz-Institut für Wirtschaftsforschung an der Universität München e.V. https://www.ifo.de/DocDL/sd-2021-09-ritzer-angerer-personenbefoerderungsgesetz.pdf. Zugegriffen am 04.08.2022

Schieferdecker I (2021) Urbane Datenräume und digitale Gemeingüter – Instrumente für Open Government und mehr. In: Neumann J, Neuroth H, Putnings M (Hrsg) Praxishandbuch Forschungsdatenmanagement. De Gruyter Saur, Berlin, S 175–195

Spiekermann M (2019) Data marketplaces: trends and monetisation of data goods. Intereconomics. doi:https://doi.org/10.1007/s10272-019-0826-z

Statistisches Bundesamt (2021) Ausstattung mit Gebrauchsgütern. Daten aus den Laufenden Wirtschaftsrechnungen (LWR) zur Ausstattung privater Haushalte mit Informationstechnik. https://www.destatis.de/DE/Themen/Gesellschaft-Umwelt/Einkommen-Konsum-Lebensbedingungen/Ausstattung-Gebrauchsgueter/Tabellen/a-infotechnik-d-lwr.html. Zugegriffen am 25.08.2022

Ternès A, Towers I, Jerusel M (2015) Konsumentenverhalten im Zeitalter der Digitalisierung. Trends: E-Commerce, M-Commerce und Connected Retail. Springer Gabler, Wiesbaden

Verband Deutscher Verkehrsunternehmen (2022) VDV-Statistik & Jahresbericht. VDV-Statistik 2020. https://www.vdv.de/statistik-jahresbericht.aspx. Zugegriffen am 31.07.2022

Voss A (2021) Wir müssen die DSGVO dringend ändern (25.05.2021). Frankfurter Allgemeine Zeitung. https://www.faz.net/aktuell/wirtschaft/unternehmen/die-datenschutz-grundverordnung-muss-verbessert-werden-17356380.html. Zugegriffen am 05.08.2022

Zukunftsinstitut GmbH (o.J.) Megatrend Neo-Ökologie (25.07.2022). https://www.zukunftsinstitut.de/dossier/megatrend-neo-oekologie/. Zugegriffen am 25.07.2022

Nutzen, Risiken und die Bereitschaft zum Datenteilen: Eine quantitative Studie aus Sicht der Verbraucher

5

Vor dem Hintergrund der vorangehenden Kapitel wurde eine Bevölkerungsumfrage durchgeführt, um die Sicht der Betroffenen zu den Risiken und Nutzungspotenzialen und den damit verbundenen Anforderungen an die Weitergabe von Mobilitätsdaten zu erfassen.

Dazu wurden über das Onlinepanel des Marktforschungsinstituts OmniQuest 1000 Bürger im Alter ab 18 Jahren befragt, bevölkerungsrepräsentativ quotiert nach Geschlecht, Alter und Bundesland.[1] Der Erhebungszeitraum war vom 4. bis zum 12 Juli 2022. [2]

Einige der Items wurden in gleicher oder leicht angepasster Form aus vorhergehenden Studien übernommen (Müller-Peters 2013; Müller-Peters 2017a, b; Knorre et al. 2020), sodass hier eine Vergleichbarkeit im Längsschnitt gegeben ist. Da der Befragungskontext und zum Teil auch die Erhebungsform (telefonisch versus online) zwischen den Studien abweicht, sollten die Zeitvergleiche nur als Tendenzaussagen interpretiert werden und zudem nur dann, wenn deutliche Abweichungen vorliegen.

Für einen Teil der Fragen in der aktuellen Erhebung wurde die Stichprobe geteilt oder es liegen Teilstichproben zugrunde (z. B. „Autobesitzer“ oder „18–39-Jährige“). Bei den entsprechenden Ergebnissen wird unter „n = …“ jeweils der Umfang der zugrundeliegenden (Teil-)Stichprobe aufgeführt.

[1] Trotz der sorgfältigen Quotierung ist nicht auszuschließen, dass durch Selektionseffekte (Bereitschaft, an Online-Befragungen teilzunehmen) eine gewisse Verzerrung hin zu höherer Datenkompetenz, zu höherer Digital-Affinität und zu höherer Akzeptanz des Datenaustauschs besteht. Zur Diskussion über die grundsätzlichen Grenzen von Repräsentativität in Befragungen siehe die Beiträge in Müller-Peters (2012) sowie Müller-Peters (2018).

[2] Die Autoren danken OmniQuest für die Durchführung der Befragung sowie Frau Dipl.-Psych. Jutta Rothmund von rothmund insights für die Unterstützung in der Konzeption, Auswertung und in der graphischen Aufbereitung der Ergebnisse.

N. Gatzert et al., *Big Data in der Mobilität*,
https://doi.org/10.1007/978-3-658-40511-3_5

Der vollständige Fragebogen und eine Grundauswertung der Daten sind auf der Wissenschaftsplattform „Raum Mobiler Daten“ abrufbar.[3]

5.1 Die Nutzung von Verkehrsmitteln und digitalen Services in der Mobilität

Bei der Verkehrsmittelnutzung spiegelt sich in unserer Erhebung das Bild sowohl der amtlichen Statistiken des Personenverkehrs (vgl. z. B. Statistisches Bundesamt 2022; Umweltbundesamt 2022) als auch von Studien zu den persönlichen Präferenzen der Verkehrsteilnehmer (vgl. HUK-Coburg 2022) wider: Das Auto dominiert, der öffentliche Nahverkehr und mehr noch der öffentliche Fernverkehr spielen im Vergleich dazu eine deutlich untergeordnete Rolle.[4] Abb. 5.1 zeigt zudem, dass die vieldiskutierten Sharingangebote bisher noch eine vergleichbar geringe Rolle spielen; nur jeder sechste Befragte ist

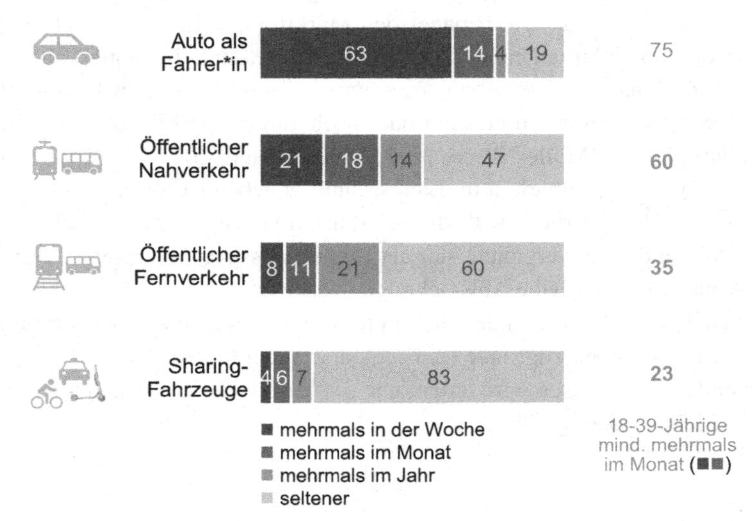

Abb. 5.1 Verkehrsmittelnutzung

[3] Die Anmeldung zum Datenraum und der Abruf der Informationen erfolgt unter https://raum-mobiler-daten.de/home.html.

[4] Im Verkehrsmittelmix hält der motorisierte Individualverkehr, also Pkw und Krafträder, in Deutschland einen Anteil von ca. 80 % an der gesamten Verkehrsleistung (gemessen in Personenkilometern). Diese Quote ist seit Beginn der 90er-Jahre annähernd stabil, abgesehen von einer (temporären) Zunahme im Rahmen der Corona-Pandemie. Der Anteil des öffentlichen Personenverkehrs betrug im gleichen Zeitraum dagegen recht konstant nur ca. 15 % und sank 2020 pandemiebedingt sogar auf nur 11 % ab (Umweltbundesamt 2022).

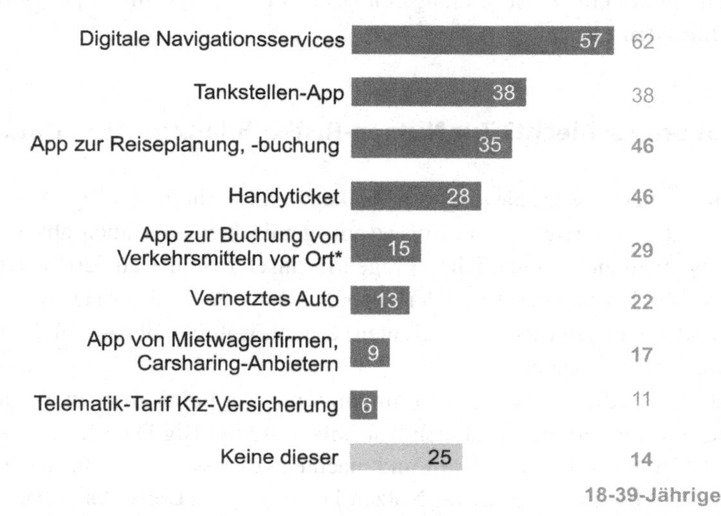

Abb. 5.2 Nutzung digitaler Services im Verkehr

zumindest gelegentlicher Nutzer. In Bezug auf die Sharingangebote lohnt sich jedoch ein Blick auf die Altersgruppen: Bei den unter 40-Jährigen ist der Anteil der regelmäßigen Nutzer (mindestens mehrmals monatlich) mehr als doppelt so hoch. Ebenso werden auch die öffentlichen Verkehrsmittel deutlich mehr von der jüngeren Generation genutzt. Ob dies allerdings ein Kohorteneffekt ist (nachwachsende Generationen setzen mehr auf Sharingangebote und öffentliche Verkehrsmittel) oder lediglich ein Alterseffekt (jüngere Menschen haben z. B. noch kein eigenes Auto, weniger verfügbares Geld oder wohnen eher in der Stadt), muss an dieser Stelle offenbleiben.

Ein ähnliches Bild zeigt Abb. 5.2 zur Nutzung digitaler Mobilitätsservices wie Navigations- oder Tankstellen-Apps, Handytickets oder auch Telematik-Tarifen in der Kfz-Versicherung. Auch hier ist die Nutzung in der jüngeren Generation durchgehend höher, wobei selbst dort die wenigsten Angebote bereits bei der Mehrheit „angekommen" sind – neben Navigationsdiensten sind dies vor allem Handyticket und Apps zur Reiseplanung, die immerhin von ca. jedem zweiten 19–39-Jährigen genutzt werden.

5.2 Chancen und Risiken der Vernetzung im Verkehr

Im Rahmen der Befragung sollten einerseits Einschätzungen zu Vernetzung und Big Data *generell* erfasst werden, andererseits in Bezug auf deren Einsatz im Rahmen der *Mobilität*. Um Ausstrahlungseffekte zu vermeiden, wurden diese beiden Fragenkomplexe in getrennten Teilstichproben gestellt. Im Anschluss erfolgte, nun wieder in der Gesamtstichprobe, eine Beurteilung konkreter Anwendungsfelder anhand des jeweiligen persönlichen Interesses der Befragten.

5.2.1 Gut oder schlecht? Zur Nutzen-Risiko-Bilanz von Big Data

Wenn es um die Gesamteinschätzung von Risiken und Gefahren von Big Data und Datenvernetzung geht, dann zeigt sich ein insgesamt gemischtes oder auch abwägendes Bild (Abb. 5.3). Im Vergleich zu ähnlichen Fragen in unserer Studie aus 2018 (Knorre et al. 2020, S. 146–149) hat sich der Anteil der Skeptiker (oder Pessimisten) leicht reduziert und die Zahl der Abwägenden (oder Indifferenten) erhöht, während der Anteil der Optimisten sich nicht wesentlich geändert hat.

Auf Basis der Medienanalyse, der Community und der Fokusgruppen wurde in Kap. 3 die Hypothese formuliert, die negativen Narrative rund um Big Data (Knorre et al. 2020, S. 15 ff. und 176 ff.) verlören an Kraft und machten sukzessive Platz für neue, positivere „Erzählungen" (Abschn. 3.3.3, „vom Nutzen her denken"). Diese Annahme wird durch unsere Befragung also tendenziell gestützt, auch wenn die Skepsis in der Bevölkerung nach wie vor leicht zu überwiegen scheint. Vorsichtig interpretiert ließe sich der Anstieg der Abwägenden also als Zeichen dafür sehen, dass die Nutzer im Alltag zunehmend mit Digitalisierung und Vernetzung konfrontiert werden und in eine zunehmende Normalität von Big Data „hineinwachsen". Diese wahrgenommene Normalität gilt als ein wesentlicher Faktor für die Akzeptanz und Nutzung neuer Technologien.[5] (Zum Vergleich nach Altersgruppen siehe das Ende dieses Absatzes.)

Abb. 5.3 Nutzen-Risiko-Bilanz von Big Data

[5] Für die initiale Vertrauensbildung in digitale Anwendungen (dort bezogen auf E-Commerce) ist nach McKnight et al. (2002) ein Gefühl der situativen Normalität (engl. situational normality) entscheidend. Diese beschreibt das Ausmaß, in dem das Umfeld als „in Ordnung" und der Erfolg wahrscheinlich erscheint. Ein Nutzer, der eine hohe situative Normalität wahrnimmt, empfindet die Internetumgebung angemessen, geordnet und vorteilhaft.

Dieses Bild zeigt sich auch bei der Frage nach konkreten Auswirkungen von Big Data (siehe Abb. 5.4). Obwohl das Ausmaß der Befürchtungen in der Tendenz gegenüber 2018 ebenfalls abgenommen hat, finden die in der Befragung aufgelisteten Risiken durchgehend mehr Zustimmung als die abgefragten Chancen: Eine Mehrheit erwartet neue Gefahren durch Big Data und einen Machtverlust der Verbraucher gegenüber Unternehmen. Wie bereits vor vier Jahren fürchtet fast die Hälfte der Befragten einen Rückgang individueller Freiheiten.

Immerhin geht aber jeweils ungefähr jeder Dritte davon aus, dass das Leben durch Big Data bequemer und sicherer werde. Ein ebenso hoher Anteil erhofft positive Effekte auf den Energieverbrauch. Begünstigt durch die gestiegene Präsenz infolge von Klimakrise und Ukrainekonflikt ist der Energieverbrauch das einzige Thema, bei dem nicht nur die Zahl der Skeptiker gesunken, sondern auch der Anteil der Optimisten nennenswert gestiegen ist.

Entsprechend ungebrochen ist auch die persönliche Bedeutung des Themas Datenschutz (siehe Abb. 5.5). Hierbei manifestiert sich die bereits in der Vorgängerstudie aufgezeigten Einstellungs-Verhaltens-Diskrepanz („Nutzer-Paradoxon“; vgl. Knorre et al. 2020, S. 188 und 198): Eine Mehrheit der Befragten gibt einerseits an, auf die persönlichen

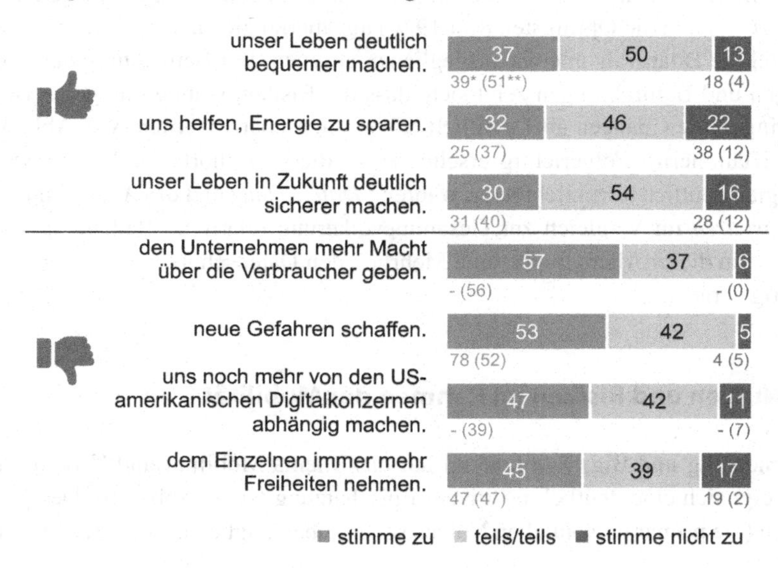

Basis: n=230-250 Bevölkerung repräsentativ, Angaben in %.
*Unter den Balken Vergleichswerte aus 2018.
**In Klammern Werte für die 18-39-Jährigen, n=80-87.
F: Heutzutage fallen immer mehr Daten an – aus dem Internet, von Smartphones, vernetzen Autos und zahlreichen weiteren Geräten. Wenn diese Daten miteinander vernetzt werden, lassen sich zahlreiche neue Informationen und Angebote für den Einzelnen und die Gesellschaft entwickeln.
Was glauben Sie, wozu dieses „Big Data“ in Zukunft führen wird?

Abb. 5.4 Erwartete Auswirkungen von Big Data

Abb. 5.5 Datenschutz und Unverzichtbarkeit

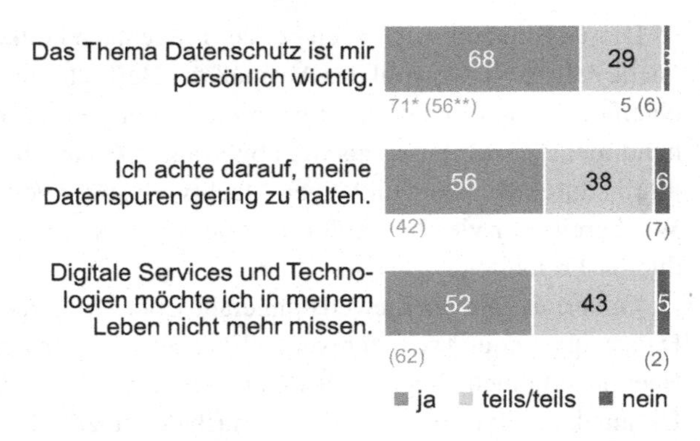

Datenspuren zu achten und andererseits, nicht mehr auf digitale Services und Technologien verzichten zu wollen.

Im Altersvergleich zeichnen die jüngeren Befragten insgesamt ein positiveres Bild von Big Data:[6] In der Nutzen-Risiko-Bilanz sind in der Gruppe der 18–39-Jährigen die Skeptiker (mit 16 %) und die Optimisten (mit 19 %) annähernd gleich stark vertreten, während zwei Drittel die Bilanz als in etwa ausgeglichen ansehen. Bei Betrachtung der konkreten Hoffnungen und Befürchtungen zeigt sich, dass die Risiken von den jüngeren Befragten kaum geringer, die Chancen aber deutlich höher eingeschätzt werden (vgl. Abb. 5.4, Angaben in Klammern). Folgerichtig erscheinen in dieser Kohorte digitale Services und Technologien deutlich unverzichtbarer, während *Datenschutz* und das *Achten auf die eigenen Datenspuren* im Vergleich zur Gesamtbevölkerung relativ an Bedeutung verlieren; wobei selbst in dieser Altersgruppe eine Mehrheit den Datenschutz weiterhin als „persönlich wichtig" erachtet.[7]

5.2.2 Nutzen und Risiken im Rahmen der Mobilität

Wenn Vernetzung und Big Data konkret auf das Thema Mobilität und Verkehr bezogen werden, zeigt sich eine deutlich positivere Einschätzung (siehe Abb. 5.6). Der Anteil der Optimisten (die primär persönlichen Nutzen sehen) übersteigt dann sogar leicht den Anteil

[6] Die Daten zur jüngeren Altersgruppe von 18 bis 39 Jahren darf aufgrund der geringen Teilstichprobe nur mit Vorsicht interpretiert werden. Eine solche Interpretation erscheint aufgrund der deutlichen Unterschiede zwischen den Altersklassen aber zulässig, zumal die Daten der Studie Knorre et al. (2020) eine deutlich positivere Beurteilung von Big Data durch jüngere Befragte zeigen.

[7] Zum Zusammenhang zwischen Bedürfnis nach Datenschutz bzw. Privatsphäre und dem Lebensalter siehe ausführlicher Knorre et al. 2020, S. 158 ff.

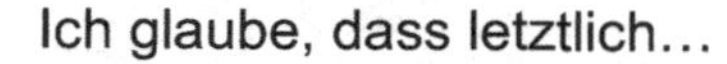

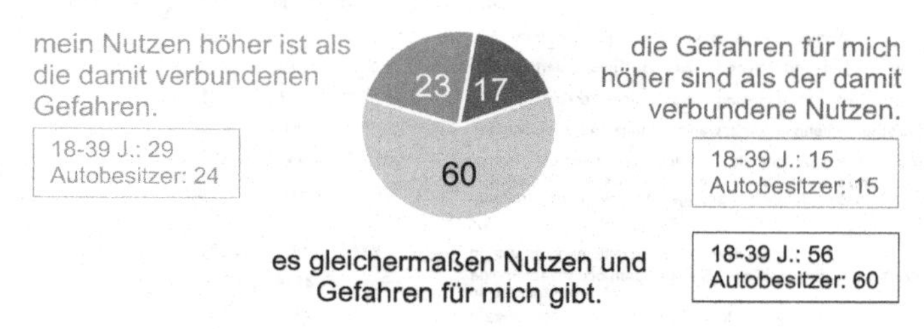

Abb. 5.6 Nutzen-Risiko-Bilanz von Big Data in der Mobilität

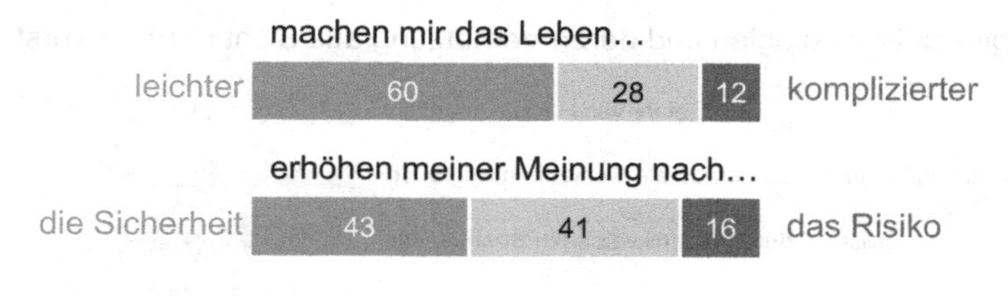

Abb. 5.7 Entlastung und Sicherheit durch digitale Mobilitätsdienste

der Skeptiker (die auf die Risiken fokussiert sind). Mit 60 Prozent dominiert aber der Typus der Abwägenden, die Nutzen und Gefahren gleichermaßen sehen.

Diese insgesamt eher positive Bilanz wird noch einmal deutlich an konkreten Einschätzungen zum Themenfeld Entlastung und Sicherheit, zwei der wesentlichen Motive, die in Abschn. 2.3 angesprochen wurden: Eine deutliche Mehrheit erwartet von digitalen Mobilitätsservices, dass sie das Leben leichter machen. Auch bezüglich der Verkehrssicherheit überwiegen die positiven Erwartungen (siehe Abb. 5.7).

Abb. 5.8 zeigt, dass die Verbesserungen vor allem dort gesehen werden, wo die Vorteile sehr konkret („erlebbar") sind oder auch schon erfahren wurden. So rangieren Orientierung, Zeitersparnis und Bequemlichkeit bzw. Stressreduktion ganz vorne. Auch hier finden sich wieder unmittelbare Bezüge zu den grundlegenden Mobilitätsmotiven (vgl. Abschn. 2.3.2). Abstraktere Nutzenversprechen von Big Data im Verkehr, wie ein insgesamt verbessertes Verkehrsangebot, Sicherheit, Klimaschutz oder gar Arbeitsplätze stehen dahinter zurück, obwohl aus Expertensicht gerade in diesen Bereichen ein großes Potenzial gesehen wird (vgl. Abschn. 3.3). Auch in diesen konkreten Nutzenfragen zeigen sich

GESAMT	deutliche Verbesserung durch Digitalisierung	teils/teils	keine Verbesserung durch Digitalisierung
Einfachere Orientierung/bessere Navigation	62	31	7
Zeitersparnis	48	39	12
Weniger Stress, mehr Komfort und Bequemlichkeit	46	41	13
Angenehmeres Fahrt- und Reiseerlebnis (z.B. Tipps, Entertainment)	45	43	12
Bessere Vernetzung verschiedener Verkehrssysteme	44	43	13
Bessere Verkehrslenkung, weniger Staus und Verspätungen	43	41	16
Kostenersparnis und -kontrolle für Autofahrer/Verkehrsteilnehmer	39	45	15
Aufklärung schwerer Verkehrsverstöße, Klärung Schuldfrage, Nachverfolgung Ordnungswidrigkeiten und Straftaten	39	46	16
Entwicklung besserer Autos	38	46	15
Größeres Verkehrsmittelangebot vor Ort	38	45	17
Bessere Anbindung des ländlichen Raums durch bedarfsabhängige Verkehrsangebote	38	43	19
Mehr Sicherheit im Straßenverkehr	37	47	17
Höhere Diebstahlsicherheit des Autos	35	47	18
Mehr Umwelt- und Klimaschutz (CO2, Feinstaub, Lärm, Abgase)	34	47	19
Erhalt/Schaffung von Arbeitsplätzen	26	53	21

Basis: n=748 Bevölkerung repräsentativ, n=606 Autobesitzer, n=134 Ortsgröße < 50.000 Einwohner; Angaben in %, sortiert nach Gesamt
F: Der Verkehr wird immer digitaler und es werden immer mehr Daten miteinander vernetzt (z.B. Daten aus dem Internet, von Smartphones, vernetzten Autos, anderen Fahrzeugen und zahlreichen weiteren Geräten). Inwieweit glauben Sie, wirkt sich die Digitalisierung positiv auf unsere Mobilität aus? Wo führt die Nutzung und Vernetzung digitaler Daten aus Ihrer Sicht zu Verbesserungen – sei es jetzt schon oder in Zukunft? (Antworttexte leicht gekürzt.)

Abb. 5.8 Nutzenerwartungen durch die Digitalisierung im Verkehr

Risiken digitaler Technologien und deren Vernetzung aus Sicht der Verkehrsteilnehmer

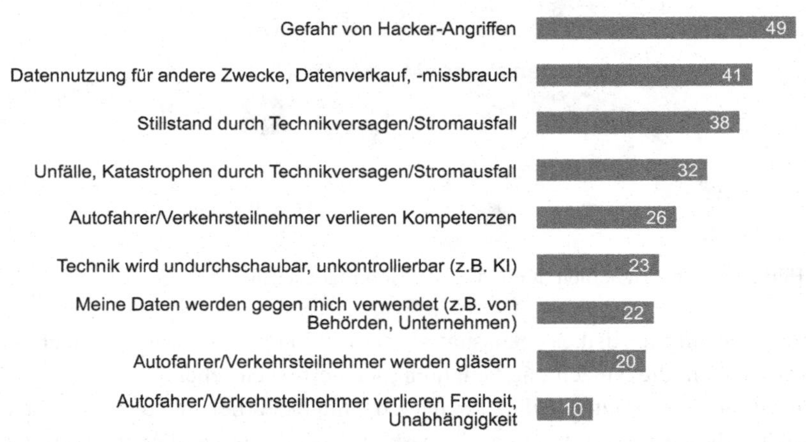

Basis: n=743 Bevölkerung repräsentativ,; Mehrfachantwort mit maximal 3 Angaben; Angaben in %, sortiert nach Gesamt
F: Was sind aus Ihrer Sicht die Haupt-Risiken und -Gefahren von digitalen Technologien und deren Vernetzung? Bitte wählen Sie bis zu 3 aus. (Antworttexte leicht gekürzt.)

Abb. 5.9 Wahrgenommene Risiken von Big Data in der Mobilität

Autobesitzer übrigens fast durchgehend etwas optimistischer bezüglich des Nutzens von Big Data als Nicht-Autobesitzer.

Befragt nach den größten Risiken von Digitalisierung und Vernetzung in der Mobilität (die Teilnehmer sollten aus einer vorgegebenen Liste von neun potenziellen Risiken maximal drei auswählen) stehen Hackerangriffe, Datenmissbrauch und Technikversagen ganz obenan (siehe Abb. 5.9). Nach diesen „indirekten“ Möglichkeiten, als Autofahrer oder Verkehrsteilnehmer die Kontrolle zu verlieren, folgen direkte Formen des Verlusts von Autonomie und Kontrolle: der Verlust persönlicher Kompetenzen sowie undurchschaubare und unkontrollierbare Technik. Erst dahinter rangieren Sorgen um die Privatsphäre („gläserner Autofahrer"; ein genereller Verlust von Freiheit und Unabhängigkeit). Diese Ergebnisse betonen noch einmal die hohe Relevanz des Autonomie- und Kontrollmotivs, wenn es um Mobilität und den Umgang mit digitalen Mobilitätsanwendungen geht (vgl. Abschn. 2.3.2).

5.2.3 Die Attraktivität konkreter Anwendungsfelder im Verkehr

Wird das persönliche Interesse der Befragten an verschiedensten Anwendungen in der Mobilität zugrunde gelegt, dann wird das Bild nochmals deutlich positiver. Von insgesamt zwölf abgefragten Einsatzgebieten vernetzter Daten werden acht von einer Mehrheit deutlich positiv beurteilt, wie Abb. 5.10 zeigt. Und auch bei den übrigen überwiegen in der Regel die Interessierten gegenüber den Ablehnenden deutlich. Die einzige Ausnahme ist das „selbstfahrende Auto", an dem nur jeder Dritte Interesse zeigt, während es von 40 Prozent abgelehnt wird.

Insgesamt zeigt sich darin ein hoher Nutzen und daraus resultierend eine hohe Attraktivität datengetriebener Systeme und Angebote aus Sicht der Verkehrsteilnehmer. Das gilt sowohl für das Auto als auch für die Nutzung öffentlicher Verkehrssysteme. Von den Kfz-bezogenen Systemen liegen der automatische Notruf, die Echtzeit-Navigation sowie Wartungshinweise an der Spitze. Aber selbst der Telematik-Tarif in der Versicherung – ein Kfz-Versicherungsvertrag, bei dem die Prämie vom individuellen Fahrverhalten abhängt – ist für immerhin 43 Prozent der Autobesitzer interessant und wird nur von 26 Prozent abgelehnt.[8]

Wie bewerten Sie **für sich persönlich** die folgenden Möglichkeiten?

	GESAMT			AUTOBESITZER			NUTZER ÖFFENTLICHER VERKEHRSMITTEL		
Automatischer Notruf im Falle eines Unfalls	74	18	8	77	16	7	75	18	7
Verkehrsabhängige Navigation im Auto in Echtzeit	68	20	12	74	19	7	71	17	12
Automatische Hinweise auf Wartungstermine und notwendige Reparaturen am Auto	59	25	17	64	25	11	64	21	15
Überwachung der Einhaltung von Verkehrsregeln	45	34	21	48	33	19	51	33	16
Telematik-Tarif in der Kfz-Versicherung	39	31	30	43	31	26	44	30	27
Selbstfahrendes Auto	33	27	40	34	28	38	37	30	33
Anzeige alternativer Verkehrsmittel/ Verbindungen zu einem Navigationsziel	59	25	16	60	25	15	72	20	8
Einheitl. Ticketsystem/Eine App für alle öffentl. Verkehrsmittel	59	24	17	59	24	18	74	18	8
Anzeige aktueller Auslastung, Pünktlichkeit öffentl. Verkehrsmittel	59	24	18	58	24	19	76	17	7
Bereitstellung öffentlicher Verkehrsmitteln in Abhängigkeit vom momentanen Bedarf	51	29	20	50	29	20	68	23	9
Eine Mobilitäts-App für Nutzung unterschiedlichster Verkehrsmittel	47	30	23	47	30	23	61	26	12
Anzeige passender Angebote in der Nähe, z.B. für Reisen	51	32	17	55	29	16	57	32	11

(sehr) gut und interessant für mich · teils/teils · uninteressant oder schlecht für mich

Basis: n=1000 Bevölkerung repräsentativ, n=801 Autobesitzer, n=586 Nutzer öffentlicher Verkehrsmittel (Nah- oder Fernverkehr mind. mehrmals im Jahr); Angaben in %, sortiert nach Gesamt.
F: Wenn Daten aus vielen Smartphones, Apps, Fahrzeugen und anderen Quellen miteinander vernetzt werden, lassen sich daraus zahlreiche neue Auswertungen und Dienste ableiten. Manche davon sind schon bekannt, andere werden erst in Zukunft kommen. Wie bewerten Sie für sich persönlich die folgenden Möglichkeiten?

Abb. 5.10 Persönliches Interesse an Anwendungen im Verkehr

[8] Zur Akzeptanz telematischer Versicherungstarife im Allgemeinen und den dabei verwendeten Datenkategorien im Speziellen siehe ausführlich Müller-Peters 2017a, b.

Die möglichen Anwendungsfelder im Bereich des öffentlichen Nah- und Fernverkehrs, die im Bewusstsein vieler Verkehrsteilnehmer bisher insgesamt eine noch vergleichsweise geringe Rolle zu spielen scheinen (vgl. Abschn. 2.3), werden durchgehend befürwortet. Das betrifft gleichermaßen das Angebot einer Auslastungs- und Pünktlichkeitsanzeige, das schon in unserer Community vielfach geforderte integrierte Ticketsystem (vgl. ebenda), die Verbindungsanzeige oder die bedarfsabhängige Bereitstellung von Verkehrsmitteln.

Diese hohe Attraktivität digital vernetzter Dienste im öffentlichen Verkehr gilt erwartungsgemäß besonders für die tatsächlichen Nutzer des öffentlichen Verkehrs, wobei deren Interesse mit höherer Nutzungsintensität nochmals zunimmt. Aber auch Autobesitzer zeigen ein durchgängig hohes Interesse an diesen Services. Damit manifestiert sich ein hohes Potenzial der Datenvernetzung als Treiber der Verkehrswende.[9]

Viele neue Geschäftsmodelle bauen darauf auf, den Verkehrsteilnehmern individualisierte, fahrtstreckenbezogene Angebote zu unterbreiten, was sowohl auf Autofahrer als auch auf Nutzer öffentlicher Verkehrsangebote abzielt (siehe dazu Kap. 4). Dass die Hälfte der Befragten die „Anzeige passender Angebote in der Nähe, z. B. für Reisen (Hotels, Restaurants, Sehenswürdigkeiten, Läden, Tipps etc.)" persönlich als gut und interessant erachtet und nur 17 Prozent dies eher ablehnen, dürfte entsprechenden Anbietern als positives Signal gelten.

5.3 Dateneigentum und Data Sharing

Wie schon in Kap. 4 dargelegt wurde, ist die Bereitstellung bzw. das Teilen von Daten zwischen den verschiedenen Akteuren der Mobilität eine Grundvoraussetzung für die Realisierung der Nutzenpotenziale, die mit Big Data im Verkehr verknüpft werden. Wie groß ist nun die Bereitschaft seitens der Verkehrsteilnehmer dazu, und bei wem sehen diese überhaupt die „Hoheit" an den zahlreichen anfallenden Daten?

5.3.1 Trittbrettfahrer? Interesse versus Teilungsbereitschaft

Auch die Realisierbarkeit einer Vielzahl der zuvor in Abb. 5.10 dargestellten Dienste hängt in hohem Maße davon ab, ob eine hinreichende Anzahl von Nutzern bereit ist, die eigenen Mobilitätsdaten zur Verfügung zu stellen. Wie Abb. 5.11 zeigt, ist diese Bereitschaft jedoch auf einem insgesamt deutlich niedrigeren Niveau als das Interesse an ebendiesen

[9] Das im Sommer 2022 für drei Monate eingeführte 9-Euro-Ticket wurde in der Politik vielfach als großer Erfolg bezeichnet, weil es nicht nur wegen des günstigen Preises, sondern auch aufgrund der Beseitigung des „Tarifdschungels" viele neue Nutzer für die öffentlichen Verkehrsmittel gewonnen habe (siehe bspw. Tagesschau 2022; Bundesministerium für Digitales und Verkehr 2022a). Die Überwindung der zuvor bestehenden Komplexität galt demnach als Hauptforderung an eine Nachfolgelösung, wie sie in Form des 49-Euro-Ticket ab Mai 2023 eingeführt wird.

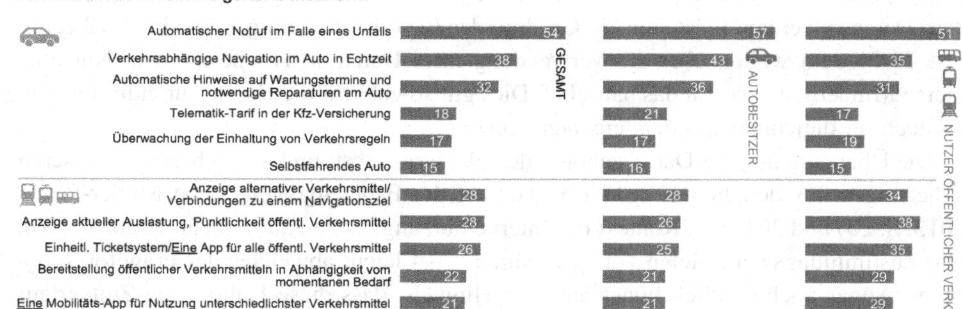

Abb. 5.11 Bereitschaft zum Datenteilen für digitale Mobilitätsdienste

Diensten. Typischerweise ist der Anteil der „Teilungsbereiten" nur etwa halb so hoch wie der Anteil der am Dienst Interessierten (nur beim automatischen Notruf ist die Quote signifikant höher). Hier wird eine *„Trittbrettfahrer-Mentalität"* seitens der Verkehrsteilnehmer deutlich. Nicht überraschend ist hingegen, dass die Bereitschaft, die eigenen Daten zu teilen, in hohem Maße mit der Attraktivität des jeweiligen Dienstes korreliert, also die in Abb. 5.10 als attraktiver eingestuften Dienste zugleich auch eine höhere Bereitschaft zum Datenteilen erfahren.

Diese Diskrepanz zwischen Nutzungsinteresse und echter Partizipationsbereitschaft zeigt sich sowohl für die Gesamtstichprobe als auch bei getrennter Betrachtung von Autobesitzern und Nutzern öffentlicher Verkehrsmittel, auch wenn sich die Gruppen bezüglich der jeweils „eigenen" Verkehrsmittel etwas aufgeschlossener zum Datenteilen zeigen. Abgesehen vom „automatischen Notruf" ist das Datenteilen für keinen Einsatzzweck mehrheitsfähig, sei es für die Gesamtbevölkerung, die Autobesitzer oder die Nutzer öffentlicher Verkehrsmittel.[10]

5.3.2 Eigentum: Wem sollen die Daten gehören?

Die daraus deutlich werdende Zurückhaltung, die eigenen Daten trotz eines hohen wahrgenommenen Nutzens nicht oder nur begrenzt zur Verfügung zu stellen, basiert wohl neben der schon angesprochenen *Nehmer-* oder *Empfänger-Haltung* („möglichst viel kriegen, möglichst wenig geben") auch auf der vorherrschenden Ansicht, dass die persönlichen

[10] Da ein großer Teil der Bevölkerung beide Verkehrsmittelgattungen nutzt, überschneiden sich die Gruppen in hohem Maße, sodass die statistischen Unterschiede zwischen den Gruppen auch nicht sehr hoch ausfallen können.

Datenspuren vorerst einmal dem Nutzer selbst gehören sollten.[11] Denn bei der Frage nach der „Datensouveränität" ist sich ein Großteil der Bevölkerung einig, wie Abb. 5.12 zeigt: fast 70 Prozent wollen über die Verwendung ihrer Daten selbst entscheiden. Nur eine kleine Minderheit verneint das pauschal. Dies gilt sowohl für die Datenspuren im Internet als auch für diejenigen aus dem eigenen Fahrzeug.

Die Überzeugung, die Daten gehören den Nutzern selbst, findet sich bereits in unseren Erhebungen aus den Jahren 2013 (im Kontext der Fahrzeugdaten; siehe Müller-Peters 2013, S. 25) und 2018 (im Kontext der Internetnutzung; siehe Knorre et al. 2020, S. 170). Die Zustimmungswerte fielen vor vier Jahren – bei leicht abweichender Frageformulierung – sogar noch deutlich höher aus. Ein Hinweis, dass diese Haltung im Zeitverlauf „bröckeln" könnte, gibt auch der Altersvergleich in der aktuellen Befragung: Obwohl über alle Altersgruppen hinweg eine deutliche Mehrheit die Datensouveränität beim Nutzer sieht, liegen die Zustimmungswerte bei den unter 40-Jährigen um etwa 10 bis 15 Prozent unter denen der über 40-Jährigen.

5.3.3 Datentausch, Datenverkauf oder Datenspende?

Datenhoheit bedeutet nicht, dass Daten per se nicht geteilt würden, wie oben schon deutlich wurde. Vielmehr geht es darum, dass dem Nutzer die Entscheidungsfreiheit obliegt und der „Gegenwert" stimmt, sei es in Form eines persönlichen Nutzens oder als Beitrag zur Gemeinschaft.

In unserer Erhebung aus 2018 (siehe Knorre et al. 2020, S. 175 f.) wurden von den Befragten bereits die drei Grundoptionen *Datentausch* (gegen konkrete Nutzenversprechen aus den Anwendungen), *Datenverkauf* (Datenbereitstellung gegen eine Vergütung) und *Datenspende* (die kostenfreie Bereitstellung von Daten für unterstützenswerte gesellschaftliche Ziele) bewertet.

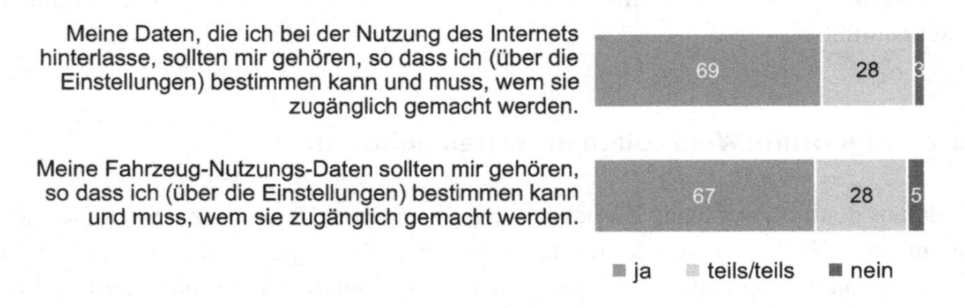

Abb. 5.12 Datenhoheit: Wem gehören die Daten?

[11] Zur Beurteilung des Eigentums an Daten aus juristischer Sicht vgl. Kap. 4.

1) Das Thema *Tausch* wurde in 2018 in nur einem Item abgefragt, indem für die Nutzung von Apps oder Onlinediensten wahlweise Werbung in Kauf genommen oder mit den eigenen Daten bezahlt wird. Damals gab es 34 % Ablehnung und 26 % Zustimmung, eine Mehrheit zeigte sich unentschlossen. In der aktuellen Studie wurden die zwei Aspekte „Werbung" und „Daten" einzeln erfasst. Die Ergebnisse in Abb. 5.13 (oben) zeigen nicht nur – für beide Teilaspekte – höhere Zustimmungswerte als 2018,[12] sondern auch, dass die Schwelle, Daten zu tauschen, deutlich höher ist als die den Menschen aus zahlreichen Kontexten bereits vertraute Option, Werbung im Austausch für eine Gegenleistung in Kauf zu nehmen.
2) Zum *Datenverkauf*, zumindest in der hier abgefragten Form, sind die Meinungen breit gestreut, aber in der Tendenz eher negativ (siehe Abb. 5.13 unten): 40 % äußern sich bezüglich einer laufenden Aufzeichnung der Internetaktivitäten durch Unternehmen ablehnend. Positiver ist das Bild in einem konkreter abgefragten Anwendungsfall: Mit einem Telematik-Tarif in der Kfz-Versicherung könnte sich immerhin jeder dritte Autobesitzer anfreunden, wenn dadurch die Versicherungsprämie sinkt. Dies lässt sich im indirekten Sinne als Verkauf von Daten gegen einen Preisnachlass auffassen.[13]

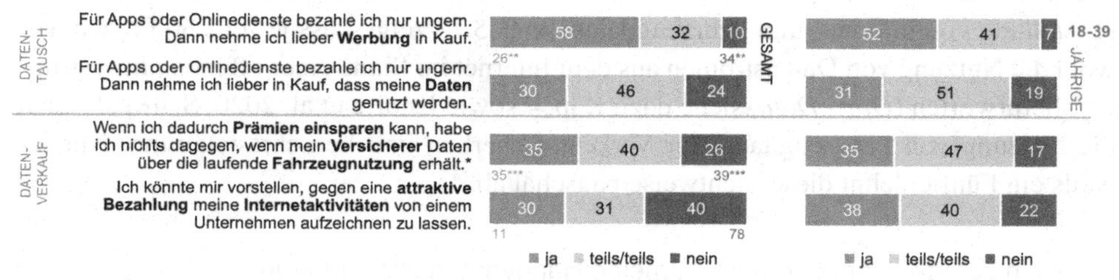

Basis: n=293-772 Bevölkerung repräsentativ, *nur Autobesitzer n=772; n=85-238 18-39-Jährige, *Autobesitzer n=238; Angaben in %.
Werte aus 2018 und *2013 unter den jeweiligen Balken, die Werte aus 2018 sind wegen methodischer Abweichungen nur mit Vorsicht zu interpretieren.
**Diese Vergleichswerte aus 2018 beziehen sich auf ein kombiniertes Item zum Tausch, siehe die Erläuterung im Text.
***Vergleichswerte aus der Befragung 2012 (vgl. Müller-Peters 2013). Damals wurde eine 5-stufige Skala verwendet, die beiden Antwortkategorien „stimme voll zu" und „stimme eher zu" sowie „stimme eher nicht zu" und stimme überhaupt nicht zu" wurden daher jeweils zusammengefasst.

Abb. 5.13 Daten als Ware? Datentausch und Datenverkauf

[12] Beim Vergleich der aktuellen Befragungsergebnisse zu den Daten aus der Erhebung 2018 ist die abweichende Erhebungsmethode zu beachten: 2018 wurden zu den Themen Datentausch, Datenspende und Datenverkauf ausschließlich telefonische Interviews durchgeführt. Es ist anzunehmen, dass die Befragten in 2022, die aus einem Online-Panel rekrutiert wurden, sich also grundsätzlich zur Teilnahme an Online-Umfragen bereit erklärt haben und dafür auch eine kleine Vergütung erhalten, insbesondere zum Thema Verkauf und Tausch von Daten eine aufgeschlossenere Haltung zeigen. Der deutliche Anstieg der Zustimmungswerte könnte daher auch methodisch begründet sein.

[13] Gegenüber unserer Befragung aus 2012 (siehe Müller-Peters 2013) ist der Anteil der ablehnenden Autohalter deutlich zurückgegangen, die der zustimmenden aber konstant geblieben. Dazwischen liegt der Anteil Ablehnender aus einer Befragung im Jahr 2016 (vgl. Müller-Peters und Wagner 2017, S. 33–39): Je nach Prämienersparnis konnten sich bis zu 47 % einen fahrstilabhängigen Tarif mit entsprechender Datenaufzeichnung vorstellen. In der Studie wurden auch die Akzeptanzbedingungen telematischer Tarife ausführlich untersucht. Auf Basis der damaligen Daten wurde geschätzt, dass ein Prämienvorteil von 30 % circa ein Drittel der Versicherungskunden für einen solchen Tarif gewinnen könne – im Falle von Gewöhnungseffekten mit im Zeitverlauf steigernder Tendenz.

3) Auch in puncto *Datenspende* (vgl. Abb. 5.14) zeigt sich die Bevölkerung unentschlossen, allerdings deutlich aufgeschlossener als in unserer Befragung 2018. Im Einklang mit den damaligen Ergebnissen findet die Datenabgabe für medizinische Forschungszwecke die höchste Akzeptanz. Fast die Hälfte der Befragten würde ihre Daten dafür teilen, nur 17 % lehnen dies pauschal ab. Die Zustimmung für Verkehrssteuerung und Erhöhung der Verkehrssicherheit ist aber nur geringfügig niedriger, hierfür würde mehr als ein Drittel die Daten teilen. Die Datenspende zugunsten der Fortentwicklung digitaler Dienste liegt mit 26 % Spendenbereitschaft dahinter. Dabei zeigt sich ein deutlicher Alterseffekt: bei den 18–39-Jährigen liegt die Zustimmungsquote bei annähernd 40 %. Dies mag einerseits mit der noch höheren Nutzung, andererseits aber auch mit einem höheren wahrgenommenen Nutzen seitens der „Digital Natives" zu erklären sein.

5.3.4 Open Data: Daten als Gemeingut

Unabhängig davon, dass eine Mehrheit der Nutzer die Datenhoheit für sich selbst reklamiert, findet auch die Betrachtungsweise von *Daten als gesellschaftliches Gemeingut* durchaus Zustimmung. Damit einher geht ein gemeinwohlorientiertes Imperativ zur Bereitstellung von Internet- und Fahrzeugdaten. Abb. 5.15 zeigt, dass jeweils 30 Prozent sowohl die Nutzung von Datenströmen aus dem Internet im Sinne einer offenen „Infrastruktur" befürworten (*Open Data*, siehe dazu Kap. 4 sowie Knorre et al. 2020, S. 48) als auch die Nutzung von Fahrzeugdaten für Verkehrssicherheit und Verkehrssteuerung. Nur jeweils ein Fünftel lehnt diese Sichtweise pauschal ab.[14]

Ich könnte mir gut vorstellen, meine Handydaten zur Verfügung zu stellen, wenn sie...

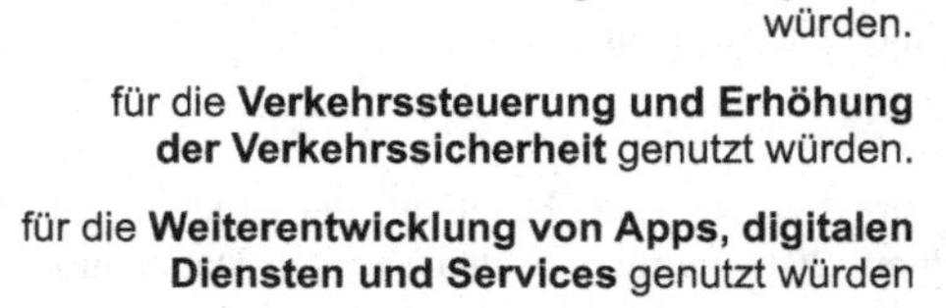

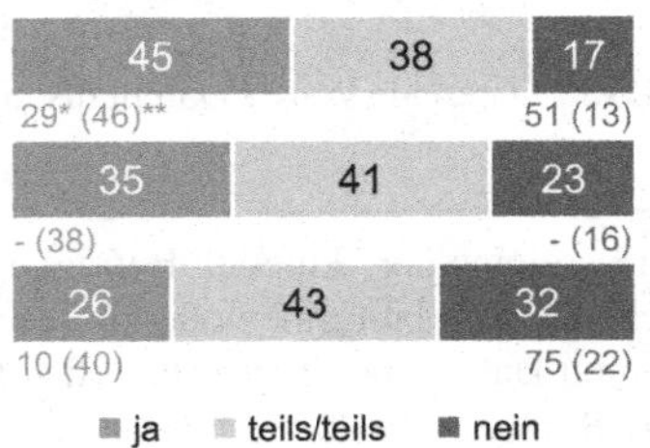

Basis: n=293-772 Bevölkerung repräsentativ, Angaben in %.
*Vergleichswerte aus 2018.
**In Klammern Werte für die 18-39-Jährigen, n=85-238.

Abb. 5.14 Bereitschaft zur Datenspende

[14] In unserer Erhebung aus 2018 zeigte sich die Bevölkerung in Bezug auf Datenbereitstellung aus dem Internet noch gespaltener, wobei aber insbesondere der Anteil der Befürworter des Datenteilens mit 43 % deutlich höher ausfiel (vgl. Knorre et al. 2020, S. 174 f.).

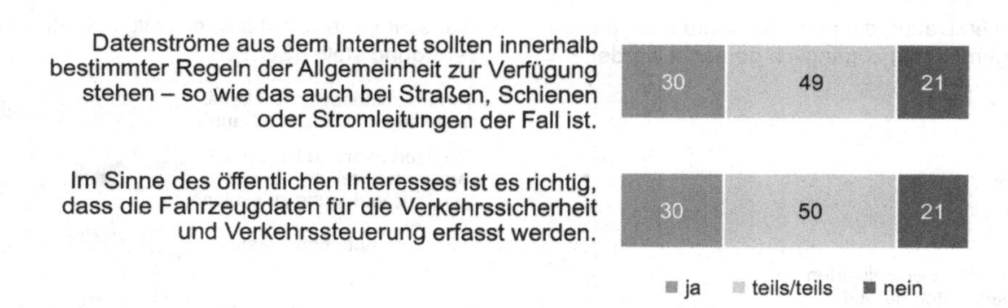

Datenströme aus dem Internet sollten innerhalb bestimmter Regeln der Allgemeinheit zur Verfügung stehen – so wie das auch bei Straßen, Schienen oder Stromleitungen der Fall ist.
30
49
21
Im Sinne des öffentlichen Interesses ist es richtig, dass die Fahrzeugdaten für die Verkehrssicherheit und Verkehrssteuerung erfasst werden.
30
50
21
ja
teils/teils
nein
Basis: n=933-966 Bevölkerung repräsentativ, n=762-783 Autobesitzer; Angaben in %
F: Inwieweit stimmen Sie den folgenden Aussagen zu?

Abb. 5.15 Daten als Gemeingut

In einer anderen Teilstichprobe wurden vertiefende Fragen zu „Open Data" im Verkehr gestellt (vgl. Abb. 5.16), wobei zusätzlich auf die Anonymität der Daten hingewiesen wurde. In dieser Fragestellung ist der Anteil der Befürworter nochmals leicht positiver und der der Ablehnenden geringer: Ein Drittel bejaht eine generelle (also obligatorische) Datenteilung „für die Allgemeinheit", nur 15 Prozent lehnen pauschal ab. Die Mehrheit plädiert aber – wie auch schon die Teilnehmer unserer Community (siehe Abschn. 2.3.5) – für eine optionale Lösung, bei der die Nutzer über die Freigabe entscheiden können.

Nur diejenigen, die eine – obligatorische oder optionale – Datenfreigabe begrüßen, wurden um eine weitere Beurteilung dahingehend gebeten, wer seine jeweiligen Daten bereitstellen solle (vgl. Abb. 5.16 rechts). 13 Prozent der Befragten befürworten, dass pauschal „alle" aufgelisteten Akteure, also Automobilhersteller und Verkehrsbetriebe, die Anbieter von Sharingdiensten, Apps und Smartphones, und schließlich auch die jeweiligen Nutzer selbst, in der Pflicht stehen. Ebenso pauschal verneinen 9 Prozent diese Obligation grundsätzlich und unabhängig vom Akteur. Die große Mehrheit, die ein differenziertes Urteil abgibt, erwartet zuerst von den öffentlichen Verkehrsbetrieben die Bereitstellung von Daten. Direkt dahinter sehen 38 Prozent sich selbst, also die Nutzer der Dienste, in der Pflicht. (Hochgerechnet auf die Gesamtbevölkerung findet sich hier also wieder das ungefähre „Drittel", das sich über verschiedene Fragen hinweg aufgeschlossen zeigt, die eigenen Daten zu teilen).

Im Vergleich dazu werden sowohl Autohersteller als auch die Anbieter von Sharingdiensten von den Befragten deutlich seltener in der Verantwortung gesehen, Daten für Open Data im Straßenverkehr bereitzustellen.[15] Das gilt noch verstärkt für Anbieter von Smartphones und Apps, obwohl gerade bei diesen Diensten besonders viele verkehrsbezogene Daten anfallen.

[15] Faktisch sieht es beim von der Bundesregierung initiierten „Mobility Data Space" ganz anders aus. Dort sind neben Konzernen wie der *Deutschen Bahn* und der *Deutschen Post* mit *Mercedes Benz*, *BMW* und der *Volkswagen Gruppe* sowie dem im Besitz dieser drei befindliche Geodatendienst *Here* gerade auch die Autohersteller als Gesellschafter engagiert (vgl. Mobility Data Space 2022 sowie Abschn. 3.2.2).

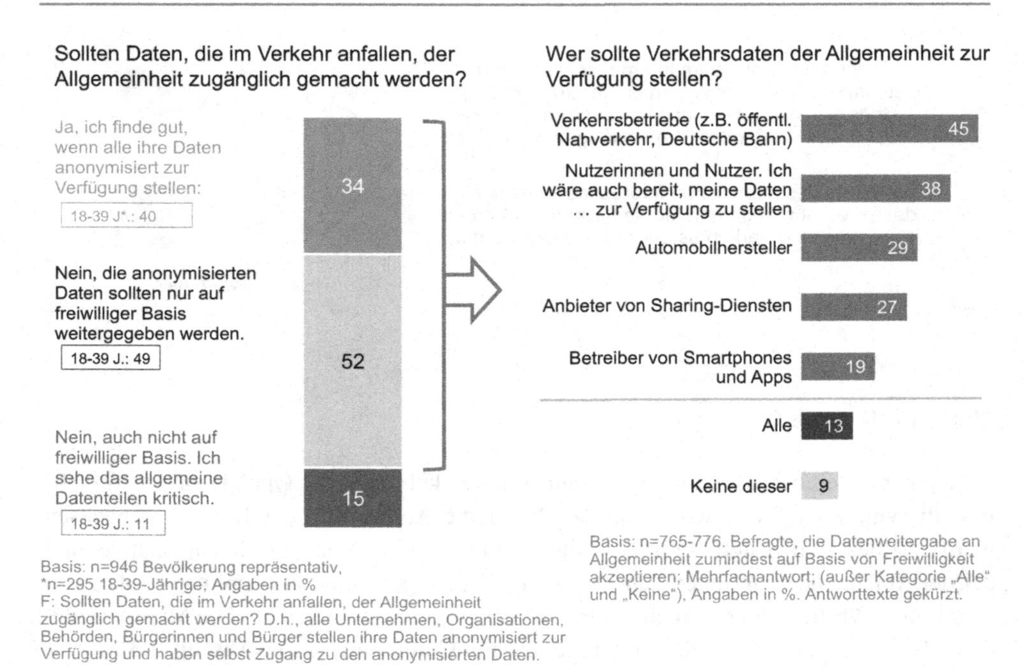

Sollten Daten, die im Verkehr anfallen, der Allgemeinheit zugänglich gemacht werden?
Ja, ich finde gut, wenn alle ihre Daten anonymisiert zur Verfügung stellen:
18-39 J*.: 40
34
Nein, die anonymisierten Daten sollten nur auf freiwilliger Basis weitergegeben werden.
18-39 J.: 49
52
Nein, auch nicht auf freiwilliger Basis. Ich sehe das allgemeine Datenteilen kritisch.
18-39 J.: 11
15
Basis: n=946 Bevölkerung repräsentativ, *n=295 18-39-Jährige; Angaben in %
F: Sollten Daten, die im Verkehr anfallen, der Allgemeinheit zugänglich gemacht werden? D.h., alle Unternehmen, Organisationen, Behörden, Bürgerinnen und Bürger stellen ihre Daten anonymisiert zur Verfügung und haben selbst Zugang zu den anonymisierten Daten.
Wer sollte Verkehrsdaten der Allgemeinheit zur Verfügung stellen?
Verkehrsbetriebe (z.B. öffentl. Nahverkehr, Deutsche Bahn) 45
Nutzerinnen und Nutzer. Ich wäre auch bereit, meine Daten … zur Verfügung zu stellen 38
Automobilhersteller 29
Anbieter von Sharing-Diensten 27
Betreiber von Smartphones und Apps 19
Alle 13
Keine dieser 9
Basis: n=765-776. Befragte, die Datenweitergabe an Allgemeinheit zumindest auf Basis von Freiwilligkeit akzeptieren; Mehrfachantwort; (außer Kategorie „Alle" und „Keine"), Angaben in %. Antworttexte gekürzt.

Abb. 5.16 Open Data im Verkehr

Diese Zurückhaltung gegenüber den privatwirtschaftlichen Akteuren ließe sich einerseits damit erklären, dass die Nutzer die eigentliche Datenhoheit bei sich selbst und eben nicht bei den Unternehmen sehen. Eine mögliche weitere Erklärung könnte sein, dass ein Datenteilen von privatwirtschaftlichen Unternehmen nicht per se verlangt werden könne. Mit Blick auf die Anbieter von Smartphones und Apps kommt erschwerend hinzu, dass diese Akteure trotz ihres umfassenden Datenschatzes aus Laiensicht seltener mit den Themen Mobilität und öffentlicher Infrastruktur assoziiert werden, wie sich auch schon in unserer Community (Abschn. 2.3) zeigte.

Auf die ergänzende Frage hin, ob auch im Falle von Open Data eine Vergütung der Datennutzer durch die Datenurheber erfolgen sollte, sieht eine Mehrheit der Bevölkerung (57 %) die anfallenden Mobilitätsdaten als gemeinsame Ressource und eben nicht als zu handelnde Ware. Eine Vergütung wird entsprechend verneint. Allerdings dominiert diese Sicht vor allem in den älteren Bevölkerungsschichten; bei den unter 40-Jährigen kippt das Bild insofern, als eine knappe Mehrheit für die Bezahlung der Daten plädiert. Dies kann als Indiz verstanden werden, dass Daten zunehmend als wertvoller „Rohstoff" respektive Ware oder Währung verstanden werden könnten.

5.3.5 Datensensibilität, Vertrauen und Kompetenzzuschreibung

Wichtige Schlüssel zur Frage, welche Daten mit wem geteilt werden, sind natürlich, als wie sensibel die jeweiligen Daten angesehen werden, sowie der Grad an Vertrauen und Kompetenzzuschreibung, der dem jeweiligen „Empfänger" der Daten zugeschrieben wird.

Zur Einschätzung der *Sensibilität* verschiedener Datenarten wurden die Befragten gebeten, unter sieben vorgegebenen Kategorien eine Rangfolge zu bilden. Abb. 5.17 stellt jeweils den Anteil der oberen und unteren beiden Ränge der jeweiligen Datenkategorie dar, sortiert nach dem Anteil der Befragten, die die jeweilige Datenkategorie als besonders sensibel erachten und entsprechend ungerne diese Daten teilen würden.

Die Ergebnisse zeigen, dass persönliche Vorlieben und Interessen in Bezug auf Freizeit, Reisen und Gastronomie als vergleichsweise unsensibel angesehen werden. Dies ist nicht verwunderlich, da es sich dabei um Themen handelt, die von großen Teilen der Bevölkerung bereits in hohem Maße über die sozialen Medien geteilt werden. Deutlich sensibler sind dagegen die Themen Fitness, Ernährung und – gemessen an den ablehnenden Stimmen – mehr noch die persönlichen Ortungs- und Gesundheitsdaten. Etwas überraschend ist möglicherweise, dass Kontaktdaten als die insgesamt problematischste Kategorie angesehen werden. Deren hohe Sensibilität und damit einhergehend die geringe Bereitschaft zum Teilen, könnte sich mit Blick auf die Tatsache erklären, dass damit einerseits die Anonymität aufgegeben wird (im Falle der eigenen Kontaktdaten), aber auch, dass dabei nicht mehr nur über die eigenen Daten, sondern auch über die Daten Dritter verfügt wird (im Falle von Kontakten aus dem Adressbuch oder aus den sozialen Medien).

Von welchen der wesentlichen Akteure rund um Big Data in der Mobilität erwarten die Befragten die größten *Impulse* in der Entwicklung neuer, datenbasierter Angebote? Abb. 5.18 zeigt dazu ein relativ gleichverteiltes Bild, d. h. keiner der genannten Akteure wird im Vergleich überwiegend als kompetenter oder weniger kompetent angesehen. In der Summe schreiben die Befragten aber, vielleicht etwas überraschend, den öffentlichen Verkehrsbetrieben die höchste Kompetenz zu, „wirklich hilfreiche neue Angebote zu entwickeln". Erst auf den nachfolgenden Plätzen kommen die originär digitalen „Player" in Form von Startups und Digitalkonzernen. Behörden, Versicherer und interessanterweise auch Mobilfunkanbieter liegen in diesem Vergleich am unteren Ende.

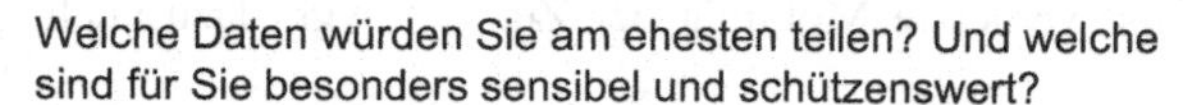

Welche Daten würden Sie am ehesten teilen? Und welche
sind für Sie besonders sensibel und schützenswert?

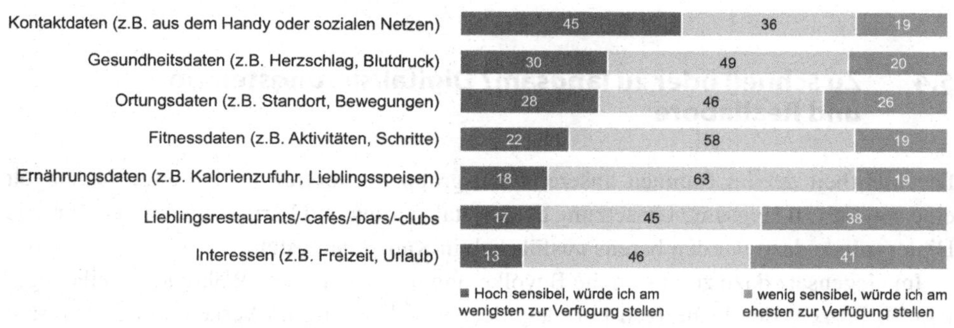

Abb. 5.17 Sensibilität und Teilungsbereitschaft nach Datenkategorien

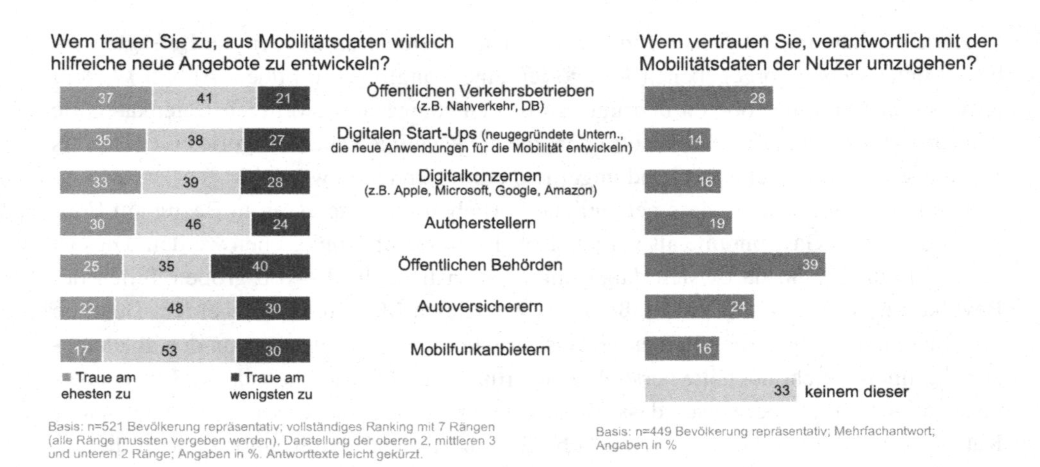

Abb. 5.18 Kompetenzzuschreibung und Vertrauen nach Akteuren

Anders sieht es bezüglich des *Vertrauens* der Bevölkerung in die jeweiligen Akteure aus. Hier liegen wiederum die öffentlichen Verkehrsbetriebe, mehr aber noch die öffentlichen Behörden, deutlich vor allen privatwirtschaftlichen Organisationen. Dieses Bild kann als Indiz für ein zumindest in Teilen der Bevölkerung intaktes „Staatsvertrauen“ gelten. Innerhalb der Wirtschaftsunternehmen genießen noch am ehesten die Autoversicherer das Vertrauen der Bevölkerung; einer Branche, der von ihren Kunden vielfach ein „behördenähnlicher“ Status zugeschrieben wird (vgl. Müller-Peters 2017a, S. 8 ff., b, S. 26. Im Falle von Versicherungsvereinen auf Gegenseitigkeit (VVaG) oder öffentlichen Versicherern haben diese Unternehmen auch faktisch einen öffentlich-rechtlichen oder genossenschaftlichen Status). Allerdings wird keinem der Akteure auch nur annähernd mehrheitlich das Vertrauen zum verantwortlichen Umgang mit Mobilitätsdaten ausgesprochen, jeder Dritte spricht sogar pauschal allen Akteuren das Vertrauen ab. Hier scheinen wieder die zahlreichen Befürchtungen rund um die Themen Datenschutz und Datensicherheit durch, sicherlich eine der großen Baustellen auf dem Weg in die vernetzte Mobilität der Zukunft (vgl. dazu auch Abschn. 3.2.2).

5.4 Zu schnell oder zu langsam? Digitalisierungstempo und Reallabore

Die Mehrheit der im Rahmen unserer Fokusgruppen interviewten Experten bemängelt eine deutlich zu langsame Umsetzung der Digitalisierung und Vernetzung im Verkehr. Die Hintergründe dazu wurden bereits ausführlich in Kap. 3 dargestellt.

Im Gegensatz dazu zeigt sich die Bevölkerung unentschlossen: Während jeweils ungefähr 30 Prozent den bisherigen Fortgang der Digitalisierung im Verkehr als zu langsam oder zu schnell beurteilen, zeigten sich 40 Prozent mit dem bisherigen Fortkommen zufrieden (vgl. Abb. 5.19). Dabei ist die Beurteilung keinesfalls nur eine Frage des Alters:

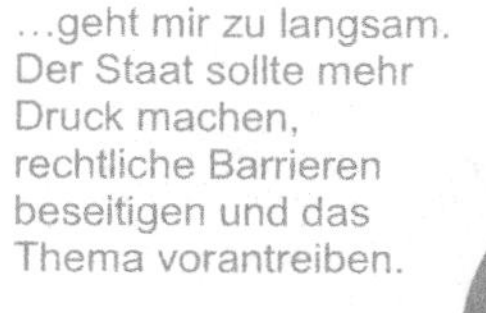
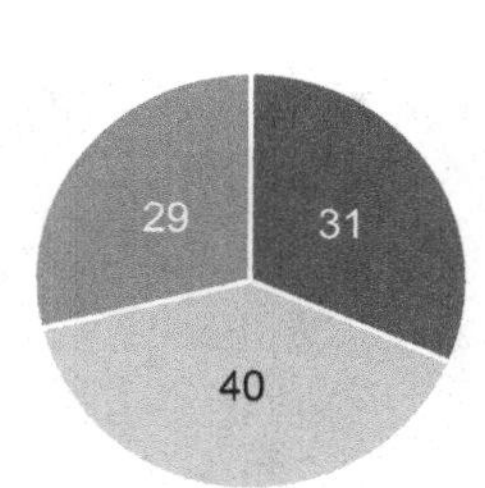

Die Digitalisierung im Verkehr...
...geht mir zu langsam. Der Staat sollte mehr Druck machen, rechtliche Barrieren beseitigen und das Thema vorantreiben.
...geht mir zu schnell. Der Staat sollte mehr auf die Einhaltung bestehender Gesetze und den Ausschluss von Risiken achten.
29
31
40
Weder noch, ich finde die derzeitige Geschwindigkeit genau richtig.
Basis: n=454 Bevölkerung repräsentativ, Altersgruppen jeweils n=67-154; Angaben in %
F: Selbstfahrende Autos, intelligente Verkehrssteuerung und vernetzte Verkehrsmittel: Wenn über die Zukunft des Verkehrs diskutiert wird, verbinden sich mit der Digitalisierung und dem Datenaustausch große Hoffnungen in Bezug auf Verkehrssicherheit, Effizienz und Umweltschutz. Dem stehen andererseits viele Probleme entgegen, wie Datensicherheit und Schutz der Privatsphäre, Haftungsfragen oder die notwendige Abstimmung zwischen den verschiedenen Anbietern. Wie denken Sie darüber?

Abb. 5.19 Das Tempo der Digitalisierung im Verkehr

Zwar zeigen sich erwartungsgemäß Unterschiede nach Lebensalter, diese fallen aber eher gering aus. Selbst bei den über 60-Jährigen zeigt sich nur etwas mehr als jeder dritte Befragte vom bisherigen Tempo „überfahren". Bezogen auf die am Ende von Kap. 3 skizzierten Zukunftsszenarien – von „deutscher Gründlichkeit" bis „Wildwest" – ließe sich auf Basis der Daten wohl annehmen, dass die dort vorgestellte mittlere Option der „kontrollierten Offensive" am ehesten den Vorstellungen der Bevölkerung entspricht.

Eine ähnliche Verteilung ergibt sich auch aus den Antworten auf die Frage, in welchem Umfang die Möglichkeiten des vernetzten Autos genutzt werden sollten: Etwa jeder Vierte plädiert für eine weitestmögliche Nutzung, jeder Fünfte äußert sich dagegen ablehnend. Der Anteil der neutralen Kategorien fällt mit 53 Prozent noch etwas höher aus als bei der Beurteilung des Tempos der Digitalisierung im Verkehr insgesamt.[16]

Zur Beschleunigung von Digitalisierung und Vernetzung im Verkehr kommt aus Sicht der Experten in unseren Fokusgruppen „*Experimentierfeldern*" oder sogenannten „*Reallaboren*" eine große Bedeutung zu. Dies gilt nicht nur, aber besonders in Bezug auf den öffentlichen Verkehr und auf Sharing-Dienste (vgl. Abschn. 3.3). Wie Abb. 5.20 zeigt, werden solche Testfelder von einem großen Teil der Bevölkerung begrüßt. Aber auch hier besteht wieder nur bei einer Minderheit die Bereitschaft, sich auch persönlich – durch Datenüberlassung – zu engagieren.

[16] Die genaue Frageformulierung lautete, „Die Möglichkeiten des vernetzten Autos sollten so weit wie möglich genutzt werden". Dazu ergaben sich bevölkerungsweit 26 % Zustimmung, 53 % teils/teils und 20 % Ablehnung. Die Angaben der Autobesitzer weichen davon nur geringfügig ab (28 %/54 %/18 %).

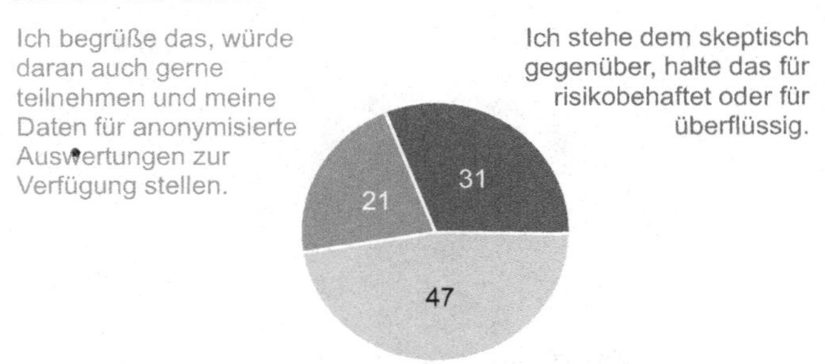
Manche Städte oder Landkreise möchten in so genannten „Reallaboren" neue Mobilitätslösungen ausprobieren. Wie stehen Sie dazu?*
Ich begrüße das, würde daran auch gerne teilnehmen und meine Daten für anonymisierte Auswertungen zur Verfügung stellen.
Ich stehe dem skeptisch gegenüber, halte das für risikobehaftet oder für überflüssig.
21
31
47
Ich begrüße das, würde selbst aber nur ungerne daran teilnehmen oder meine Daten bereitstellen.
Basis: n=453 Bevölkerung repräsentativ. Angaben in %.
*Vollständiger Fragetext: Manche Städte oder Landkreise möchten in so genannten „Reallaboren" neue Mobilitätslösungen ausprobieren. Das kann zum Beispiel die Vernetzung von Verkehrssystemen sein, die verkehrsabhängige Taktung von Bussen und Bahnen, neue Formen der Abrechnung oder eine automatisierte Verkehrslenkung und Parkplatzabrechnung. Wie stehen Sie dazu?

Abb. 5.20 Beurteilung von „Reallaboren"

5.5 Güterabwägung: Freiheit oder Sicherheit, Mobilität oder Klimaschutz?

Abschließend wurden die Befragten um eine allgemeine Einschätzung zur *Rolle des Datenschutzes* gebeten, sowie um eine *Abwägung hinsichtlich konkurrierender gesellschaftlicher Ziele*:

In bisherigen Studien zeigt sich recht übereinstimmend, dass die Bevölkerung – zumindest als abstraktes Ziel – dem *Schutz ihrer Daten* und ihrer *Privatsphäre* eine hohe Bedeutung einräumt (vgl. z. B. Sinus 2018; Knorre et al. 2020, S. 158 f.). Im Anschluss an unsere Befragung aus 2018 hat die Bevölkerung umfangreiche Erfahrungen mit der Umsetzung der europäischen Datenschutzverordnung (DSGVO) machen können. Diese Verordnung, ergänzt und konkretisiert durch das neue Bundesdatenschutzgesetz GDSG, gilt seit dem 28. Mai 2018 und hat im Alltag der meisten Menschen für zahlreiche, teils zeit- und denkaufwändige Änderungen gesorgt. Zu den Beispielen zählen die Zustimmungspflicht zu Cookies im Internet oder eine große Anzahl notwendiger Einwilligungen, sei es beim Arzt, in Vereinen, bei Banken und Versicherern oder bei sonstigen Dienstleistern. Vor diesem Hintergrund und in Verbindung mit der inzwischen leicht positiveren Sicht der Medien und der Bevölkerung auf Big Data (vgl. Kap. 3 und Abschn. 5.2.1) stellt sich die Frage, ob die Umsetzung des Datenschutzes nicht schon als übertrieben wahrgenommen wird.

Schon die Auswertung in Abschn. 5.2.1 (vgl. Abb. 5.5) hat gezeigt, dass die Bevölkerung auch in 2022 das Thema Datenschutz überwiegend als „persönlich wichtig" erachtet. Dass selbst die deutlich verschärften Datenschutzregelungen und der damit verbundene Aufwand im Alltag nicht zu einem „Kippen" der Stimmung geführt haben, zeigt sich im Rahmen unserer Befragung aber mehr noch daran, dass nur jeder Vierte den Datenschutz in Deutschland für übertrieben hält. Ein deutlich höherer Anteil der Bevölkerung (44 %) wünscht sich, dass das Thema sogar noch ernster genommen werden solle (vgl. Abb. 5.21).

Ebenso in Abschn. 5.2.1 wurden Nutzen und Risiken von Big Data aus Sicht der Bevölkerung gegenübergestellt, sowohl insgesamt als auch spezifisch in Bereich der Mobilität. Da hierbei zahlreiche „wertvolle" Güter oder gesellschaftliche Ziele wie Sicherheit, wirtschaftliches Wohlergehen, Datenschutz oder Klimaschutz tangiert werden, wurden die Befragten um eine Bewertung dieser grundlegenden Ziele gebeten.

Um die zumindest in Teilen bestehenden Konkurrenzbeziehungen bei der Erreichung solcher Ideale zu berücksichtigen, wurde ein Ranking eingeholt.[17] Die Teilnehmer wurden gebeten, sechs vorgegebene gesellschaftliche Ziele nach deren Relevanz zu sortieren. Abb. 5.22 zeigt diese so ermittelten Präferenzen, wobei dort im Sinne der Übersichtlichkeit jeweils die Antworten für die zwei ersten, die zwei mittleren und die zwei letzten Platzierungen zusammengefasst wurden.

Ein erstes Ergebnis ist, dass bezüglich der abgefragten Ziele kein gesellschaftlicher Konsens besteht. Das heißt, dass keines der Ziele bevölkerungsweit ganz überwiegend den anderen über- oder untergeordnet wird.

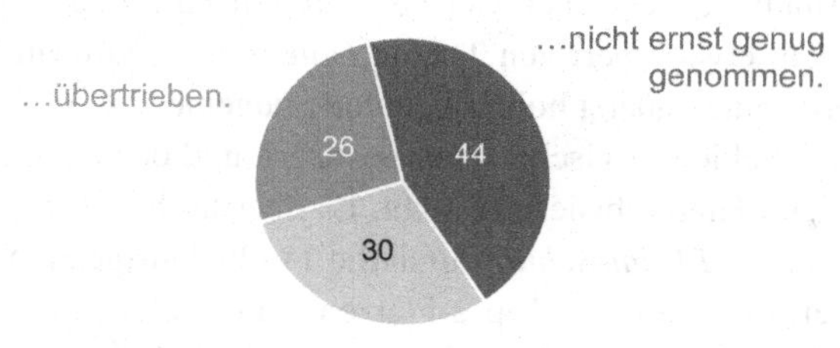
Aus meiner Sicht wird der Datenschutz in Deutschland...
...übertrieben.
...nicht ernst genug genommen.
26
44
30
Weder noch. Der Umgang mit dem Datenschutz ist genau richtig.
Basis: n=252 Bevölkerung repräsentativ, Altersgruppen jeweils n=67-154; Angaben in %

Abb. 5.21 Datenschutz – zu viel oder zu wenig?

[17] Diese konkurrierende Abfrage verhindert zugleich den bei Wertestudien oft zu beobachtenden *Deckeneffekt*, wobei alle Ziele als besonders wichtig beurteilt werden und kaum Varianz in den Antworten besteht, als auch eine *Fokussierungsillusion*, wonach bei isolierter Abfrage eines einzelnen Objektes oder Ziels immer das gerade betrachtete als besonders wichtig bewertet wird, während andere, die zum Befragungszeitpunkt kognitiv nicht präsent sind, vernachlässigt werden (vgl. zu letzterem Kahneman 2011, S. 496 ff.).

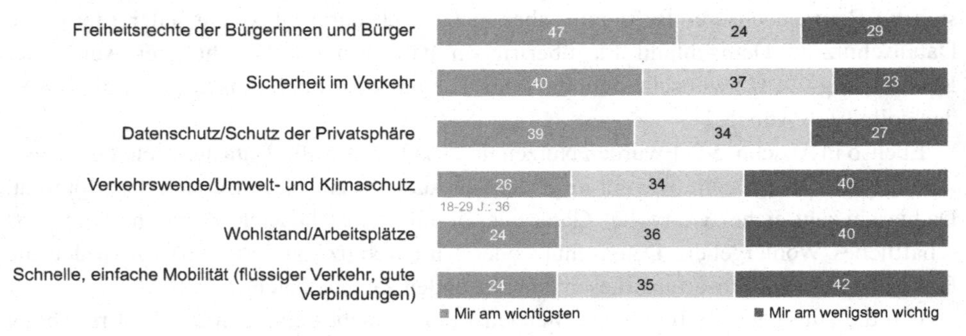

Abb. 5.22 Priorisierung gesellschaftlicher Ziele

Dennoch lässt sich den Ergebnissen eine Rangordnung entnehmen. Demnach liegen die *Freiheitsrechte der Bürger* ganz vorne, gefolgt von der *Sicherheit im Straßenverkehr* und dem Thema *Datenschutz*. Erst dann folgen mit annähernd gleicher Gewichtung *Umwelt- und Klimaschutz, Wohlstand und Arbeitsplätze* sowie *schnelle und einfache Mobilität*.

Die Ergebnisse sind insofern bemerkenswert, als nicht unmittelbar alltags- und nutzennahe Ziele dominieren (wie *Mobilität* oder *Wohlstand*) und auch nicht das angesichts des Klimawandels derzeit medial dominante Thema *Umwelt/Klimaschutz/Verkehrswende*. Sogar die sonst oft als absolut gesetzte Forderung nach *Sicherheit* liegt nicht auf dem ersten Platz, sondern die grundlegenden, aber viel abstrakteren und alltagsferneren *Freiheitsrechte*.[18] Und selbst dem etwas sperrigen Thema *Datenschutz* wird im Vergleich zu den übrigen „hohen Gütern" eine äußerst hohe Bedeutung zugemessen.

Grundsätzliche Unterschiede zwischen Autobesitzern und der Bevölkerung insgesamt zeigen sich in der obigen Hierarchisierung nicht. Es überrascht wenig, dass dem Thema *Verkehrswende, Umwelt- und Klimaschutz* durch die 18–29-Jährigen ein höheres Gewicht beigemessen wird (bei 36 % auf den Top-2-Plätzen, damit aber immer noch hinter den Freiheitsrechten mit 40 % in dieser Altersgruppe). Bereits bei den 30–39-Jährigen sinkt das Gewicht aber wieder auf den Bevölkerungsdurchschnitt ab.

Es lässt sich also festhalten: Der Einsatz von Big Data in der Mobilität bedarf einer Abwägung widersprüchlicher Ziele; der gute Zweck rechtfertigt nicht per se die Mittel. Weder der Einsatz vernetzter Daten für die Verkehrswende noch für den Verkehrsfluss darf

[18] Zur hohen Gewichtung der *Freiheitsrechte* mag zum Befragungszeitpunkt auch der parallel stattfindende Ukrainekrieg beigetragen haben, gemeinsam mit einer Reihe weiterer autokratischer Bedrohungen vermeintlich gefestigter Demokratien. Dies könnte die Wahrnehmung elementarer Errungenschaften einer demokratisch-pluralistischen Gesellschaft aus dem Bereich der „Selbstverständlichkeit" hin zu einem wertvollen und schützenswerten Gut verschoben haben.

zu sehr auf Kosten bürgerlicher Grundrechte wie Freiheit und Privatsphäre gehen.[19] Auch die Verkehrssicherheit ist als Ziel unter mehreren kein Persilschein für beliebige Eingriffe in ebendiese Rechte.[20] Zugleich aber, so zeigte sich schon oben, wird Vernetzung und Big Data im Rahmen der Mobilität gar nicht als dominante Gefährdung dieser Rechte wahrgenommen: Während bezogen auf Big Data insgesamt ein hoher Anteil der Bevölkerung befürchtet, dies werde „dem Einzelnen immer mehr Freiheiten nehmen" (vgl. Abb. 5.4), zählt bezüglich deren Anwendung im Verkehr nur jeder Zehnte den Verlust von „Freiheit und Unabhängigkeit der Verkehrsteilnehmer" zu deren Hauptrisiken (vgl. Abb. 5.9).

5.6 Fazit

Die Bürger und Verkehrsteilnehmer begrüßen in hohem Maße die Chancen, die durch digitale Daten und deren Vernetzung im Verkehr entstehen. Deren Anwendungen sind hochwillkommen, und neben einem Gewinn an Kontrolle, Zeit, Komfort, Mobilität und Sicherheit im Autoverkehr kann „Big Data" auch einen gewichtigen Beitrag zur Steigerung der Attraktivität des öffentlichen Personenverkehrs leisten – und damit nicht zuletzt auch zur Verkehrswende.

Das alles steht aber vor dem Hintergrund einer nach wie vor skeptischen Grundhaltung zu Big Data und deren Manifestation im Verkehr. Entsprechend ist auch die Bereitschaft zum Datenteilen eng begrenzt: viele Bürger als – so zumindest ihr Wunschbild – „Souverän" ihrer Daten sind pessimistisch, misstrauisch und selektiv, wenn es um die Nutzung ihrer Datenspuren geht.

Der Ausgleich zwischen den großen individuellen und gesellschaftlichen Nutzenpotenzialen einerseits und den Interessen in Bezug auf Datensicherheit, persönlicher Autonomie und Sorgen vor Risiken andererseits bleibt eine Herkulesaufgabe für Politik, Öffentliche Hand und alle beteiligten Unternehmen. Nutzenkommunikation, Vertrauensaufbau, Güterabwägung sowie das Einräumen von Kontrollmöglichkeiten und Entscheidungsfreiheiten können wesentliche Bausteine für eine steigende Akzeptanz sein. Dies in Verbindung mit einem sich möglicherweise andeutenden Paradigmenwechsel in der Betrachtung von Big Data sowie einer zunehmend erlebten „Normalität" digitaler Vernetzung im Alltag wären zentrale Meilensteine auf dem Weg zu einer gesellschaftlich breit akzeptierten, neuen und vernetzten Mobilität.

---

[19] Bezüglich des Datenschutzes zeigt sich hier auch eine Diskrepanz zur Beurteilung durch die Experten in unseren Fokusgruppen (vgl. Abschn. 3.3), die eine partielle Aufweichung des Datenschutzes als „Enabler" für neue Verkehrsanwendungen durchaus begrüßten (vgl. Kap. 3).

[20] Vor diesem Hintergrund sind auch wohlklingende politische Ziele, wie die von der Europäischen Union und dem Verkehrsministerium verfolgte *Vision Zero* („keine Tote mehr im Straßenverkehr"; siehe Europäisches Parlament; Ausschuss für Verkehr und Tourismus 2021; Bundesministerium für Digitales und Verkehr 2022b), kritisch zu hinterfragen, lassen sich solche absolut formulierten Ziele – wenn überhaupt – doch nur mit sehr rigiden Maßnahmen und auf Kosten fast aller konkurrierenden gesellschaftlichen Zielsetzungen zumindest annähernd erreichen.

Literatur

Bundesministerium für Digitales und Verkehr (2022a) Das 9-Euro-Ticket ist ein Erfolg. https://www.bmvi.de/SharedDocs/DE/Artikel/K/9-euro-ticket-beschlossen.html. Zugegriffen am 22.08.2022

Bundesministerium für Digitales und Verkehr (2022b) Straßenverkehrssicherheit – Alles tun für #DeinLeben. https://www.bmvi.de/DE/Themen/Mobilitaet/Strasse/Strassenverkehrssicherheit/strassenverkehrssicherheit.html. Zugegriffen am 17.08.2022

Europäisches Parlament, Ausschuss für Verkehr und Tourismus (2021) Bericht über den EU-Politikrahmen für die Straßenverkehrssicherheit im Zeitraum 2021 bis 2030 – Empfehlungen für die nächsten Schritte auf dem Weg zur „Vision Null Straßenverkehrstote". https://www.europarl.europa.eu/doceo/document/A-9-2021-0211_DE.html. Zugegriffen am 17.08.2022

HUK-Coburg (2022) Mobilitätstudie 2022. https://www.huk.de/fahrzeuge/ratgeber/mobilitaetsstudie.html. Zugegriffen am 17.08.2022

Kahneman D (2011) Schnelles Denken, langsames Denken, 12. Aufl. Siedler, München

Knorre S, Müller-Peters H, Wagner F (2020) Die Big-Data-Debatte. Chancen und Risiken der digital vernetzten Gesellschaft. Springer Gabler, Wiesbaden

McKnight DH, Choudhury V, Kacmar C (2002) Developing and validating trust measures for e-Commerce: an integrative typology. Inform Syst Res 13(3):334–359

Mobility Data Space (2022) Partner. https://mobility-dataspace.eu/de#c102. Zugegriffen am 14.08.2022

Müller-Peters A (2018) Repräsentativität. In: Müller-Peters A (Hrsg) Wie hältst Du's mit der Zufallsstichprobe?. https://www.marktforschung.de/dossiers/themendossiers/repraesentativitaet-und-zufallsstichprobe/. Zugegriffen am 18.08.2022

Müller-Peters H (2012) Repräsentativität 2012 – Fakt, Fake oder Fetisch? https://www.marktforschung.de/dossiers/themendossiers/repraesentativitaet-2012/. Zugegriffen am 18.08.2022

Müller-Peters H (2013) Der vernetzte Autofahrer – Akzeptanz und Akzeptanzgrenzen von eCall, Werkstattvernetzung und Mehrwertdiensten im Automobilbereich. Schriftenreihe Forschung am IVW Köln Nr. 3/2013. https://cos.bibl.th-koeln.de/frontdoor/index/index/docId/26. Zugegriffen am 10.08.2022

Müller-Peters H (2017a) Geschäft oder Gewissen? Die Wahrnehmung und Bewertung von telematikbasierten Versicherungstarifen. Forschungsbericht am Institut für Versicherungswesender Technischen Hochschule Köln. http://ivw.web.th-koeln.de/docs/studie_gerechtigkeit_hmp_fw.pdf. Zugegriffen am 10.08.2022

Müller-Peters H (2017b) Die Wahrnehmung und Bewertung von telematikbasierten Versicherungstarifen. In: Müller-Peters H, Wagner F (Hrsg) Geschäft oder Gewissen? Vom Auszug der Versicherung aus der Solidargemeinschaft. Goslar 2017, S 21–47. https://www.goslar-institut.de/wp-content/uploads/2019/09/studie_2019-geschaeftOderGewissen.pdf. Zugegriffen am 10.08.2022

Müller-Peters H, Wagner F (2017) Geschäft oder Gewissen? Vom Auszug der Versicherung aus der Solidargemeinschaft. In: Müller-Peters H, Wagner F (Hrsg) Goslar 2017. https://www.goslar-institut.de/wp-content/uploads/2019/09/studie_2019-geschaeftOderGewissen.pdf. Zugegriffen am 10.08.2022

Sinus (2018) Studie zu Datenschutz: Mehrheit der Deutschen zweifelt an Datensicherheit. https://www.sinus-institut.de/media-center/presse/mehrheit-der-deutschen-zweifelt-an-datensicherheit. Zugegriffen am 17.08.2022

Statistisches Bundesamt (2022) Beförderte Personen in Deutschland. https://www.destatis.de/DE/Themen/Branchen-Unternehmen/Transport-Verkehr/Personenverkehr/Tabellen/befoerderte-personen.html. Zugegriffen am 16.08.2022

Tagesschau (2022) 9-Euro-Ticket „Eine der besten Ideen" – ohne Zukunft? https://www.tagesschau.de/inland/innenpolitik/neun-euro-ticket-153.html. Zugegriffen am 22.08.2022

Umweltbundesamt (2022) Fahrleistungen, Verkehrsleistung und „Modal Split". https://www.umweltbundesamt.de/daten/verkehr/fahrleistungen-verkehrsaufwand-modal-split#personenverkehr. Zugegriffen am 17.08.2022

6 Datenbasierte Geschäftsmodellansätze für Versicherungsunternehmen

6.1 Ausgangslage: Big Data in der Versicherungswirtschaft

Seit jeher basiert das Geschäftsmodell „Versicherung“ auf Daten; denn tragfähig ist es nur dann, wenn über das versicherte Risiko möglichst viele relevante Informationen vom Versicherungsunternehmen genutzt werden können und so die Informationsnachteile gegenüber dem Versicherungskunden zu maßgeblichen Teilen überwunden werden.

Daten bilden den Ausgangspunkt für die Einschätzung von Risiken und damit die Vorhersage von Schäden und stellen die Grundlage für die Ausgestaltung des Versicherungsschutzes sowie der Ermittlung der Prämien dar (Arumugam und Bhargavi 2019, S. 8). Insbesondere die Anforderungen an den Risikoprüfungsprozess führen dazu, dass zahlreiche Informationen über den Kunden und seine Lebenssituation erfasst und verarbeitet werden müssen. Je nachdem, welche Sparte oder welcher Zweig betrachtet wird, liegen Daten mit hohem Persönlichkeitsbezug vor. Dies ist insbesondere in der Personenversicherung der Fall, in der Informationen bspw. auch zum Gesundheitszustand des Versicherten vorliegen. Aber auch der Abschluss einer Sachversicherung erfordert Angaben zur Wohnsituation (Hausratversicherung, Wohngebäudeversicherung) oder zur Ausstattung mit Gütern (Kfz-Versicherung, Elektronik-Versicherung). Zahlreiche personenbezogene Daten müssen zudem allein schon erhoben und verarbeitet werden, um die vertragliche Beziehung zu regeln (Adresse, Geburtsdatum, Kontoverbindung etc.). Der vergleichsweise große Kundenbestand sorgt damit für eine umfangreiche Datengrundlage von Versicherungsunternehmen.

Der verfügbare „Datenschatz“ wurde von der Versicherungswirtschaft in der Vergangenheit allerdings nur punktuell und im Wesentlichen für aktuarielle Zwecke eingesetzt (BaFin 2018, S. 95). Die Daten wurden nur zu geringen Teilen strukturiert erfasst, die technischen Möglichkeiten zur Datenanalyse sind vielfach noch ungenutzt, und zu guter Letzt erschweren auch regulatorische Rahmenbedingungen die Verarbeitung (Eucon 2021,

N. Gatzert et al., *Big Data in der Mobilität*,
https://doi.org/10.1007/978-3-658-40511-3_6

S. 18 ff.). Neben den in Kap. 4 dargestellten rechtlichen, technischen und organisatorischen Rahmenbedingungen und Voraussetzungen ergeben sich zusätzliche branchenspezifische Hürden, wie bspw. das Spartentrennungsgebot (§ 8, Abs. 4 VAG), oder spezielle Selbstverpflichtungen, wie u. a. der Code of Conduct.

Obwohl Versicherer gewissermaßen prädestiniert sind, ihr weitgehend datengetriebenes Geschäftsmodell zu digitalisieren, konnten sie sich diesbezüglich in den vergangenen Jahren nicht als Vorreiter positionieren (Eling und Lehmann 2018, S. 359). Mittlerweile hat die Versicherungswirtschaft die Dringlichkeit der Transformation, und insbesondere auch das Potenzial von Big Data und Data-Analytics-Lösungen, allerdings erkannt. Ein knappes Viertel der Versicherer schätzt ihren Analytics-Reifegrad zwischenzeitlich sogar bereits als weit vorangeschritten ein; ebenso viele Unternehmen stehen hier jedoch noch ganz am Anfang und haben keine oder kaum Erfahrungen sammeln können (EY 2021, S. 7). Einsatzmöglichkeiten ergeben sich nahezu entlang der gesamten Wertschöpfungskette. So können die bereits vorliegenden, historischen Daten in einem höheren Detaillierungsgrad analysiert werden und neue Folgerungen ermöglichen, wenn sie verknüpft und potenzielle Zusammenhänge hergestellt und überprüft werden. Gleichzeitig lassen sich Szenarien modellieren, die treffsichere Aussagen über die Zukunft ermöglichen (Arumugam und Bhargavi 2019, S. 8). Um die Daten jedoch nutzen zu können, müssen noch einige Herausforderungen bewältigt werden. Für Versicherer bestehen Herausforderungen zum einen darin, dass sie zu zahlreichen Daten von Anfang an gar keinen Zugang haben (Unternehmen wie Google und Amazon sind hier deutlich besser aufgestellt, weil sie bspw. durch das Suchverhalten stets über alle aktuellen Wünsche und Sorgen Bescheid wissen und über die Auswertung der Warenkörbe sämtliche persönlichen Bedürfnisse und Vorlieben der Kunden kennen) sowie zum anderen darin, dass die Daten, die ihnen vorliegen, oft unstrukturiert, unvollständig oder fehlerhaft sind (Kaiser et al. 2019). Zwar werden die technischen Systeme sich weiterentwickeln und damit auch immer besser mit unstrukturierten oder lückenhaften Datensätzen zurechtkommen (Kaiser et al. 2019), aber der Zugang zu den Daten wird auch in Zukunft den kritischen Erfolgsfaktor darstellen. Dabei ist es nicht zwangsläufig erforderlich, die Daten über die eigene Kundenschnittstelle selbst zu erheben. Alternativ können Daten auch von externen Datenlieferanten bezogen werden (Kaiser et al. 2019). Beide Varianten erfordern jedoch die Bereitschaft der Kunden, ihre Daten bereitzustellen, und deren Einwilligung, dass diese von den Versicherungsunternehmen genutzt werden dürfen. Diese Bereitschaft ist immer dann gegeben – dies bestätigen zahlreiche verschiedene Studien – wenn entsprechende Gegenleistungen erwartet werden dürfen und der Datenempfänger bekannt und vertrauenswürdig ist (GDMA 2022). Die Ausgangslage für Versicherungsunternehmen ist in diesem Zusammenhang gar nicht schlecht, denn in Hinblick auf einen vertrauensvollen Umgang mit sensiblen Daten genießen sie ein vergleichsweise hohes Ansehen (Bafin 2018, S. 98).[1] So

[1] Versicherer nutzen bereits seit jeher sensible, personenbezogene Daten ihrer Kunden – besonders in der Lebens- und Krankenversicherung; die Kunden sind daran gewöhnt und haben kaum schlechte Erfahrungen damit gemacht.

sind laut einer Befragung des Beratungsunternehmens Ernst & Young rund 70 % der Versicherungskunden bereit, ihre Daten mit dem Versicherer zu teilen. Andere Untersuchungen – die diese Aussage stützen – analysieren zudem die Unterschiede verschiedener Kundengruppen hinsichtlich ihrer Bereitwilligkeit zur Datenfreigabe. Die Ergebnisse unterstreichen die intuitive Annahme zur Bedeutung eines grundsätzlichen Vertrauensverhältnisses: die höchste Bereitschaft zeigt sich – bei der nach Vertriebskanälen geclusterten Untersuchung – in den Fällen einer persönlichen Beziehung zu einem Versicherungsvermittler (Auer und Dröge 2021, S. 74). Die Rolle von Vertrauen wird auch in zahlreichen weiteren Studien und Befragungen, auch im Kontext anderer Branchen, herausgestellt (siehe dazu z. B. auch GDMA 2022).

Es lässt sich also schlussfolgern, dass Vertrauen die Grundvoraussetzung für die Frei- und Weitergabe von Daten darstellt und der Aufbau eines entsprechenden Vertrauensverhältnisses auch in der digitalen Welt unabdingbar ist. Im zweiten Schritt ist darüber hinaus eine für den Kunden als adäquat wahrgenommene Gegenleistung erforderlich. Wie hoch die Mehrwerte für die Bereitstellung der Daten ausfallen müssen, ist jedoch unterschiedlich und hängt nicht nur von Persönlichkeitsmerkmalen der Kunden ab. So müssen Gegenleistungen bspw. umso höher sein, je sensibler die Daten sind, und auch die subjektive Wahrnehmung der potenziellen Gefahren einer missbräuchlichen Verwendung durch die Datenempfänger spielt eine Rolle. Ebenso könnte sich durch Beobachtungen anderer Märkte, wie z. B. Japan, schlussfolgern lassen, dass mit einer höheren Technologie-Durchdringung Konditionierungseffekte eintreten; Kunden müssen sich also gewissermaßen erst langsam an das Thema Data-Analytics gewöhnen.

Im Bereich der Kfz-Versicherung ergibt sich darüber hinaus jedoch eine besondere Situation, die in den vorangegangenen Kapiteln bereits anklang und für Versicherungsunternehmen beeinträchtigend und herausfordernd wirkt. Geprägt ist diese Situation durch die Rolle der Automobilbranche. Wie in Kap. 2 bereits dargestellt, verfügen die Automobilhersteller nicht nur über einen exponierten Zugang zum Kunden, sondern sie bekommen über die Fahrzeugsensorik auch Zugang zu dessen Mobilitäts- und Fahrverhalten. Sie befinden sich damit in einer glücklichen Ausgangssituation, die ihnen die Positionierung auf dem Mobilitätsmarkt erleichtert. Es ist daher gewissermaßen verständlich, dass das von der Bundesregierung vorgeschlagene Konzept eines Daten-Treuhänders bei den Automobilherstellern auf Kritik stößt. Idee des Modells ist eine neutrale Stelle, die zum einen die Hoheit der Kunden über ihre Fahrzeug-/Mobilitätsdaten sicherstellen soll und zum anderen einen standardisierten Zugang bereitstellt, der Behörden, Werkstätten, Versicherern und anderen Dienstleistern Datenzugang ermöglicht (Wenig 2022). Die unterschiedlichen Interessenlagen erschweren die Lösungsfindung aktuell noch; gleichwohl sich verschiedene Kooperationen und Plattformen parallel dazu bereits gebildet haben (siehe dazu Abschn. 4.2), ist eine einheitliche Lösung zum Data-Sharing im Mobilitätsbereich bislang noch nicht gefunden und die Versicherungswirtschaft ist auf die Kooperationsbereitschaft der Automobilhersteller angewiesen. Gelingt es allerdings, Zugang zu den umfangreichen Fahrzeug- (und auch weiteren mobilitätsbezogenen) Daten zu erlangen, lässt sich das Geschäftsmodell der Kfz-Versicherung vielfältig erweitern. (Datenbasierte) Zusatzleistungen könnten in die Versicherungsprodukte integriert werden und sich durch die Wahrnehmung als zusätzliches Kaufkriterium auf die Nachfrage und die Kundenloyalität auswirken sowie dabei helfen, neue Kundengruppen zu erschließen (Auer und Dröge 2021, S. 74; Paik et al. 2017, S. 81).

6.2 Anknüpfungspunkte entlang der Wertschöpfungskette

6.2.1 Tarifierung

In der klassischen Tarifierung der Kfz-Versicherung wurden und werden bisher statische Tarifmerkmale genutzt, um Risiken gleicher Ausprägung zusammenzufassen. Dadurch werden kleinere und homogenere Kollektive gebildet, die einen ähnlichen Schadenerwartungswert aufweisen. Bei den sich daraus ergebenden Tarifen handelt es sich somit immer um Verallgemeinerungen des (reduzierten) Kollektivs, die auf den einzelnen Versicherungsnehmer übertragen werden. Die tatsächlichen Ursachen und Umstände von Unfällen und Schäden werden hingegen nicht berücksichtigt (Arumugam und Bhargavi 2019, S. 8; Paik et al. 2017, S. 76 f.). Gleichzeitig basieren die herangezogenen Merkmale auf den Angaben, die durch den Versicherungsnehmer übermittelt werden. Es besteht daher grundsätzlich die Gefahr von fehlerhaften Angaben, bspw. in Hinblick auf die jährliche Fahrleistung.

Anders ist das bei Telematik-Tarifen: im Rahmen von Telematik-Tarifen werden Daten zum individuellen Fahrverhalten des Versicherungsnehmers erfasst, das Ableitungen zum Fahrstil und damit auch zum Unfall- und Schadenrisiko erlaubt. Diese Informationen können genutzt werden, um eine risikoadäquate Tarifierung durchzuführen. Während die erste Generation der Telematik-Tarife lediglich die zurückgelegte Strecke sowie die Dauer und Zeit der Fahrt berücksichtigte („Pay-As-You-Drive") werden im Rahmen von „Pay-How-You-Drive" mittlerweile zahlreiche weitere Informationen zum Fahrverhalten und -stil des Versicherungsnehmers einbezogen und die Tarifierung wird immer individueller und risikogerechter. Gleichzeitig werden dabei Informationsasymmetrien weiter reduziert, und auch die Gefahr von fehlerhaften Angaben durch den Versicherungsnehmer wird deutlich eingedämmt (Eling und Lehmann 2018, S. 367; Paik et al. 2017, S. 78).

In der konkreten Pricing-Ausgestaltung gibt es die Möglichkeiten der Festlegung einer anfänglichen hohen Prämie, die im Zuge der Vertragslauzeit über Rabatte oder Boni dynamisch angepasst bzw. reduziert wird. Alternativ besteht die Option, das Fahrverhalten erst am Ende des Jahres auszuwerten und auf dieser Basis eine adjustierte Prämie für die darauffolgende Periode zu bestimmen bzw. die Prämie auch rückwirkend noch einmal anzupassen (Paik et al. 2017, S. 77).[2] Gemeinsam ist den aktuell am Markt bestehenden Policen,

[2] Vorstellbar ist auch ein vollständig dynamisches Pricing, bei dem sich die Prämie in Echtzeit an das Fahrverhalten des Kunden anpasst (Jahnert et al. 2020, S. 35).

dass bei risikoarmem Fahren lediglich ein Bonus gewährt wird; ein Malus bei „schlechtem“ Fahren hingegen ist nicht vorgesehen.

Für die Risikobewertung herangezogen werden in erster Linie GPS- sowie Sensor/Gyro-[3] und Beschleunigungsdaten. Gerade die Geschwindigkeit – die bei Überschreiten des Tempolimits zu den häufigsten Unfallursachen zählt – sowie das Fahrverhalten in Kurven, beim Beschleunigen oder Bremsen erlauben Ableitungen zur Sicherheit der Fahrweise. So lassen eine erhöhte Geschwindigkeit in Kurven oder ein häufiges schnelles Beschleunigen und hartes Bremsen auf einen aggressiveren Fahrstil schließen, der die Unfallwahrscheinlichkeit deutlich erhöht. Darüber hinaus können auch Zeitpunkt und Strecke der Fahrt sowie die parallele Nutzung des Smartphones in die Fahrverhaltens-Analyse einfließen. Schließlich unterliegen Fahrten bei Dunkelheit, im Berufs- und Stadtverkehr einem höheren Unfallrisiko. Bei den genannten Faktoren handelt es sich um Merkmale, die ohnehin bereits vielfach (z. B. durch die Autohersteller) erhoben werden und auch schon heute in verschiedenen am Markt angebotenen Telematik-Tarifen Berücksichtigung finden. Generiert wird der Großteil der Daten durch das Fahrzeug – zumindest vorausgesetzt, es verfügt über den erforderlichen technischen Standard. Damit geht einher, dass Versicherungsunternehmen zunächst keinen Zugang haben. Entsprechend lassen sich diese Daten durch den Versicherer nicht „einfach so“ erheben und für die Tarifierung nutzen. Der Versicherungsnehmer muss sich folglich ganz bewusst und aktiv für einen Telematik-Tarif entscheiden, und Versicherer und Versicherungsnehmer haben den entsprechenden Datenzugang einzurichten. Ermöglicht und eingerichtet werden kann der Datenzugang über verschiedene Wege: Zum einen kann ein elektronisches Gerät installiert werden, das entweder selbst Daten aufzeichnet (Black box) oder Zugriff auf das Netzwerk des Fahrzeugs erhält (Dongle). Zum anderen werden Smartphone-basierte Lösungen angeboten, die entweder über die im Smartphone verbauten Sensoren (Beschleunigungssensor, Gyrosensoren, Magnetometer)[4] oder aber mittels GPS die verschiedenen Daten bereitstellen können. Des Weiteren können auch Smartphones mit dem Fahrzeugnetzwerk verbunden werden und so Daten aus dem Fahrzeug verarbeiten bzw. weitergeben. Da bei der Nutzung des Smartphones kein zusätzliches Gerät benötigt und verbaut werden muss, sind die Kosten und die Komplexität für den Kunden geringer – und die Convenience höher. Für den Versicherer sind Verwendung und Einsatz des Smartphones allerdings mit verschiedenen Herausforderungen verbunden, bspw. durch die unzuverlässige Kopplung mit dem Fahrzeug oder die bestehende Hardwareheterogenität. Am fortschrittlichsten ist derzeit die Verwendung eines Beacon, das ist ein kleiner Funksender, der an der Windschutzscheibe angebracht wird und die Fahrdaten aufzeichnet. Er kann mit dem Smartphone gekoppelt werden und somit regelmäßig alle gesammelten Daten übermitteln. Der Beacon kombiniert den Vorteil der Smartphone-Aufzeichnung, nämlich dass die Verwaltung von mehreren

[3] Gyrodaten enthalten Informationen zu Drehbewegungen.

[4] Auch: Gaußmeter. Sensor zur Messung magnetischer Flussdichten. Diese unterstützen bspw. die Signale der Beschleunigungssensoren für eine exaktere Lagebestimmung.

Nutzern möglich ist, mit dem Vorteil der verbauten Systeme – ohne dabei jedoch deren Nachteile aufzuweisen.

Da die Fahrverhaltensdaten alleine noch keine ausreichenden Rückschlüsse auf das Unfallrisiko und vor allem die Prognose des Schadenbedarfs erlauben, müssen die Daten mit zahlreichen verschiedenen kontextuellen Informationen angereichert werden. Zuvorderst stellen die vor Ort geltenden Verkehrsvorschriften, insbesondere die Geschwindigkeitsbegrenzungen, sowie die aktuelle Verkehrssituation Auskünfte dar, die eine Einordnung der gewonnenen Fahrzeugdaten erlauben. Denn nur durch zusätzliche Verkehrs- und Infrastrukturdaten lassen sich plötzliches Bremsen (Ampel springt um, Stauende, o. ä.), auffallend langsames Fahren (stockender Verkehr) u.v.m. erklären. Ebenso ist bspw. eine Geschwindigkeitsüberschreitung von 10 km/h unterschiedlich zu bewerten, je nachdem ob sie auf einer Ausfallstraße oder in der Stadt begangen wird – auch wenn in beiden Fällen 50 km/h vorgeschrieben sind. Auf Basis all dieser Informationen lässt sich ein individueller Score ermitteln, der – ggf. in Kombination mit herkömmlichen Tarifmerkmalen – für die Ermittlung der Fahrsicherheit und damit des Unfallrisikos herangezogen werden kann. In Kombination mit historischen Schadendaten lassen sich dann Schadenbedarfe ableiten. Die Übersetzung der durch das Fahrzeug bzw. die Black box oder das Smartphone erzeugten Rohdaten in individuelle Schadeneintrittswahrscheinlichkeiten und Prognosen zur individuellen Schadenhöhe stellen Stand heute ein wichtiges Alleinstellungsmerkmal der Versicherungswirtschaft dar und erschweren nach wie vor den Eintritt in den Versicherungsmarkt für Akteure anderer Branchen.

Je mehr Daten zur Verfügung stehen und je granularer diese ausgewertet werden können, desto genauer können Risiken eingeschätzt und Schadenbedarfe ermittelt werden. Für Versicherungsunternehmen ergeben sich dadurch Vorteile, da Entscheidungsgrundlagen verbessert und Schadenkosten treffsicherer kalkuliert werden können (EIOPA 2019, S. 19). In der Zukunft könnte auch die Möglichkeit genutzt werden, neben den klassischen Merkmalen, wie dem Geschwindigkeits-, Beschleunigungs- und Bremsverhalten, weitere Faktoren heranzuziehen, die ebenfalls durch das Fahrzeug oder anderweitig erhoben werden. Zu denken ist bspw. an das Müdigkeits- und Aufmerksamkeitslevel, das in modernen Fahrzeugen heute bereits standardmäßig erfasst wird, sowie an weitere psychologische, physiologische oder emotionale Faktoren. Bspw. könnten durch die Kopplung der Smart Watch auch Stress, Angst und Aufregung erkannt werden oder der Alkoholpegel sowie der allgemeine Gesundheitszustand könnten Eingang in die Tarifierungsmodelle finden. Ebenso werden – spartenübergreifend – immer mal wieder Pricingstrategien diskutiert, die nicht allein kostenbasiert sind, sondern die kollektive oder sogar individuelle Zahlungsbereitschaft einbeziehen (siehe dazu z. B. Jahnert et al. 2020, S. 35). In anderen Ländern, wie bspw. China, werden schon heute weitere personenbezogene Daten genutzt. So bietet die Ant Group einen Kfz-Tarif an, der neben Fahrzeugdaten auch die Kreditbonität, die Konsumfreudigkeit und die Berufswahl berücksichtigt (Krüger 2020).

Vom Versicherungsnehmer hingegen wird der Einbezug von Faktoren, die sich gar nicht oder nur schwer durch ihn selbst steuern lassen, oftmals als unfair bewertet (DAV 2021, S. 16). Darüber hinaus wächst mit der Zunahme der erhobenen Daten dessen Sorge vor missbräuchlicher Verwendung (Stichwort „gläserner Bürger"), und eine Schlechterstellung durch den Versicherer wird befürchtet. Es liegt damit auf der Hand, dass mit einer steigenden Anzahl an Tarifierungsmerkmalen – insbesondere, wenn es sich um schwer beeinflussbare sowie sensible personenbezogene Daten handelt – der Nutzen und die Mehrwerte für den Kunden steigen müssen, damit sie ihre Daten freigeben.[5] Bei heutiger Ausgestaltung der Datenerhebung zeigen jedoch immerhin 63 % der Kunden Interesse an der Nutzung von Telematik-Tarifen (Auer und Dröge 2021, S. 73 f.). Insbesondere für Versicherungsnehmer, die bei der klassischen Tarifierung bspw. aufgrund ihres Alters Risikoaufschläge zahlen müssen, sind derartige Tarife oft attraktiv. Die tatsächliche Nachfrage, die sich in der Marktdurchdringung widerspiegelt, ist mit unter 5 % jedoch noch äußerst moderat. Was grundsätzlich gut zu dem Kundenwunsch nach Individualität passt, findet in der Praxis folglich bislang noch wenig Anklang. Gründe für die geringe Nachfrage könnten neben Datenschutzbedenken möglicherweise auch in einer als kompliziert wahrgenommenen Vertragsgestaltung sowie – gerade in Zielgruppen höheren Alters – einer mangelnden Technologieakzeptanz liegen.

Neben Kosteneinsparungen und individuellen Mehrwertdiensten, die aufgrund der Datenerfassung und -analyse sowie u. a. der Verknüpfung mit bspw. dem Smartphone angeboten werden können, besteht ein weiterer Nutzen für den Kunden in einem besseren Verständnis seines Fahrverhalten. Die ohnehin stattfindende Bewertung kann dem Versicherungsnehmer in regelmäßigem Feedback sowie Ad-hoc-Benachrichtigungen gespiegelt werden und ihm dabei helfen, sein Fahrverhalten zu verbessern. Die dabei stattfindende Einbeziehung des Kunden führt parallel dazu, dass er eine verbesserte Kostenkontrolle über seine Prämien erhält und diese aktiv mitgestalten kann (EIOPA 2019, S. 19 f.). Dieser Ansatz wird auch als „Manage-How-You-Drive" bezeichnet. Neben der reinen Fahrsicherheit können hier noch weitere Faktoren und Ziele Berücksichtigung finden, so z. B. der Aspekt der Nachhaltigkeit, der schon heute von einigen Versicherern ebenfalls in die Bewertung einfließt und entsprechend rabattiert wird.

Aufgrund der Vorteile, die sich bei der Inanspruchnahme von Telematik-Tarifen für gute bzw. sichere Fahrer ergeben, dürften sich darin perspektivisch die „guten Risiken" sammeln. In den klassischen Tarifen verblieben somit überwiegend riskantere Fahrer, da diese eine geringere Bereitschaft zur Datenweitergabe aufweisen und bei den Telematik-Tarifen keine Preisvorteile realisieren können. In der Folge besteht das Risiko einer Negativ-Selektion; vor diesem Hintergrund erfahren Telematik-Tarife immer wieder den Vorwurf der Diskriminierung und Entsolidarisierung (siehe dazu aber gegensätzlich Müller-Peters und Wagner 2017).

6.2.2 Schadenmanagement

Im Jahr 2021 ereigneten sich 2.314.938 polizeilich erfasste Unfälle auf deutschen Straßen und damit wieder etwas mehr als in 2020, als der Verkehr – und damit auch die Verkehrsunfälle – aufgrund der Corona-Pandemie deutlich zurückgingen (Statistisches Bundesamt 2022).

[5] Bei gleichzeitiger Sicherstellung des Datenschutzes.

Für die Versicherungswirtschaft ergaben sich im Jahr 2020 alleine in der Kfz-Versicherung rund 8 Mio. Schäden, die die Kfz-Versicherer rund 22 Mrd. Euro kosteten (GDV 2021). Damit machen die Schäden der Kraftfahrtversicherung fast die Hälfte aller Schäden der Schaden-/Unfallversicherung aus; entsprechend groß ist die Relevanz. Gleichzeitig ergeben sich aus dem hohen Schadenaufkommen allerdings auch bedeutende Optimierungs- und Einsparpotenziale. Von besonderer Bedeutung sind in diesem Zusammenhang die zunehmende Technologisierung der Fahrzeuge und speziell die zahlreichen verbauten Sensoren, die in großem Umfang Fahrzeug- und Fahrverhaltensdaten erfassen und überwachen und in der Folge automatisiert und in Echtzeit Schäden und Fehler erkennen und vermeiden helfen können. In Abschn. 4.1 wurde bereits erläutert, dass die teure verbaute Technik in den Schadenfällen zu steigenden Schadenkosten führt, gleichzeitig aber die mit ihr erreichte Schadenprävention zu einer Reduzierung der Schadeneintrittswahrscheinlichkeiten führt.

Des Weiteren ergeben sich erhebliche Potenziale in Hinblick auf die Kfz-Schadenregulierung, die im Vergleich mit anderen Wertschöpfungsaktivitäten, ebenso wie im Vergleich mit anderen Versicherungszweigen, bereits recht weit vorangeschritten ist. Durch Automatisierung der einzelnen Schritte im Schadenregulierungsprozess auf Basis einer standardisierten Verarbeitung der entsprechenden Daten lassen sich zum einen Kosteneinsparungen auf Seiten der Versicherer realisieren, zum anderen können die Abläufe für den Kunden schneller, komfortabler und transparenter gestaltet werden. Ausschlaggebend ist dies vor allem aufgrund der hohen Bedeutung des Schadenfalls für den Kunden. Häufig auch als „Moment of Truth“ bezeichnet, kennzeichnen der Schadenfall und der daraus folgende Kontakt zum Versicherer den entscheidenden Moment der Kundenbeziehung. Für den Versicherungsnehmer, der sich aufgrund des Schadenfalls in einer (zumindest erstmal emotionalen) Ausnahmesituation befindet und Hilfe benötigt, wird genau in diesem Augenblick die Dienstleistung Versicherung (die ansonsten abstrakt und theoretisch bleibt) erlebbar. Hinzu kommt, dass die Beziehung zwischen Versicherungsunternehmen und Versicherungsnehmer typischerweise nur eine sehr geringe Anzahl an Kontaktpunkten aufweist – der Schadenfall also oftmals die nahezu einzige Möglichkeit ist, die Kundenbeziehung aktiv zu gestalten. Die Bedeutung für die Kundenzufriedenheit liegt folglich auf der Hand. Dies bestätigen auch zahlreiche Studien und Befragungen, die der Effizienz des Schadenmanagements eine deutlich höhere Bedeutung beimessen als bspw. der Tarifierung oder den Produkten (Auer und Dröge 2021, S. 73), und umständliche und papierhafte Prozesse als einen der größten Schmerzpunkte für den Kunden hervorheben (Krüger 2018).

Eine weitere Besonderheit des Schadenmanagements ergibt sich aus den verschiedenen Parteien, die klassischerweise an der Schadenregulierung beteiligt sind (und die im Zuge der Digitalisierung – Stichwort Ökosysteme – sogar eher noch mehr werden): Der Schaden wird – bei entsprechender Schwere – entweder manuell durch einen Unfallbeteiligten/Zeugen oder automatisiert (eCall) an die Rettungsleitstelle übermittelt, die – wenn erforderlich – einen Rettungswagen zur Unfallstelle schickt. Parallel – in der Regel innerhalb einer Woche (§ 7 ABK) – ist zudem der Versicherer zu informieren, und der Unfallhergang ist erneut zu schildern. Auf Seiten des Versicherers erfolgen die Schadenzuteilung (d. h.

die Zuordnung zur betreffenden Schadenart und zur Abteilung bzw. zum Bereich, die/der für die Bearbeitung zuständig ist) sowie die formelle Deckungsprüfung. Sofern es sich um einen Versicherungsfall handelt, kann durch den Versicherer zusätzlich ein Gutachter beauftragt werden, der in Abstimmung mit dem Versicherungsnehmer einen Vor-Ort-Termin zur Einschätzung des Schadens vereinbart. Anschließend wird als weitere Partei die Kfz-Werkstatt hinzugezogen. Bei deren Auswahl kommt die Konfliktsituation zwischen Automobilhersteller und Kfz-Versicherer zum Tragen, denn während Automobilhersteller den Kunden gerne in die markengebundenen Vertragswerkstätten routen wollen, arbeiten Versicherer in der Regel mit freien Werkstätten zusammen, in die Kunden mit Werkstattbindung ihre Fahrzeuge zur Reparatur bringen müssen. Die anschließende Abrechnung kann – bspw. für den Fall der direkten Beauftragung einer Partnerwerkstatt durch den Versicherer – direkt zwischen Werkstatt und Versicherungsunternehmen erfolgen oder aber weitere Schritte für den Kunden nach sich ziehen. Dieser Prozess stellt sich für den Kunden oft beschwerlich dar und ist nicht selten auch mit einer Einschränkung seines Mobilitätsverhaltens verbunden.[6] Die im Fahrzeug entstehenden Daten und deren automatisierte Auswertung könnten dazu genutzt werden, die Abläufe deutlich schneller und auch weniger fehleranfällig (Stichwort Versicherungsbetrug) sowie günstiger zu gestalten. Die Schadenmeldung käme nicht wie heute über zahlreiche unterschiedliche Kanäle und Medien (Telefon, App, E-Mail, …) zum Versicherer, sondern würde direkt vom Fahrzeug übermittelt – mit der Folge, dass für beide Parteien Effizienzvorteile entstehen (Bocken et al. 2021, S. 52). Der Unfallhergang ließe sich ebenso durch die verbaute Dashcam nachvollziehen, die Schadeneinschätzung bräuchte keinen zwischengeschalteten Gutachter, sondern würde sich direkt aus der Auswertung der durch die Sensoren erfassten Daten ergeben, die mit Fotoaufnahmen von Seiten des Fahrers ergänzt werden könnten (Bocken et al. 2021, S. 51). Zu guter Letzt würde eine automatisierte Dokumentenerkennung und -verarbeitung, ggf. in Kombination mit einem sog. Natural Language Processing, die Kommunikation zwischen Versicherer, Werkstatt und Kunden erheblich verschlanken und papierhafte Prozesse obsolet machen. Bereits heute haben einige Versicherer einzelne oder mehrere der genannten Aspekte implementiert; insbesondere in der Betrugserkennung, aber auch in der Schadenclusterung oder der Prüfung von Rechnungseingängen (EIOPA 2019, S. 25).

Die skizzierten Abläufe sind jedoch an unterschiedliche Voraussetzung geknüpft: Zunächst muss über Kooperationen mit Automobilherstellern oder über eine eigene Schnittstelle für Telematik-Lösungen der sichere Zugang zu den Fahrzeugdaten vorliegen. Allein die Verfügbarkeit von Daten stellt allerdings noch keine Lösung dar – wie die aktuelle Situation der Versicherer zeigt. Vielfach liegen Schadendaten zwar vor, sie sind aber unstrukturiert, historische Daten liegen zum Teil nicht einmal in einer Form vor, die sich technisch integrieren oder auswerten ließe. Daraus ergibt sich das Erfordernis, dass die Schadenregulierungsprozesse vorzugsweise End-To-End digitalisiert sind. Gleichzeitig

[6] Zwischen Unfall und abgeschlossener Reparatur vergeht Zeit und viele Policen sehen keine (kostenfreie) Bereitstellung eines Ersatzwagens bzw. anderer Mobilitätsangebote vor.

sind einschlägige technische Möglichkeiten und Fähigkeiten nicht nur der Datenauswertung, sondern auch des Datenaustauschs zwischen allen beteiligten Parteien erforderlich. Zu guter Letzt bedarf es der Bereitschaft der Kunden zur Unterstützung der Datenteilungs- und -verarbeitungsprozesse sowie des zugehörigen Kundenvertrauens in den sorgsamen Umgang mit den Daten, die noch nicht in allen Kundengruppen vorhanden sind. Bzgl. aller genannten Voraussetzungen bestehen Stand heute noch Herausforderungen, die es seitens der Versicherer zu lösen gilt; sei es durch die Partizipation an mobilitätsbezogenen Data-Sharing-Plattformen wie Caruso, um die Daten zu erlangen, durch die konsequente Digitalisierung der Unternehmensprozesse, durch den Wechsel in eine Cloud-Umgebung oder durch die enge Begleitung und Konditionierung des Kunden, um dessen Bereitschaft zu erhöhen. Dass dies erfolgreich sein kann, zeigen Beispiele aus anderen Branchen, in denen Kunden bereits heute deutlich freizügiger bzw. ohne dezidiert darüber nachzudenken ihre Daten preisgeben, bspw. in den sozialen Medien bei der Nutzung von Shopping-Apps, die nicht nur den Standort, das Kaufverhalten etc. auswerten können, sondern in der Regel auch Zugriff auf das weitere Browserverhalten abfragen.

Einfache Schäden, die schnell reguliert sind (Bagatellschäden, z. B. Glasbruch), können so bereits heute in Echtzeit übermittelt werden. Nach und nach wird dies auch für komplexere Schäden möglich sein.[7] Die Schäden würden automatisiert klassifiziert und in einer übergreifenden Server-Cloud mit den Daten von Millionen anderen Schäden abgeglichen, um Reparaturkosten KI-gestützt abzuschätzen. Gleichzeitig könnten durch die (bspw. cloud-basierte) Anbindung der Werkstätten alle Daten direkt an diese übermittelt werden und mithilfe bspw. einer Datensynchronisation der Kalender passende Termine in der Werkstatt vorgeschlagen werden. Im Ergebnis wären innerhalb weniger Minuten nach dem Schaden sämtliche Prozessschritte erledigt und der Versicherungsnehmer könnte sich wieder um andere Dinge kümmern (Krüger 2020). Je weiter vorangeschritten die Datenanalyseverfahren und je intelligenter die automatisierten datenbasierten Entscheidungen sind, desto eher können auch komplexere Schäden derart bearbeitet werden (Kaiser et al. 2019). Zur Einordnung und Entscheidungsunterstützung könnten KI-gestützte Modelle eingesetzt werden, die zunächst entscheiden, welche Fälle automatisiert durchlaufen können und welche einer manuellen Prüfung unterzogen werden sollten. Durch den hohen Anteil von Kleinst-/Klein- und Standardschäden könnte allein hierdurch die gesamte Bearbeitungszeit für Schäden beim Versicherungsunternehmen um 80 % reduziert werden (Krüger 2019). Weitere Optimierungen ergäben sich durch selbstlernende Systeme, die ihre Entscheidungen mit Kontext-Daten (neben der Tageszeit, Wetterdaten oder dem Start- und Zielort kann das bspw. auch die Beziehung der Unfallbeteiligten sein) anreichern und nicht mehr nur nach durch den von Menschen vorgegebenen Regeln arbeiten. Sind die dadurch entstehenden Erleichterungen und Annehmlichkeiten für den Kun-

[7] Den Grundstein hierfür legt der seit 2018 für Neuwagen verpflichtende eCall, der bei einem (schweren) Unfall über Mobilfunk und Satellitenortung die 112 benachrichtigt und sämtliche relevante Unfalldaten an die Rettungsleitstelle übermittelt.

den groß genug, ist es durchaus möglich, dass er hierfür auch bereit ist, die entsprechenden Daten an den Versicherer preiszugeben (Auer and Dröge 2021, S. 73).

6.2.3 Vertrieb und Kundenkommunikation

In keinem anderen Versicherungszweig ist die Bedeutung des Online-Vertriebs so hoch wie in der Kfz-Versicherung: knapp ein Viertel aller Verträge wurden im Jahr 2021 direkt über die Webseite des Versicherers, über Vergleichsportale oder andere Apps/Online-Angebote abgeschlossen. Das entspricht rund 10 Prozentpunkten mehr als in anderen Zweigen der Schaden-/Unfallversicherung und ist dreimal so viel wie in der Privaten Krankenversicherung bzw. siebenmal so viel wie in der Lebensversicherung (GDV 2021). Gründe hierfür liegen nicht zuletzt in einer vergleichsweise geringen Komplexität der Kraftfahrtversicherung, die auch den Einsatz digitaler Kommunikationskanäle nahelegt – gerade auch vor dem Hintergrund, dass das oben genannte Viertel der Versicherungsnehmer eine gewisse Affinität zu Digitalisierungsthemen aufweist und Interesse an einer digitalen Kommunikation zeigt.

Während es für die „einfache/klassische" digitale Kommunikation zunächst keiner spezifischen Daten bzw. Datenanalyse-Tools bedarf, gewinnen diese für neuere Methoden zunehmend an Relevanz. So basieren bspw. Chatbots, die Kundenanfragen automatisiert 24/7 beantworten können und so dem Kundenwunsch nach Flexibilität und jederzeitiger Erreichbarkeit nachkommen, nahezu vollständig auf Big Data. Aber auch abseits des Einsatzes von Chatbots ergeben sich durch die Datennutzung und -auswertung zahlreiche Ansatzpunkte, die Customer Experience zu verbessern. Beispielsweise bieten nahezu alle Versicherungsunternehmen eine Vielzahl unterschiedlicher Kommunikationskanäle an: So können Anfragen zumeist sowohl per Telefon, per E-Mail, per Chat, per App, per Brief, per Fax oder persönlich über den Vermittler gestellt werden. Hierbei ist davon auszugehen, dass jeder Kunde über eine individuelle Präferenz verfügt, wann er mit welchem Anliegen welchen Kanal nutzen möchte. Diese Präferenz zu antizipieren und diesen Kanal auch andersherum proaktiv bei der Kontaktaufnahme durch den Versicherer zu nutzen, stellt eine vergleichsweise simple Möglichkeit dar, Verhaltens- und Präferenzdaten zur Verbesserung der Customer Journey einzusetzen. Nichtsdestotrotz wird diese Möglichkeit bislang nur von wenigen Versicherern genutzt – der Grund liegt erneut darin, dass die Daten nicht strukturiert vorliegen und daher nicht systematisch ausgewertet werden können. In der Folge werden Potenziale zur Steigerung der Kundenzufriedenheit nicht ausgeschöpft. Das Gleiche gilt für Präferenzen zur *Art* der Ansprache (z. B. duzen oder siezen), durch *wen* und *zu welcher Tageszeit* der Kontakt erfolgen soll bis hin zu den *Inhalten* oder konkreten *Formulierungen*. Auch diese Informationen können aus der (historischen) Kundenkommunikation abgeleitet werden, und mittels Natural Language Processing (NLP), Spracherkennung und Machine Learning können sowohl text- als auch sprachbasierte Inhalte verstanden und Intentionen und Emotionen entschlüsselt werden. Dabei handelt es sich jedoch gewissermaßen um die Königsdisziplin, für die neben einer riesigen Datenmenge auch spezifisches Know-how vonnöten sind. Für Versicherungsunternehmen, deren Kernkompetenz in anderen Bereichen liegt, werden diese Anwendungen wohl nur in Kooperation mit anderen Unternehmen zu erschließen sein. Heute bereits vielfach umgesetzt und branchenübergreifend längst Standard ist hingegen die datenbasierte Effizienzsteigerung einzelner Kontaktpunkte und Prozessschritte, bspw. durch das automatische Befüllen von Datenfeldern in Dokumenten, wenn die entsprechenden Daten schon bekannt sind, oder die Online-Identifizierung via Gesichtserkennung (Krüger 2020). Hierfür kooperieren Versicherungsunternehmen häufig mit Technologieanbietern oder Start-ups.[8]

Gleichzeitig können Informationen über den Kunden, speziell Daten zu seinem Verhalten und seinen Präferenzen, genutzt werden, um (neue) Vertriebspotenziale zu erschließen. Je mehr und je detailliertere Informationen über den Kunden vorliegen, desto granularer lassen sich Zielgruppen einteilen. In der Folge können personalisierte Kampagnen entwickelt werden, und es kann datenbasiert eine Zuordnung zu einem für den Versicherungsnehmer passenden Vermittler erfolgen (EIOPA 2019, S. 21). Aber auch Standortdaten, Bewegungsmuster oder Informationen aus den sozialen Medien können Aufschluss über Kontaktanlässe geben. Hierzu gehören Informationen über den beabsichtigten Kauf oder Verkauf eines Fahrzeugs, über Familienzuwachs oder das Überschreiten der Landesgrenze mit dem Kraftfahrzeug. Würden diese Kundendaten systematisch analysiert und die abgeleiteten Kontaktanlässe an den Vermittler weitergeleitet, ergäben sich zudem Cross- und Up-Selling-Potenziale (Kaiser et al. 2019). Angereichert mit Daten zu Aktivitäten und zum Verhalten in der Vergangenheit, könnten dem Vermittler Next-Best-Offer-Vorschläge unterbreitet werden, die sich nicht nur positiv auf den Absatz des Versicherers, sondern auch auf die Customer Experience auswirken und die Kundenbeziehung intensivieren könnten (EIOPA 2019, S. 21). Je nach Komplexität sowie Präferenz des Kunden könnten Produktvorschläge ebenso direkt an Kunden geleitet werden, bspw. per Push-Notification. Auch hier scheitert es in der Praxis mittlerweile weniger an den theoretischen technischen Fähigkeiten, sondern am Zugang zu den Daten und deren strukturierter Erfassung.

Zu guter Letzt ermöglicht Big Data deutlich verbesserte Markt-, Wettbewerbs- und Reputationsanalysen sowie die schnellere und effektivere Auswertung von Kampagnen und Kommunikationsaktivitäten. Ergänzt durch die Auswertung von Kontextdaten lassen sich zudem gesellschaftliche Trends erkennen und analysieren. Darauf aufbauend lässt sich nicht nur die Kundenansprache verbessern, auch Ableitungen für die Weiterentwicklung des eigenen Geschäftsmodells sind möglich.

6.2.4 Produktgestaltung

Durch immer mehr Daten, die Personen in ihrem täglichen Leben hinterlassen, entstehen immer detailliertere Personenprofile (siehe dazu Kap. 2): Mit Sensoren, Social Media,

[8] Ein Beispiel ist das Start-up Nect, das eine Lösung zur vollautomatisierten Online-Identifizierung anbietet und bei Versicherern wie der Barmenia, der RheinLand und der R+V zum Einsatz kommt.

Internettracking sowie Mobilitäts- und Shoppingapps u.v.m. lassen sich Lebensereignisse, Vorlieben und Interessen, nachgefragte Produkte und Dienstleistungen sowie Aktivitäten und Pläne nachverfolgen. Diese Informationen können einzeln ausgewertet oder miteinander verknüpft werden und erlauben Aussagen auch zu Kundenbedürfnissen und -wünschen, (künftigem) Verhalten sowie konkreten Produktpräferenzen. Neben einer gezielteren Ansprache von (potenziellen) Kunden (siehe dazu auch Abschn. 6.2.3) haben Unternehmen sämtlicher Branchen, so auch Versicherungsunternehmen, dadurch die Chance, ihr Produktportfolio entsprechend anzupassen und ihren Kunden individualisierte Produkte anzubieten. Gleichzeitig verändert sich durch das Vorhandensein entsprechender Daten sowie deren Auswertungsmöglichkeiten der Produktentwicklungsprozess (EIOPA 2019, S. 18). So können bereits in der ersten Phase der Produktentwicklung, der Ideenfindung, Data-Analytics-Verfahren eingesetzt werden, um Kundenbedarfe zu identifizieren, die anschließend den Ausgangspunkt für die weitere Produktentwicklung darstellen. Darüber hinaus lassen sich deutlich granularere Zielgruppen definieren, und die Marktakzeptanz neuer Produkte kann deutlich schneller eruiert werden (EIOPA 2019, S. 18).

In Bezug auf Produkte und Dienstleistungen haben sich die Anforderungen der Kunden – nicht zuletzt aufgrund der Digitalisierung – deutlich verändert und sind vor allem merklich gestiegen. Mit Blick auf die Versicherungsbranche lassen sich im Wesentlichen drei Anforderungen identifizieren: Individualität, Flexibilität sowie Convenience. Alle drei Anforderungen sind zudem vor dem Hintergrund des Wunsches nach einer möglichst umfassenden Komplettlösung zu sehen.

Das Thema der Individualität steht schon lange im Fokus der Versicherungsproduktentwicklung. So werden in einigen Versicherungszweigen bereits sogenannte Baukastensysteme angeboten, bei denen der Kunde sich eine Police aus einzelnen Bauteilen nach seinen Wünschen zusammenstellen kann. Während dies in anderen Branchen schon lange Usus ist (bspw. können beim Autokauf der Motor, die Innenausstattung, die Farbe des Fahrzeugs etc. einzeln ausgewählt werden), ziehen die Versicherer allerdings nur langsam nach.[9] Der Anklang beim Kunden ist jedoch hoch: bereits im Jahr 2013 zeigten knapp 60 % der Kunden grundsätzliches Interesse an derartigen Tarifen (Towers Watson 2013). Diese Zahl passt zu den Ergebnissen der Befragung, die in Kap. 5 vorgestellt wurde. So findet knapp die Hälfte der Befragten Telematik-Tarife in der Kfz-Versicherung „(sehr) gut und interessant für mich", ein weiteres Drittel antwortete zumindest mit „teils/teils". Die Umsetzung in der Versicherungswirtschaft offenbart jedoch ein häufig auftretendes Problem: durch immer neue Bausteine, singuläre Zusatzprodukte, vielfältige Erweiterungen und Modifikationen sieht sich der Kunde einem undurchsichtigen Tarif-Dschungel gegenüber. Die höhere Individualität und Flexibilität gehen somit leider häufig mit einer immer weiter steigenden Komplexität einher, die auch zu zahlreichen Doppelversicherungen führen kann. So wird das Fahrrad bspw. mit einer Fahrradversicherung umfassend

[9] Veränderungen der Produktlandschaft erfordert umfassende IT-Umstellungen, die oft nur unter großen Anstrengungen und hohem Zeitbedarf realisierbar sind.

abgesichert, gleichzeitig ist aber auch Schutz in der Hausratversicherung enthalten, und auch in der Reiseversicherung ist das Fahrrad über die Reisegepäckversicherung gedeckt. Darüber hinaus wurden die Versicherungen nicht selten bei unterschiedlichen Versicherern abgeschlossen– was Doppelversicherungen zusätzlich begünstigt. Viele Kunden haben hierfür (zumindest unterbewusst) ein Gefühl und kaum einer ist überzeugt, den richtigen Versicherungsschutz (nicht zu viel, nicht zu wenig) abgeschlossen zu haben.

Hinzu kommt, dass die Produktwelt der Versicherer nach Versicherungssparten und -zweigen gegliedert ist und diese nicht flexibel der Lebensrealität der Kunden entsprechen. Beides belastet die Kundenbeziehung und kann daher nicht als finale Lösung angesehen werden. Stattdessen bietet es sich an, die Produkte an den Lebenswelten oder bestimmten Lebensabschnitten der Kunden auszurichten. Hierfür müssten die Versicherer – statt wie bisher immer wieder kleine Anpassungen, Erweiterungen und Modifikationen vorzunehmen – ihr Produktangebot einmal (mehr oder weniger) auf den Kopf stellen. Im Ergebnis stünde eine Mobilitätsversicherung, die die Absicherung sämtlicher Mobilitätsaktivitäten umfasst und bei der der Kunde dynamisch auswählen könnte, ob für das Automobil eine Vollkaskoversicherung inkludiert sein soll, das Fahrrad einen Schutz benötigt, ein Selbstbeteiligungs-Ausschluss beim Carsharing benötigt wird oder auch eine Ticketversicherung für die nächste Reise mit der Deutschen Bahn enthalten ist. Wichtig wäre, vor allem um Doppelversicherungen und Intransparenz zu vermeiden, dass alles aus einer Hand käme bzw. zumindest sämtliche Daten und Informationen geteilt würden. Werden all diese (am Markt bestehenden) Produkte zusammengeführt und damit einhergehend sämtliche Mobilitätsdaten gebündelt, ließen sich sogenannte Usage Based Insurances realisieren. Dabei handelt es sich um Produkte, bei denen sich Risikobewertung und Deckungsumfang aus dem (laufenden) Tracking von Kundenverhalten und Umweltbedingungen ergeben (Eling und Lehmann 2018, S. 373). Ermöglicht würde dies durch die Kombination aus Telematikdaten mit anderen Daten, wie z. B. Daten öffentlicher Verkehrssysteme oder Smartphone-Daten (Fastenrath und Keller 2016, S. 19). Mittels automatisierter Datenanalyse ließe sich ein vollständiges Bild des Mobilitätsverhaltens des Kunden ableiten, ihm könnten situationsabhängige Optionen und Lösungen vorgeschlagen und innovative Mehrwertleistungen angeboten werden.

Convenient wäre es für den Kunden immer dann, wenn er keinem großen zeitlichen oder mentalen Aufwand ausgesetzt wird (Convenience als Minimum an Zeit und Mühe (Brown 1990, S. 53 ff.)). Sein Aufwand wird zunächst dadurch reduziert, dass er sich ohne detaillierte Prüfung darauf verlassen kann, dass das Angebot zu seiner individuellen Situation passt – entsprechend wichtig ist eine zuverlässige Datenauswertung und Übersetzung der Anforderungen in das entsprechende Produktangebot. Zudem muss die Integration des jeweiligen Bausteins schnell und komfortabel möglich sein (Hinweise per Push-Notification, Hinzu- und Abwählen per Drag&Drop, Abschluss ohne zusätzliche Unterlagen und Erfordernis von Unterschriften etc.) und sich überschneidungsfrei in die Gesamtabsicherung eingliedern. Die Unterlagen, die jedoch auch zukünftig gebraucht werden, können ebenso mithilfe von Data-Analytics und KI optimiert werden, um so für den individuellen Kunden besonders verständlich und ansprechend zu sein (Kaiser et al. 2019).

Um die Convenience zu steigern, könnte der Kunde bspw. bei Überschreiten der Landesgrenze per Push-Benachrichtigung (z. B. über das Navi) gefragt werden, ob er einen zusätzlichen Auslandsschutz abschließen möchte, er könnte beim Freischalten des Carsharing-Fahrzeugs Informationen zum Versicherungsschutz erhalten oder beim Ausleihen eines Rollers eine Unfallversicherung angeboten bekommen. Verifiziert würde der Abschluss ganz einfach per Smartphone oder durch Gesichtserkennung mittels der Fahrzeug-Dashcam. Ebenso wäre es möglich, bei einer Müdigkeitserkennung durch das Fahrzeug einen Gutschein für einen Kaffee an der nächsten Raststätte auszugeben oder den Fahrer für seinen CO2-sparenden Fahrstil mit einer E-Scooter-Freifahrt zu belohnen. All das stellt unmittelbare Mehrwerte für den Kunden dar, die sich durch den Zugang und die Auswertung der Mobilitätsdaten realisieren lassen. Welche Mehrwerte für den Kunden besonders attraktiv sind und ihn motivieren, seine Daten dem Versicherer zur Verfügung zu stellen, dürfte individuell unterschiedlich sein, ließe sich aber mittels smarter Datenanalyse herausfinden.

Es ergeben sich damit Tausende verschiedene Produkte, die jedoch aus einer Hand kommen sollten und für den Kunden bequem zum Zeitpunkt des Bedarfs integriert werden können. Damit ergäbe sich eine vollständig dynamische Produktgestaltung und -landschaft, die die individuelle und aktuelle Situation des Kunden erfasst und flexibel auf sie reagiert. Dass personalisierte, kurzfristig hinzuwählbare Versicherungsleistungen goutiert würden, bestätigen immerhin 63 % der Kunden (Auer und Dröge 2021, S. 73 f.).

6.3 Die Rolle der (Kfz-)Versicherung in der Lebenswelt Mobilität

Zunächst sei angemerkt: in den nächsten Jahren ist nicht davon auszugehen, dass sämtliche Angebote durch Ökosysteme bereitgestellt werden und alle Unternehmen zwangsläufig eine feste Rolle darin finden müssen. Zwar lässt sich schon heute eine deutliche Entwicklungstendenz in Richtung von Plattformen und Ökosystemen beobachten. Allerdings können sogenannte „Pipeline-Geschäftsmodelle" von Unternehmen, die weiterhin ihre singulären Produkte und Dienstleistungen anbieten, auch künftig rentabel sein. Darüber hinaus entstehen jedoch erhebliche neue Marktchancen, wenn (heute schon vorhandene) Datenschätze genutzt werden. Da die Potenziale der Datenanalysen am besten ausgeschöpft werden können, wenn die Erhebung und Auswertung geteilt erfolgen, wird die Partizipation an Data-Sharing-Plattformen in zahlreichen Bereichen zum Schlüsselfaktor. Gleichzeitig ergeben sich neue Positionierungsmöglichkeiten, wenn entweder an einem bestehenden Ökosystem teilgenommen oder aber der Aufbau eines eigenen Ökosystems verfolgt wird. Diese Ökosysteme wiederum basieren ebenfalls auf der geteilten Datennutzung bzw. werden durch diese ermöglicht. Die konkrete Entscheidung für eine Positionierung in dieser neuen Marktumgebung muss jedes Unternehmen für sich selbst treffen; eine pauschale Handlungsempfehlung soll an dieser Stelle nicht vorgenommen werden und wird ohnehin auch nicht möglich sein.

Zu erwarten ist auch, dass es je Lebenswelt – wie in der Lebenswelt Mobilität – nicht nur ein einziges Ökosystem geben kann und wird. Dies ginge mit einer übermäßigen Marktmacht einher, die in der in Deutschland vorherrschenden Markt- und Gesellschaftsordnung nicht gewünscht sein dürfte. Außerdem wird der Wettbewerb das (hoffentlich) verhindern. Entsprechend ist anzunehmen, dass sich mehrere Ökosysteme unterschiedlicher Größe bilden werden, die verschiedene Schwerpunkte setzen und nebeneinander am Markt bestehen können. Daraus ergibt sich gleichermaßen, dass einzelne Akteure auch mehrere Rollen innehaben können. So könnte ein Unternehmen zum einen sein eigenes Ökosystem aufbauen, indem es als Orchestrator agiert, und gleichzeitig in einem anderen Ökosystem Zulieferer sein. Es ist daher davon auszugehen, dass nicht für jede Branche oder jedes Unternehmen eine grundsätzliche Entscheidung zu treffen ist, welche Rolle künftig übernommen werden soll. Darüber hinaus können die theoretisch abgrenzbaren Rollen in der Praxis ohnehin auch nicht immer trennscharf voneinander abgegrenzt werden.

Nichtsdestotrotz werden sich Unternehmen entscheiden müssen, wie sie sich grundsätzlich am Markt positionieren wollen, welche Rollen sie sich vorstellen können und welche Zielstellungen damit verfolgt werden. Hierbei sind einerseits die Anforderungen zu berücksichtigen, die an die verschiedenen Ökosystemrollen gestellt werden, und es ist andererseits zu eruieren, welche spezifischen Kompetenzen dafür benötigt werden und wie diese qua Geschäftsmodell und -ausrichtung erfüllt werden können.

Am schnellsten lässt sich diese Frage für den Plattformbetreiber beantworten. Ihm obliegt die Aufgabe, die technische Infrastruktur bereitzustellen sowie zu betreiben und die teilnehmenden Akteure auf der digitalen Plattform miteinander zu verknüpfen. In der Regel werden hierfür u. a. eine Cloud-Infrastruktur, Schnittstellen und Kompetenzen im Bereich der Datenerhebung sowie insbesondere der (automatisierten) Datenanalyse benötigt. Regelmäßig ist der Plattformbetreiber dafür zuständig, die generierten Daten systematisch zu erheben, zu strukturieren und in Echtzeit auszuwerten. Gewissermaßen ist der Plattformbetreiber damit ebenfalls ein bedeutender Zulieferer, da ihm die Big-Data-Analysen obliegen, er das Kundenverständnis vertieft und damit zu einer verbesserten Leistungszusammenstellung beiträgt (Bahrs et al. 2017, S. 9). Die betreffenden Aufgaben können von IT- und Softwareunternehmen am besten erfüllt werden. Sehr wohl können der Betrieb der Plattform und die Analyse der Daten auch durch verschiedene Unternehmen erfolgen. Da diese Rolle für Versicherungsunternehmen hingegen nicht naheliegend ist, wird an dieser Stelle keine weiterführende Betrachtung vorgenommen.

Sehr wohl infrage kommen für Versicherungsunternehmen allerdings grundsätzlich die Rollen als Zulieferer sowie als Orchestrator von (Teil-)Ökosystemen. Zulieferer müssen vor allem aus Sicht des Orchestrators attraktiv sein, der in der Regel entscheidet, welche Anbieter Eingang in das Ökosystem finden. Hierfür ist zunächst festzulegen, welche Produkte und Dienstleitungen integriert werden sollen – was wiederum primär davon abhängt, womit am besten die Bedürfnisse der Kunden befriedigt und deren Wünschen und Anforderungen entsprochen werden können. Gleichzeitig erhöhen auch die durch das Unternehmen beigesteuerten Daten die Attraktivität des Zulieferers erheblich. Nach der Auswahl der zu berücksichtigenden Einzelleistungen umfasst der nächste Schritt die Entscheidung, welche Unternehmen als deren Erbringer konkret in das Ökosystem aufgenommen werden. Zwar werden sich die individuellen Auswahlkriterien deutlich voneinander unterscheiden; die wichtigsten Voraussetzungen dürften jedoch stets zum einen die inhaltliche Passfähigkeit sein (wie gut ergänzt das jeweilige Geschäftsmodell die Gesamtlösung und welche individuellen Mehrwerte werden beigesteuert) und zum anderen in der technischen Kompatibilität begründet sein (wie flexibel lassen sich Systeme auf der Plattform integrieren). Die Digitalfähigkeit der Unternehmen ist für alle Beteiligten eines Ökosystems von herausragender Bedeutung; sie steht auch dann im Fokus, wenn „nur" die Rolle des Zulieferers ausgefüllt werden soll. Als weitere typische Anforderungen an Zulieferer können gelten: ein „guter Name", d. h. eine vertrauensvolle Marke (soweit das Ökosystem in Hinblick auf die Zulieferer keinen „White-Label-Ansatz" verfolgt), ferner attraktive Kundenbeziehungen, die eingebracht werden können, und damit die Anreicherung des Ökosystems mit Kunden sowie deren weiterführenden Daten. Versicherungsunternehmen verfügen per se über zahlreiche Daten, die zwar noch nicht immer strukturiert vorliegen (siehe dazu Abschn. 6.1), die aber von anderen Akteuren in dieser Art bislang nicht erfasst wurden. Zwar werden sich die Anforderungen an das Produkt „Kfz-Versicherung" aufgrund der in den vorherigen Kapiteln dargestellten Entwicklungen in den kommenden Jahren weiter verändern; in jedem Fall werden jedoch weiterhin Risiken bestehen, deren Deckung es bedarf. Entsprechend werden Versicherungsunternehmen in vielen Ökosystemen einen wichtigen Baustein darstellen. Aufgrund der Komplexität des Geschäftsmodells und der zusätzlichen regulatorischen Markteintrittsbarrieren ist auch davon auszugehen, dass Versicherungsunternehmen einen festen Platz in Ökosystemen rund um die Mobilität einnehmen und zumindest als Zulieferer in das Gesamtangebot integriert werden müssen.

Orchestratoren haben die Aufgabe, das Ökosystem zu steuern und zu gestalten. Bei ihnen läuft gewissermaßen alles zusammen: sie übernehmen die Koordination der Zulieferer und Partner und sie entscheiden über die Ausrichtung und Gestaltung des Ökosystems sowie dessen Gesamtangebot. Hierfür benötigen sie sämtliche verfügbare Informationen über das Verhalten sowie die Wünsche und Präferenzen der Kunden. Es ist daher naheliegend, dass auch die Daten(auswertungen) beim Orchestrator zusammenlaufen und diese (in Zusammenarbeit mit den Zulieferern) von ihm in Leistungen übersetzt werden. Gleichzeitig besetzt der Orchestrator die Kundenschnittstelle und ist somit das „Gesicht" des Ökosystems. Aus den genannten Aufgaben lässt sich ableiten, woraus sich eine gute Ausgangslage für den Orchestrator ergibt: verfügt das Unternehmen über ein recht breites Angebot additiver B2C-Produkte und Lösungen (z. B. Google oder Amazon), ergibt sich bereits ein Grundgerüst für eine Rund-um-Lösung, das einfacher angereichert und schneller komplettiert werden kann. Dabei ist es zweitrangig, ob die Angebote von dem Unternehmen selbst bereitgestellt oder durch bereits bestehende Kooperationspartner eingebracht werden. Insbesondere wenn es sich um das eigene Leistungsportfolio handelt, ergibt sich daraus regelmäßig eine umfassende und stabile Kundenschnittstelle. Neben der Kundenschnittstelle allein sind die Art der Kundenbeziehung, die zur Verfügung stehenden Daten und das Image des Unternehmens von hoher Bedeutung.

Die Art der Kundenbeziehung kann idealtypisch diskret oder kontinuierlich ausgeprägt sein. Während diskrete Beziehungen durch unstetige Einzeltransaktionen geprägt sind, zeichnen sich kontinuierliche Beziehungen durch einen längerfristigen Zeithorizont aus, innerhalb dessen aufeinanderfolgende Transaktionen zu einer evolutorischen Entwicklung der Kundenbeziehung führen. In einer Marktumgebung, die durch einen starken Service-Gedanken geprägt ist, lässt sich beobachten, dass zahlreiche Akteure – deren Geschäftsmodell unter Umständen eigentlich eher auf diskrete Beziehungen ausgelegt ist – bemüht sind, kontinuierliche Beziehungen durchzusetzen. So erfordert bspw. das Ausleihen eines E-Scooters das Herunterladen einer App sowie die Anmeldung bei dem entsprechenden Anbieter, Unternehmen wie Sixt versuchen über Bonus-Programme, die Kunden an sich zu binden, und Automobilhersteller fokussieren schon seit Jahren in besonderem Maße den Aftermarket. Die Motive und Hintergründe liegen auf der Hand: es kommt zu einer größeren Anzahl an Transaktionen und Kontaktpunkten, die Beziehungsdauer wird tendenziell verlängert und die Beziehungsintensität steigt (siehe dazu ausführlich Jost 2021, S. 22 f.). Bei komplikationsarmem Verlauf der Kontaktpunkte ergibt sich zudem eine positive Korrelation mit der Kundenzufriedenheit sowie daraus folgend mit der Kundenloyalität und der (freiwilligen) Kundenbindung. Da loyale Kunden c. p. rentabler sind, ist nachvollziehbar, dass langfristige, kontinuierliche Beziehungen gegenüber diskreten Beziehungen – bei denen die Kunden immer wieder neu „gewonnen" werden müssen – präferiert werden.

Zu guter Letzt spielt das Thema Vertrauen eine ausschlaggebende Rolle, das einen der wichtigsten Erfolgsfaktoren im Dienstleistungsgeschäft sowie damit auch für die Orchestratoren von service-orientierten Ökosystemen darstellt. Vertrauen entsteht durch die wiederkehrende Erfüllung von Erwartungen. Somit ergibt sich auch durch jeden Kontaktpunkt und jede Transaktion die Chance, Vertrauen aufzubauen resp. zu festigen. Neben dem Vertrauen in die Leistungsbereitschaft des Orchestrators ist auch das Vertrauen in die gewissenhafte Auswahl der weiteren Ökosystem-Partner sowie der sorgfältige Umgang mit den Kundendaten und den Anforderungen des Datenschutzes ausschlaggebend. Wenn alle diese Voraussetzungen und die Kundenerwartungen erfüllt sind, liegt auch eine gute Ausgangslage vor, um über die Kundenbeziehungen wiederum neue und weitergehende Kundendaten für das Ökosystem zu generieren.

Folgende Merkmale begünstigen also die Positionierung als Orchestrator bzw. erleichtern die Etablierung eines Ökosystems:

(1) Breite des (eigenen oder durch Kooperationen entstehenden) Produktangebots;
(2) Besitz der Kundenschnittstelle, ggf. mit starker Marke, sowie
(3) eine vertrauensvolle Kundenbeziehung mit möglichst hoher Beziehungsintensität;
(4) Datenausstattung und Digitalkompetenz.

Zu (1): Das Geschäftsmodell von Versicherungsunternehmen besteht in der kollektiven Übernahme von Risiken gegen Zahlung von Prämien. Die übernommenen Risiken können ganz unterschiedliche Lebenswelten betreffen, wodurch sich – gerade bei Versicherungsunternehmen, die alle Sparten abdecken – eine erhebliche Breite des Produktangebots ergibt. Gleichzeitig sind Versicherungsunternehmen seit einigen Jahren bemüht, ihr Leistungsangebot zu erweitern und Zusatzservices zu integrieren (speziell Assistance-Leistungen). Aufgrund des Verbots versicherungsfremder Geschäfte (§ 15 VAG) werden hierbei regelmäßig Kooperationen und Partnerschaften eingegangen. Im Bereich der Kfz-Versicherung betrifft dies bspw. Autovermietungen, die bei einem Unfall die dadurch eingeschränkte Mobilität des Kunden wiederherstellen sollen. Auch das Aufkommen von Start-ups hat in den vergangenen Jahren zu deutlich mehr Kooperationen in der Versicherungswirtschaft geführt. So haben in der letzten Zeit immer mehr Versicherer durch InsurTechs bereitgestellte, oft technologiebasierte Lösungen in die eigenen Prozesse und Angebote integriert.

Zu (2): Versicherungsunternehmen richten sich mit ihrem Produktangebot – anders als bspw. Automobilzulieferer – direkt an den Endkunden. Auch wenn regelmäßig Versicherungsvermittler zwischengeschaltet sind, kann das Versicherungsgeschäft als Grundlage einer direkten Kundenbeziehung eingestuft werden, da es im Namen und für Rechnung des Versicherers abgeschlossen wird. Auch ist hierbei die Marke für den Kunden präsent. Die Kundenschnittstelle ist also vorhanden. Allerdings ließ sich in den vergangenen Jahren eher ein Rückgang als ein Zugewinn der Kundenschnittstelle beobachten. Konkurrenz um die Kundenschnittelle kommt vor allem von plattformbasierten Geschäftsmodellen wie Check24, die neben der Übernahme des reinen Vertragsabschlusses auch weitere Serviceangebote integrieren und so auch selbst kontinuierliche Beziehungen aufbauen und pflegen (gerade im Bereich der Kfz-Versicherungen, die besonders häufig über Vergleichsplattformen abgeschlossen werden). Ebenso gehen durch die in Abschn. 4.1 genannten Mobilitätstrends Kundenschnittstellen verloren. So führt die Verschiebung vom „Eigentum" zur „geteilten Nutzung" von Fahrzeugen dazu, dass die Schnittstelle des Versicherers zum Kunden nur noch zum Sharing-Anbieter, nicht mehr aber zu den Endkunden besteht. Die Nutzer der Angebote wissen dann in der Regel gar nicht mehr, welches Unternehmen für die Risikoabsicherung zuständig ist, und der Beziehungsaufbau für Versicherer wird deutlich erschwert. Darüber hinaus haben im Bereich der Kfz-Versicherung vielfach auch die Automobilhersteller die Kundenschnittstelle besetzt, indem die Kfz-Versicherung direkt beim Autokauf aus einer Hand angeboten wird. In Sachen Kundenschnittstelle haben die Versicherer daher zuletzt eher verloren als gewonnen und sich teilweise eher in Richtung Zulieferer wiedergefunden.

Zu (3): Die Kundenbeziehung bei Versicherern ist eindeutig als kontinuierlich und langfristig zu klassifizieren. Hintergründe sind der ausgeprägte Dienstleistungscharakter sowie die Versicherungsdauer, die zwar in der Schaden-/Unfallversicherung – so auch in der Kfz-Versicherung – formal immer nur einjährig ist, aber sich mangels Kündigung regelmäßig automatisch verlängert. Durch die charakteristischen Merkmale des Versicherungsprodukts und der Kundenbeziehung (Immaterialität, Abstraktheit, Informationsasymmetrien, Langfristigkeit etc.) ergibt sich ein per se hoher Vertrauensbedarf, der beziehungsstärkend wirkt und sich tendenziell positiv auf die Intensität der Kundenbeziehung auswirkt. Gleichzeitig liegen der Geschäftsbeziehung vertragliche Beziehungen zugrunde, die wiederum (unter Umständen auch unfreiwillige) Kundenbindungen bewirken.

Um einer unfreiwilligen Kundenbindung entgegenzuwirken, die sich in der Versicherungswirtschaft in der Regel durch die Mindestvertragslaufzeiten von einem Jahr zeigt (s.o.), haben einige Unternehmen bereits Anpassungen vorgenommen. So sind Kfz-Versicherungen bei Anbietern wie Friday (Tochterunternehmen der Baloise) oder freeyou (Tochterunternehmen der DEVK) jederzeit monatlich kündbar.

Nachteilig wirkt für die Versicherungsbranche, dass sie allgemein unter einem weniger guten Image leidet, das sich insbesondere aus dem schlechten Image der Berufsgruppe der Versicherungsvermittler speist, jedoch auch durch das Produktimage bekräftigt wird. Das Markenimage der Unternehmen (ebenso wie das Image des individuellen Vermittlers) sind zwar oft neutral oder sogar gut, können den Gesamteindruck vieler Kunden jedoch nicht ausgleichen.

Zu (4): Versicherungsunternehmen sind regelmäßig mit einer Fülle an Daten ausgestattet, über die andere Ökosystempartner nicht verfügen. Die Digitalkompetenz der Versicherungsunternehmen lässt sich zu guter Letzt aber nicht pauschal bewerten. Der einstige (zutreffende) Vorwurf an die Branche, die Digitalisierung verschlafen zu haben, ist heute nicht mehr pauschal zutreffend. Viele Versicherer haben sich in den vergangenen Jahren gänzlich neu aufgestellt, kontinuierlich an ihrer Digitalkompetenz gearbeitet und bspw. ganze Data-Analytics-Abteilungen aufgebaut – und ihre Geschäftsmodelle in Richtung eines Ökosystem-Fits entwickelt.

Die vorangegangene Betrachtung zeigt, dass die (Kfz-)Versicherungswirtschaft einige Merkmale erfüllt, welche die Positionierung als Orchestrator begünstigen. Zu eruieren ist in diesem Sinne, wie das konkrete Leistungsangebot ausgestaltet werden soll bzw. welche Bereiche ein solches Ökosystem abdecken könnte. Eher unwahrscheinlich ist es bspw., dass sich ein einzelner Kfz-Versicherer ein komplettes Ökosystem rund um die Bereitstellung von Mobilität aufbaut, wie es bspw. Mercedes oder aber – auf regionaler Ebene – der Hamburger Verkehrsverbund (siehe das Beispiel oben) anstreben – dafür ist das Kerngeschäft „Versicherung" zu weit entfernt, und die einzelnen Unternehmen sind zu klein. Viel eher scheint es also sinnvoll, passende Partner rund um die Versicherungsleistung zu integrieren und so ein Ökosystem rund um das Thema der „Mobilitätsabsicherung" aufzubauen. Anbieter wie die Baloise oder die HUK-COBURG haben sich in den vergangenen Jahren bereits in diese Richtung entwickelt. So hat die Baloise schon heute ein umfassendes Portfolio an Ventures (eigene Start-ups oder junge Unternehmen, in die der Versicherer investiert hat), mit denen das Thema Mobilität ganzheitlich weitergedacht und -entwickelt werden soll. Dazu gehören u. a. die dänische Carsharing-Plattform, die private Autovermietung, shareable Leasing und Ridesharing ermöglicht, der Parkplatz-Finder Parcandi, aboDeinauto und ein One-Stop-Shop-Dienstleister für Flottenwartungsdienste (Bâloise 2022). Die HUK-COBURG vermittelt für ihre Kunden Servicearbeiten rund um das Auto, begleitet mit der HUK-COBURG Autowelt den Auto-An- und -Verkauf und bietet ein AutoAbo an, das neben der Versicherung auch die Zulassung, die Abführung der Kfz-Steuern sowie Wartung und Verschleißreparaturen übernimmt (HUK-COBURG 2022).

Darüber hinaus kommen auch Kooperationen zwischen Versicherungsunternehmen in Betracht, um mehr Marktanteile und damit eine größere Marktmacht zu bündeln. Eine spannende Entwicklung stellt in diesem Zusammenhang die Neugründung von onpier dar, das gemeinsam von den drei Versicherern HUK-COBURG, HDI und LVM ins Leben gerufen wurde und als branchenoffene B2B2C-Plattform für versicherungsfremde Services fungieren soll (onpier 2022). Zunächst steht der Auto-Ankauf im Fokus, weitere Services sollen jedoch folgen. Darüber hinaus ist mit onpier auch geplant, neben der „Mobilität" weitere Lebenswelten zu besetzen. Damit könnte die Versicherungswirtschaft ihren Vorteil ausspielen, dass über die verschiedenen Versicherungssparten und -zweige hinweg mehrere Lebenswelten bespielt werden. Gelingt dieser Schritt, käme die Orchestrator-Rolle in einer Art Querschnitts-Ökosystem in Betracht, das Absicherungsthemen (und Lösungen darüber hinaus) für verschiedene Bereiche und Lebenswelten der Kunden abdeckt.

6.4 Fazit

Die Digitalisierung und die zunehmende Etablierung von Big Data verändern Geschäftsmodelle und Märkte. Sämtliche Branchen und Akteure müssen ihre Wertschöpfungsaktivitäten neu konfigurieren und ihre Angebote sowie die eigene Positionierung überdenken. Hierfür ist einerseits zu hinterfragen, (1) welche Bedürfnisse heutige Kunden haben und mit welchen konkreten Anforderungen diese verbunden sind, (2) wie Daten genutzt werden, um Kundenbedürfnisse zu analysieren und Produkte und Prozesse zu verbessern, (3) welcher Kooperationen es bedarf, um Kundenbedürfnisse umfassend befriedigen zu können und (4) ob eine Positionierung im Rahmen der sich entwickelnden Ökosysteme sinnvoll ist – und wenn ja, in welcher Rolle.

Wie auch alle anderen Akteure, sehen sich Versicherungsunternehmen diesen Fragen konfrontiert. Ihr Geschäftsmodell basiert seit jeher auf Daten – deren Strukturierung und umfassendere Erhebung und Analyse jedoch bei vielen Unternehmen erst seit einigen Jahren auf der Agenda steht.

Forciert durch die Technologisierung der Automobilbranche und der umfangreichen Daten, die in Fahrzeugen generiert werden (und auch für Versicherungsunternehmen neue Geschäftspotenziale eröffnen), hat sich die Kfz-Versicherung als Vorreiter der Assekuranz in Sachen Big Data und Data Analytics hervorgetan. Der hierbei wichtigste Treiber ist die Tarifierung, wofür sich der Kfz-Versicherer die genannten Fahrzeugdaten zu Nutze machen kann. Mittels u. a. GPS- und Bewegungsdaten des Autos, die mit Umgebungs- und Umweltdaten angereichert werden, können Aussagen über das spezifische Fahrverhalten des Nutzers abgeleitet werden. Dadurch können das individuelle Risiko – konkret in Bezug auf die Unfallwahrscheinlichkeit – ermittelt und die Prämie risikogerechter errechnet werden. Zahlreiche Versicherer bieten entsprechende Telematik-Tarife schon heute an – allerdings mit bis dato geringem Erfolg. So scheinen die für die Preisgabe der Daten erforderlichen Mehrwerte (die sich in der Regel nur in Form von Prämienreduzierungen niederschlagen), bisher nicht auszureichen bzw. werden durch Datenschutzbedenken, Misstrauen oder reiner Trägheit der Kunden überkompensiert.

Für Versicherer stellt sich daher die Frage, welche zusätzlichen Mehrwerte sie (aus den Daten) für ihre Kunden generieren können, welche Leistungsangebote hierfür zu integrieren sind und mit welchen Unternehmen kooperiert werden sollte. Auch für Versicherungsunternehmen stellt sich daher die Frage, ob und wie sie sich in den entstehenden Ökosystemen positionieren wollen. Die am Markt zu beobachtenden Eintrittsstrategien gehen dabei auseinander: ein Teil der Unternehmen scheint sich mit der Zulieferer-Rolle gut arrangieren zu können. Für sie sind u. a. die maximale Prozesseffizienz sowie eine optimale Anbindung an entsprechende Schnittstellen entscheidende Erfolgsfaktoren.

Bei einigen anderen Versicherungsunternehmen befindet sich auch die Rolle des Orchestrators – die im Kontext der Ökosysteme auf den ersten Blick attraktiver erscheint – im Blickfeld. Durch die sukzessive Ausweitung des eigenen Geschäftsmodells, die Anbindung verschiedener Partnerunternehmen und den Aufbau von Data-Analytics-Kompetenzen schaffen sie die Grundlage, auch eigene Ökosysteme zu etablieren. Auch wenn davon auszugehen ist, dass einzelne Versicherer für ein umfassendes Mobilitätsökosystem zu klein sind – durch den Zusammenschluss mehrerer Versicherer oder die Besetzung von Teilbereichen der Mobilität ist die Orchestrator-Rolle durchaus vorstellbar.

Literatur

Arumugam S, Bhargavi R (2019) A survey on driving behavior analysis in usage based insurance using big data. J Big Data. https://doi.org/10.1186/s40537-019-0249-5

Auer T, Dröge H (2021) MehralsnureinTarif. Wie man Telematik-Kunden mit Mehrwerten statt Prämien begeistert. Versicherungswirtschaft 4(2021):72–75

Bahrs M, Stäcker J, Warg M (2017) Service Dominierte Architektur. Wie die Service-Plattform der Zukunftaussieht. DocPlayer.org. https://docplayer.org/183966998-Service-dominierte-architektur-wie-die-service-plattform-der-zukunft-aussieht.html. Zugegriffen am 25.08.2022

Bâloise Holding AG (2022) Baloise Mobility | Wir verbinden Menschen und Mobilität. https://www.baloise.com/de/home/news-stories/top-themen/mobility-baloise.html#top10-tab. Zugegriffen am 25.08.2022

Bocken R, Kellner R, Koppenfels P (2021) Jede Sekunde zählt. Versicherungswirtschaft 3(2021):50–53

Brown, LG (1990) Convenience in services marketing. Emerald Publishing Limited. https://www.emerald.com/insight/content/doi/10.1108/EUM0000000002505/full/pdf?title=convenience-in-services-marketing. Zugegriffen am 25.08.2022

Bundesanstalt für Finanzdienstleistungsaufsicht (2018) Thema Verbraucherschutz. Telematik-Tarife bei der Kfz-Versicherung. https://www.bafin.de/DE/Verbraucher/Versicherung/Produkte/Kraftfahrt/Telematik-Tarife_artikel.html?nn=7848716%20//%20%20https://www.bafin.de/SharedDocs/Downloads/DE/dl_bdai_studie.pdf?__blob=publicationFile&v=3. Zugegriffen am 25.08.2022

Deutsche Aktuarvereinigung e.V. (2021) Ergebnisbericht der Ausschüsse Schadenversicherung und Actuarial Data Science. Telematik in der Kfz-Versicherung – Status quo. https://aktuar.de/unsere-themen/fachgrundsaetze-oeffentlich/Telematik%20in%20der%20Kfz-Versicherung%20-%20Status%20quo.pdf. Zugegriffen am 25.08.2022

Eling M, Lehmann M (2018) The impact of digitalization on the insurance value chain and the insurability of risks. Geneva Pap Risk Insur Issues Pract. https://doi.org/10.1057/s41288-017-0073-0

Ernst & Young GmbH Wirtschaftsprüfungsgesellschaft (2021) Data Analytics in der Assekuranz. Unsere aktuelle Studie zum Stand von Data-Analytics in der Versicherungsbranche betrachtet konkrete Use Cases, also Anwendungsbeispiele. https://www.ey.com/de_de/forms/download-forms/data-analytics-in-der-assekuranz. Zugegriffen am 25.08.2022

Eucon GmbH (2021) Branchenbefragung Insurance Schadenmanagement 2021. Digital Claims – die Zeit ist reif!. https://www.eucon.com/Files/rte/file/2021_Digital-Claims_Studienschrift_Eucon-zeb.pdf. Zugegriffen am 25.08.2022

European Insurance and Occupational Pensions Authority (2019) Big data analytics in motor and health insurance: a thematic review. https://register.eiopa.europa.eu/Publications/EIOPA_BigDataAnalytics_ThematicReview_April2019.pdf. Zugegriffen am 25.08.2022

Fastenrath B, Keller A (2016) The future of motor insurance. How car connectivity and ADAS are impacting the market. The Digital Insurer Pte Ltd. https://www.the-digital-insurer.com/wp-content/uploads/2016/05/737-HERE_Swiss-Re_white-paper_final.pdf. Zugegriffen am 25.08.2022

Gesamtverband der Deutschen Versicherungswirtschaft e.V. (2021) Statistisches Taschenbuch der Versicherungswirtschaft 2021. https://www.gdv.de/resource/blob/69974/ce5a0b7c5ad43b0baaf4cb0e7afe2fd4/-iv-schaden-und-unfallversicherung-tab-59-89-data.pdf. Zugegriffen am 25.08.2022

Global Alliance of Data-Driven Marketing Associations (2022) Global data privacy. What the consumer really thinks. https://globaldma.com/wp-content/uploads/2022/03/GDMA-Global-Data-Privacy-2022.pdf. Zugegriffen am 25.08.2022

HUK-COBURG Versicherungsgruppe (2022) Unsere Mobilitätsangebote für Sie. https://www.huk.de/fahrzeuge/mobilitaet.html. Zugegriffen am 26.08.2022

Jahnert J, Klein F, Schmeiser H (2020) Die Zukunft der Kfz-Versicherung in Deutschland – Eine Analyse disruptiver Trends und potenzieller Handlungsoptionen für die Versicherungsindustrie. https://www.ivw.unisg.ch/wp-content/uploads/2020/08/DieZukunftDerKfz-VersicherungInDE.pdf. Zugegriffen am 25.08.2022

Jost T (2021) Kundenbeziehungsmanagement in der Versicherungswirtschaft. Ein Perspektivwechsel vor dem Hintergrund der Digitalisierung und der Entwicklung von Ökosystemen. Dissertation, Universität Leipzig

Kaiser M, Ringel J, Rommel H, Süß M, Wagenknecht K, Wolff-Marting V (2019) Assekuranz 4.0 – Versicherungen im digitalen Dreieck. Wie sich das Geschäftsmodell Versicherung in seinen Produkten, Prozessen und Arbeitswelten verändern wird. https://www.adcubum.com/fileadmin/data/stories/studie_assekuranz_4.0_versicherungen_im_digitalen_dreieck.pdf. Zugegriffen am 25.08.2022

Krüger S (2018) Die Zukunft des Kfz-Schadenmanagements: Automatisierungsquote von 90 Prozent. Eucon GmbH. https://www.eucon.com/Files/rte/file/ZfV_12_Gastbeitrag_Eucon_Die_Zukunft_des_Kfz-Schadenmanagements.pdf. Zugegriffen am 25.08.2022

Krüger S (2019) Schöne, smarte Schadenwelt. Versicherungswirtschaft 5(2019):46

Krüger S (2020) Blechschaden 4.0. Eucon GmbH. https://www.eucon.com/Files/rte/file/200211_Gastartikel_Eucon_Blechschaden_4.0_VW_3_2020.pdf. Zugegriffen am 25.08.2022

Müller-Peters H, Wagner F (2017) Geschäft oder Gewissen? Vom Auszug der Versicherung aus der Solidargemeinschaft. Goslar Institut, Goslar

Paik S, Schmid C, Uhlenberg JH (2017) Telematik in der Tarifierung von Kfz-Versicherungen – das Modell der Zukunft? Der Aktuar 02(2017):76–82

Statistisches Bundesamt (2022) Verkehrsunfälle. Unfälle und Verunglückte im Straßenverkehr. https://www.destatis.de/DE/Themen/Gesellschaft-Umwelt/Verkehrsunfaelle/Tabellen/unfaelle-verunglueckte-.html. Zugegriffen am 25.08. 2022

Wenig M (2022) Kfz-Versicherung: Versicherer könnten bei sensiblen Auto-Daten leer ausgehen. Versicherungsbote GmbH. https://www.versicherungsbote.de/id/4904816/Kfz-Versicherung-Autobranche-lehnt-Treuhaender-Modell-Allianz-ab/. Zugegriffen am 25.08.2022
Willis Towers Watson GmbH (2013) Pressemitteilung. Towers Watson-Studie zur Kfz-Versicherung: Mehrheit der Europäer findet Telematik-Tarife attraktiv. DocPlayer.org. https://docplayer.org/10424100-Towers-watson-studie-zur-kfz-versicherung-mehrheit-der-europaeer-findet-telematik-tarife-attraktiv.html. Zugegriffen am 25.08.2022

7 Big Data in der Mobilität: Wie sich die Nutzenpotenziale (für die Welt von morgen) heben lassen

Die Nutzenpotenziale von Big Data und KI versprechen bedarfsgerechte, einfache, sichere, komfortable und zugleich ressourcenschonende und klimafreundliche Mobilitätslösungen für die Welt von morgen. An der Frage, wie es gelingen kann, diese Potenziale effektiv und effizient zugleich zu heben, entscheidet sich deshalb die Zukunft der Mobilität. Die hier vorgelegte Studie bietet auf breiter empirischer Basis eine fundierte, multiperspektivische Einschätzung zu eben diesen Zukunftsperspektiven der Mobilität in Deutschland. Nicht zuletzt an der Zukunft der Mobilität hängt wiederum die weitere ökonomische und soziale Entwicklung insbesondere der westlichen Industrieländer, denn genauso wie die Beweglichkeit von Wirtschaftsgütern zu den Wesensmerkmalen moderner Industriegesellschaften zählt, gehört eine hohe individuelle räumliche Beweglichkeit zu den Wesensmerkmalen westlicher Demokratien.

Mobilität bedeutet Flexibilität und Wahlfreiheit zwischen verschiedenen Optionen und umfasst vielfältige Dimensionen, zumeist bezogen auf die Erreichbarkeit von Personen oder Orten. Wesentliche *Akteure*, die an der Mobilität beteiligt sind, sind die Öffentliche Hand (u. a. durch die Schaffung von rechtlichen Rahmenbedingungen und als Infrastrukturbetreiber), Fahrzeughersteller und Zulieferer, Technologieunternehmen und Digitalkonzerne, die u. a. als Mobilitätsdienstleister tätig sind, wie z. B. Anbieter von Car-Sharing, Navigationsdienstleistungen und Mobilitätsplattformen, Erbringer erweiterter Dienstleistungen, wie z. B. Versicherer, sowie die Erzeuger von Mobilität, Halter von Kraftfahrzeugen oder Privatpersonen mit Smartphones, unterwegs mit welchem Verkehrsmittel auch immer.

Halter von Kraftfahrzeugen und Privatpersonen erzeugen mit ihrem Nutzerverhalten *Mobilitätsdaten*, abhängig von entsprechenden Datenschutzeinstellungen (vgl. Abschn. 2.2). Das Smartphone mit seinen Sensoren und den installierten Apps ist dabei einer der größten Sammler von Nutzerdaten aller Art. Auch Fahrzeuge generieren je nach Modell und Ausstattung große Datenmengen. Diese Mobilitätsdaten umfassen u. a. techni-

N. Gatzert et al., *Big Data in der Mobilität*,
https://doi.org/10.1007/978-3-658-40511-3_7

sche Daten zum Fahrzeug und zur Umgebung, z. B. über Außenkameras für die Verkehrszeichenerkennung und zahlreiche Sensoren. Innenraumkameras und Sensoren im Innenraum wiederum spielen eine wichtige Rolle für die Fahrzeugsicherheit, weil sie die Insassen und deren Aufmerksamkeit erfassen. Es entstehen detaillierte Fahrerprofile, z. B. über die Sitzeinstellung, die Klimatisierung, den Musikkanal, sowie Daten zum Fahrerzustand, beispielsweise über eine Müdigkeitserkennung durch die Auswertung von Lenkradbewegungen sowie weiterer Vitaldaten.

Die aus den verschiedenen Anwendungen entstandenen und aggregierten Daten können im nächsten Schritt mit externen Kontextinformationen angereichert werden. Damit können über Big Data theoretisch sehr weitreichende Informationen abgeleitet werden, z. B. Bewegungsprofile, häufig besuchte Orte, Nutzerpräferenzen oder Informationen zum Fahrstil. Mit den aggregierten Daten entwickeln verschiedene Akteure dann wiederum datenbasierte Angebote und Services, mit dem Ziel, die Sicherheit, den Komfort und die Effizienz in der Mobilität zu erhöhen.

In Zukunft ist von einem weiteren starken Wachstum der Mobilitätsdaten auszugehen, nicht zuletzt getrieben durch regulatorische Entwicklungen wie die General Safety Regulation in der EU, die ab Juli 2024 in neu zugelassenen Fahrzeugen (ab Juli 2022 für neue Modelle) den verpflichtenden Einbau von umfassenden Assistenzsystemen fordert, u. a. die Einrichtung einer Alkoholtest-Schnittstelle, Speed-Limit-Assistenten sowie weitere Sicherheitsfunktionen. Der Trend geht klar zu (noch) mehr Sensorik und mehr Elektronik im Auto, und damit auch zu noch mehr Mobilitätsdaten.

Bereits heute lässt sich sagen, dass Mobilitätsdaten je nach Nutzerverhalten einen prägnanten digitalen Fußabdruck erzeugen können. Wie Nutzer Mobilitätsdaten und ihren eigenen *digitalen Fußabdruck* sehen, wurde explorativ im Rahmen einer *Online-Community* von Verkehrsteilnehmern (siehe dazu Abschn. 2.3) untersucht. Dabei ergibt sich bzgl. der Einstellungen und Motive, dass *Autonomie* das dominierende Motiv von Mobilität ist, was besonders gut durch das eigene Auto erfüllt wird. Digitale Services in der Mobilität zeigen sich als unverzichtbare Helfer, die Entlastung, Autonomie und Kontrolle erlauben. Gleichzeitig führt die Abhängigkeit von der Technik aber zu einem Gefühl der Hilflosigkeit, was in ein *Autonomie-Dilemma* resultiert.

Die Community-Teilnehmer sehen in Big Data in der Mobilität sowohl Nutzen als auch Gefahren. Besonders positiv werden Navigationsdienstleistungen sowie die bessere Zeiteffizienz und Verkehrslenkung beurteilt. Sorgen machen die Datensicherheit und ob sich gesammelte Daten auch gegen die Nutzer wenden könnten. Im Rahmen der Community lassen sich aus der individuellen Bewertung von Nutzen und Gefahren *drei Grundeinstellungen* mit Blick auf Big Data in der Mobilität ableiten: datenkritisch, abwägend sowie offensiv-resignativ.

Während das Smartphone und seine Apps (realistisch) als größte Datensammler eingeschätzt werden, werden Daten aus Fahrzeugen und Sharing-Diensten sowie deren Menge und Vernetzung unterschätzt. Die meisten Nutzer in der Community beschäftigen sich ungern konkret mit ihren eigenen Datenspuren. Es ist unangenehm und verspricht wenig Belohnung. Dabei bestehen vor allem zwei Probleme. Zum einen liegt eine oft ungenügende

Transparenz über die Datenfreigaben vor, und die Optionen zur Freigabe oder Sperrung zur Datenweitergabe sind oft schwer zu finden. Im Ergebnis werden Daten oft unbewusst freigegeben. Zum anderen ist die gewünschte Nutzung von Mobilitätsdiensten oft von einer Datenfreigabe abhängig. Die Konfrontation mit dem eigenen digitalen Fußabdruck löst dementsprechend je nach Nutzertyp unterschiedliche Reaktionen aus, kann überfordern, Handlungsimpulse auslösen oder eine Resignation verstärken. Insgesamt wünschen sich die Community-Teilnehmer, dass die Weitergabe und Nutzung von Mobilitätsdaten sowohl für den Eigennutz als auch für das Gemeinwohl durch Akteure nachvollziehbar begründet wird, und dass man *als Nutzer „enabled"* wird.

In diesem Punkt gibt es zugleich eine große Übereinstimmung zwischen den Ergebnissen der Community-Forschung und den anschließenden *Fokusrunden* mit Experten aus den themenrelevanten Stakeholder-Gruppen (siehe Kap. 3). Für diesen Forschungsteil lautete die Ausgangsüberlegung: vom Verhalten der *Stakeholder* und den daraus entstehenden Beziehungen untereinander hängt es ab, welche Narrationen sich durchsetzen, ob sich Anwendungen mit markt- und gesellschaftsrelevantem Nutzen entwickeln und damit letztlich zugleich die Potenziale von Big Data für die Lösung so vieler gesellschaftlicher Probleme genutzt werden können.

Der Blick auf die Ergebnisse aus Medienanalyse und Fokusrunden (vgl. Abschn. 3.4) erkennt eine *weitgehende Einigkeit der Stakeholder aus Wirtschaft, Wissenschaft, Politik und Medien* über den potenziellen individuellen und kollektiven Nutzen von Big Data in der Mobilität. Die Experten gewichten dabei den Nutzen von Big Data grundsätzlich höher als die Risiken beispielsweise für den Datenschutz. Für sie steht vor allem der gesellschaftliche Nutzen für Klimaschutz und Verkehrssicherheit im Vordergrund, der durch ein großes Spektrum an datenbasierten Mobilitätslösungen verkehrsträgerübergreifend realisiert werden kann.

Diese *nutzenzentrierte Perspektive* entspricht dem Stakeholder-Ansatz, der danach fragt, was mit Big Data in der Mobilität wie erreicht werden kann, so dass alle Stakeholder-Ansprüche ausgewogen berücksichtigt werden. Wird grundsätzlich davon ausgegangen, dass nicht nur die Autofahrer oder Mobilitätsteilnehmer, die Mobilitätsdaten mit ihrem Verhalten erzeugen, sondern auch Hersteller, Versicherer oder öffentliche Verkehrsunternehmen genauso wie Politik und Wissenschaft dieselben *legitimen Ansprüche auf den Nutzen von Big Data in der Mobilität* erheben, dann relativieren sich einseitige Machtansprüche und der Schritt zur gemeinsamen Nutzung des Datenschatzes ist – argumentativ betrachtet – nicht mehr weit.

Doch in welchem Umfang dieser normative Gedanke des Stakeholder-Konzeptes eine breite Wirkung im Sinne eines gesellschaftlichen Paradigmenwechsels entfalten kann, bleibt im Ergebnis der qualitativen Analysen des Kap. 3 offen. Das liegt nach den hier vorliegenden Befunden daran, dass sich die beobachteten Stakeholder entweder in ihren Interessen nicht klar im öffentlichen Diskurs positionieren und/oder sich mit ihren Positionen neutralisieren. Ein konstruktiver Stakeholder-Dialog findet vor diesem Hintergrund nur begrenzt statt. Ob Ursache oder Wirkung dieses unvollständigen Diskurses: offensichtlich fehlt nach wie vor ein verbindendes Narrativ, welches einen Stakeholder-Konsens und damit ein wirkungsvolles Vorgehen ermöglicht, um die Nutzenpotenziale von Big Data in der Mobilität vollständiger als bisher zu heben.

Dementsprechend changieren die *Rollen in den Umweltsphären*: in der Politik verstehen sich Regierungen durchaus als Antreiber, werden aber von anderen Stakeholdern nicht in dieser Rolle wahrgenommen. In der Sphäre der Wirtschaft ist eine heterogene, oft zerstrittene Gruppe von Akteuren zu beobachten, die beim Thema Mobilitätsdaten vorrangig Partikularinteressen ihrer Branchen bzw. Verkehrsträger folgen. Das hindert die Verbraucher bzw. Nutzer nicht daran, ihre Ansprüche als Kunde bzw. Datensouverän von Unternehmen des Mobilitätssektors eher vertreten zu sehen als von der fernen Politik. Die Öffentlichen Verkehrsunternehmen fühlen sich im engen Korsett des Datenschutzes in ihren Möglichkeiten eingeschränkt. Die Vertreter der Wissenschaft schließlich begnügen sich mit einer eher passiven Beobachter- und Beraterrolle und sind im öffentlichen Diskurs wenig präsent.

Gleichzeitig ergibt sich jenseits dieser beobachteten Blockierung der Stakeholder im öffentlichen Diskurs eine nahezu entgegengesetzte Entwicklung auf den Mobilitätsmärkten. Hier entstehen sogenannte *Ökosysteme*, die als plattformbasierte Wertschöpfungsnetzwerke das Ziel verfolgen, verschiedene Akteure und Kompetenzen zu bündeln und dem Kunden damit eine Komplettlösung aus einer Hand anzubieten (siehe Kap. 4). Dies ist nur möglich, wenn Datenbestände zusammengeführt und über Data-Sharing-Plattformen verfügbar gemacht werden. Mobilitätangebote werden auf diese Weise miteinander verknüpft und zusätzliche Leistungen aus anderen Lebenswelten, z. B. Gesundheit, Freizeit oder Wohnen, integriert. Um solche Rund-um-Lösungen anbieten zu können, haben sich zahlreiche Branchen bzw. Unternehmen mit angepassten oder erweiterten Geschäftsmodellen bereits heute neu aufgestellt und kooperieren sowohl mit anderen Akteuren der Wertschöpfungskette als auch mit Wettbewerbern. Dazu gehören bspw. Automobilhersteller, die immer mehr unterschiedliche Produkte und Dienstleistungen (Finanzierung, Versicherung, Sharing etc.) in ihr Leistungsportfolio aufnehmen.

Grundsätzlich stellt sich also für alle Anbieter von Produkten und Leistungen auf den Mobilitätsmärkten, auch für die Versicherer (siehe Kap. 6), die Frage, welche zusätzlichen Mehrwerte sie aus Big Data für ihre Kunden generieren können, welche zusätzlichen Leistungsangebote hierfür zu integrieren sind und mit welchen Unternehmen kooperiert werden sollte. Die Digitalisierungs-, Daten- und Schnittstellenkompetenz werden deshalb zweifelsfrei zu den (neuen) Schlüsselkompetenzen gehören. Damit einher geht die strategische Klärung, ob und wie sie sich in den entsprechenden Ökosystemen positionieren wollen oder können, eher als passiver Zulieferer oder als Orchestrator, d. h. auch als Initiator und Treiber. Denn von einer Annahme gehen alle Anbieter aus: die verkehrsträger- und branchenübergreifenden Komplettlösung für individuelle Mobilitätsbedürfnisse, die gleichzeitig einfach und komfortabel für den Kunden ist, bleibt als Megatrend prägend für die Mobilitätsmärkte.

Umso interessanter ist der Abgleich dieser Befunde mit den Ergebnissen einer *quantitativen Bevölkerungsumfrage* (siehe Kap. 5). Die Bürger und Verkehrsteilnehmer begrüßen in hohem Maße die Chancen, die durch digitale Daten und deren Vernetzung im

Verkehr entstehen. Deren Anwendungen sind hochwillkommen, und neben einem individuellen Gewinn an Kontrolle, Zeit, Komfort, Mobilität und Sicherheit im Autoverkehr kann „Big Data“ auch einen gewichtigen Beitrag zur kollektiven Steigerung der Attraktivität des öffentlichen Personenverkehrs leisten – und damit nicht zuletzt auch zur Verkehrswende.

Das alles aber geschieht vor dem Hintergrund einer nach wie vor *skeptischen Grundhaltung zu Big Data* und deren Manifestation im Verkehr. Entsprechend ist auch die Bereitschaft zum Datenteilen eng begrenzt: Viele Bürger als – so zumindest ihr Wunschbild – Souverän ihrer Daten sind pessimistisch, misstrauisch und selektiv, wenn es um die Nutzung ihrer Datenspuren geht. Dieser Befund deckt sich nicht nur mit den Ergebnissen der Community-Forschung (siehe Kap. 2), sondern auch mit denen konkreter Branchenerfahrungen, u. a. der Versicherer mit den angebotenen *Telematiktarifen*. Dort scheinen die für die Preisgabe der Daten erforderlichen Mehrwerte, die sich bislang in der Regel (nur) in Form von Prämienreduzierungen niederschlagen, bisher nicht auszureichen bzw. sie werden durch Bedenken hinsichtlich des Datenschutzes, allgemeines Misstrauen oder Überforderung überkompensiert.

Im Gegensatz zur Expertensicht (siehe Kap. 3) besteht auf Seiten der Bevölkerung nach wie vor eine Unentschlossenheit, die Chancen von Big Data gerade für Klimaschutz und Sicherheit höher zu gewichten als die Risiken für individuelle Freiheit und Datenschutz. Dies lässt zugleich vermuten, warum sich politische Akteure so schwertun, die unverzichtbare Rolle als Treiber von Big Data und KI in der Mobilität anzunehmen und auszufüllen. Von den Experten für wichtig erachtete Handlungsfelder wie *Experimentierräume* finden zwar Akzeptanz in der Bevölkerung, allerdings sind sie eben nicht mehrheitlich mit einer grundsätzlichen Bereitschaft zum Datenteilen verbunden. Es bleibt beim bereits 2020 (Knorre et al. 2020) konstatierten *Paradoxon*: die Nutzer sorgen sich um die eigenen Daten, gehen aber gleichzeitig sorglos damit um oder – wie die Community-Forschung gezeigt hat – können oder wollen die Komplexität (noch) nicht ergründen. Die Änderung des Nutzerverhaltens hin zu einer kontrollierten rationalen Transaktion in Form von Datenteilen oder Datenspenden ist ein weiter Weg, der bislang nur von einer Minderheit gegangen wird.

Vor dem Hintergrund dieser Befunde aus der qualitativen und quantitativen Forschung stehen die Zeichen auf „Weiter so“, wie es im *Szenario* „Deutsche Gründlichkeit“ (siehe Abschn. 3.4) beschrieben ist. Dieses Szenario beschreibt im Wesentlichen die Fortsetzung der bisherigen Entwicklung einer nur eingeschränkten, aber dafür vorrangig am Datenschutz ausgerichteten Nutzung von Big Data. Die Rollenverteilung in den Umweltsphären bzw. unter den Stakeholdern bleibt unverändert bestehen: die Politik sieht sich vor allem als Regulierer und Hüter des Datenschutzes, die Wirtschaft ist vom Wettbewerb – insbesondere der Automobilhersteller und anderen Unternehmen des Mobilitätssektors einschließlich der Versicherer – geprägt, die Wissenschaft verharrt im Wahrnehmungsschatten und die Nutzer leben ihr paradoxes Verhalten aus.

Da das Nutzerverhalten weiterhin paradox ist und Kooperationen mit den bekannten Hyperscalern allem Anschein nach eher zu- als abnehmen (siehe dazu Abschn. 3.3.1.2) ist in diesem Szenario zugleich mit Elementen aus dem Szenario „Wild-West“ zu rechnen,

d. h. mit Powerplay weniger Konzerne, die Big Data in der und für die Mobilität beherrschen, während die Politik mit ihren regulatorischen Gestaltungsansprüchen vor dem Hintergrund sich schnell durchsetzender Megatrends (siehe Kap. 4) zu spät kommt und die Nutzer sich in „offensiver Resignation" (siehe Abschn. 2.3.6) üben.

Gleichwohl gibt es in der vorliegenden Studie zugleich *konkrete politische und unternehmerische Handlungsfelder*, um die Potenziale von Big Data für nachhaltige Mobilitätslösungen zu heben und damit eine Entwicklung im Sinne des Szenarios „Kontrollierte Offensive" (siehe Abschn. 3.4) zu induzieren:

- Der zentrale Hebel, um die Potenziale von Big Data zu heben, ist der Gedanke, Daten zu teilen. Der Mobilitätsmarkt wird sich deshalb künftig weiter in Richtung von Ökosystemen entwickeln, schon allein um als Anbieter die eigene Zukunftsfähigkeit durch neue, möglichst komplette Mobilitätsangebote bzw. Geschäftsmodelle sichern zu können. Insofern werden die Nutzenpotenziale von Big Data für die Mobilität von morgen schon allein aufgrund dieser Marktdynamik weiter gehoben. Vor dem Hintergrund der hier vorgelegten Forschungsergebnisse ist ein echter Paradigmenwechsel einschließlich der Auflösung des Nutzerparadoxons dann möglich, wenn daraus ein *sektorübergreifendes, offenes und faires Ökosystem* mit transparenten, fairen Zugangsmöglichkeiten für alle Stakeholder entsteht und kein Flickenteppich partikularer, exklusiver Branchenkonzepte mit mächtigen Gatekeepern.
- Ein solches System zu schaffen, ist deshalb zu Recht der Grundgedanke des im Februar 2022 vorgestellten Entwurfs der EU-Verordnung für eine *faire Datennutzung*, der so genannte „Data Act" (https://ec.europa.eu/commission/presscorner/detail/de/ip_22_1113). Dieses Vorhaben priorisiert eindeutig den Nutzen von Big Data gegenüber allen anderen Aspekten bzw. Risiken.

  Wie in dieser Studie werden die Anreize zum Datenteilen aus zwei Perspektiven angedacht. Da sind zunächst die Nutzer, denen ihre persönlichen Daten gehören und die durch ihr Verhalten alle darüber hinaus gehenden (Mobilitäts-)Daten auf ihren Smartphones, in ihren Fahrzeugen oder in öffentlichen Verkehrsmitteln erzeugen. Sie sollten es deshalb in der Hand haben, von wem und für welche Zwecke ihre Daten gesammelt und genutzt werden. Dies entspricht, wie wir gesehen haben, zugleich den Wünschen der Nutzer, die nachvollziehbar über die Weitergabe ihrer Mobilitätsdaten informiert werden wollen. Die Nutzer in ihrer *Datenkompetenz* („Digital literacy") zu stärken, gehört deshalb zu den zentralen Handlungsfeldern, um das Datenteilen zu einem Gamechanger für Big Data in der Mobilität zu machen.

  Hier sind zuerst die Hersteller gefordert, ihren Kunden den jeweiligen digitalen Fußabdruck offenzulegen und zu erklären. Weil aber nach allen vorliegenden Studienergebnissen ein Wandel des (sorglosen) Nutzerverhaltens äußerst schwierig und dementsprechend langwierig ist, können verhaltenswissenschaftliche Erkenntnisse im Sinne eines *Nudgings* (z. B. Opt-out- anstelle von Opt-in-Regelungen) noch stärker eingesetzt werden, um Kundennutzen und gesellschaftlichen Nutzen miteinander zu verbinden.

So sind Privacy-Abfragen bislang als Abwehrrecht gedacht, sie können aber auch das Datenteilen nahelegen.

- Aus der zweiten Perspektive geht es beim EU Data Act um die Unternehmen, mit deren Produkten oder Dienstleistungen die Nutzer Daten sammeln. Die bisher zu beobachtende faktische Aneignung dieser Daten durch Hersteller, beispielsweise von Fahrzeugen, soll durch ein geregeltes Datenteilen abgelöst werden. Auch dies ist aufgrund der Ergebnisse dieser Studie zunächst ein sinnvoller Anreiz für ein stärkeres Datenteilen.

  Aus dem Stakeholdergedanken, nach dem *alle Stakeholder legitime Ansprüche* auf die Datenschätze der Mobilität haben, ließe sich jedoch auch ein weitergehender Ansatz auf eine grundsätzliche Pflicht der Unternehmen zum Datenteilen ableiten, insbesondere dann, wenn die Nutzer weiter in ihrem paradoxen Verhalten verbleiben. Über das Datenteilen hinausgehende *Open-Data-Konzepte*, die bereits in der ersten Big Data-Studie auf eine hohe Akzeptanz der Nutzer stießen (Knorre et al. 2020, S. 199), finden im Stakeholder-Konzept ebenfalls einen zusätzlichen Begründungszusammenhang. Oder anders formuliert: Wenn es den Unternehmen mit dem Stakeholderkonzept als Leitidee einer nachhaltigen Wirtschaft ernst ist, dann ist ihre Bereitschaft zum Teilen bzw. Bereitstellen der gesammelten Mobilitätsdaten der Tatbeweis.
- Auch die Ende August 2022 vorgelegte *Digitalstrategie* der Bundesregierung (https://digitalstrategie-deutschland.de/medien/) rückt die Chancen von Big Data in den Vordergrund. Das klare Bekenntnis zum autonomen Fahren lässt zudem eine Beschleunigung der bestehenden Zulassungspraxis möglich erscheinen. Zur Erinnerung: Politik muss die Rolle als Antreiber von Big Data in der Mobilität übernehmen, ansonsten drohen Initiativen wie der Datenraum Mobilität (Mobility Data Space MDS) oder auch Gaia-X zu scheitern. Insofern ist es im Sinne der vom Nutzen her gedachten Betrachtung von Big Data in der Mobilität, dass in der neuen Digitalstrategie nicht nur die Bedeutung des MDS betont wird, sondern auch die Verknüpfung zwischen MDS und dem Nationalen Zugangspunkt zu Mobilitätsdaten (Mobilithek) sowie weiteren Datenräumen aus anderen Branchen und Sektoren angesteuert wird und mit konkreten Zielen bis 2025 hinterlegt ist.
- Ein engmaschiges *Netzwerk von Experimentierräumen/Reallaboren* auf der Grundlage gemeinsamer Datenräume stellt einen wirkungsvollen Hebel dar, um innovative datengetriebene Mobilitätslösungen zu entwickeln, zu erproben und zu validieren und so dem Datenschutz-Dilemma bzw. der restriktiven Regulatorik zu entkommen. Auch dieser Gedanke findet sich in der Digitalstrategie 2022 der Bundesregierung, aber zum Beispiel auch in Artikel 53 der KI-Verordnung der EU (https://lexparency.de/eu/52021PC0206/ART_53/).

Es fehlt aber weiter an einer kritischen Masse von Umsetzungen und damit sichtbaren Erfolgsgeschichten. Hier sollten vor allem Kommunen vorangehen können, um die intermodale Mobilität von morgen erproben zu können. „Smart Cities" können am schnellsten den notwendigen Stakeholder-Konsens herstellen. Auch die Experimentierklausel des Personenbeförderungsgesetzes sowie die Mobilitätsdatenverordnung können dann ihre Wirkung entfalten. Dies erfordert aber neben den rechtlichen Möglichkeiten auch zusätzliche finanzielle Mittel für entsprechende lokale und regionale Initiativen, aus öffentlichen Kassen genauso wie aus Private-Public-Partnerships.

- Insgesamt gilt es, den *öffentliche Diskurs* über die Chancen von Big Data für nachhaltige Mobilitätslösungen weiter zu stärken. Orientierung kann und muss gerade in diesen gesellschaftspolitischen Handlungsfeldern neben den bereits genannten Stakeholdern die Wissenschaft bzw. Wissenschaftskommunikation leisten. Es gilt ein neues Narrativ für die Mobilität von morgen zu entwickeln, welches das bisherige, geopolitische Motiv ablöst, das die Geschichte von der Souveränität Europas gegenüber den Hyperscalern erzählt, jedoch durch faktisches Handeln, sprich die vielen Kooperationen mit den US-Big-Techs, widerlegt ist. Das Narrativ eines innovativen offenen Ökosystems der Mobilität, in dem Daten unter allen Stakeholdern fair geteilt werden, ist zumindest ein guter Anfang.

Eines ist in jedem Fall sicher: Die Masse der Mobilitätsdaten wächst weiter massiv. Dabei steigt der Wert der Daten mit ihrer Menge, ihrer Granularität und ihrer Heterogenität. Das Interesse vieler unterschiedlicher Stakeholder, diesen Datenschatz zu nutzen, wird nicht zuletzt im Mobilitätssektor immer dringlicher. Der Ausgleich zwischen den großen individuellen und gesellschaftlichen Nutzenpotenzialen einerseits und den Interessen in Bezug auf Datensicherheit, persönlicher Autonomie und Sorgen vor Risiken andererseits bleibt eine Herkulesaufgabe für Politik, Öffentliche Hand und alle beteiligten Unternehmen.

Nutzenkommunikation, Vertrauensaufbau, Güterabwägung sowie das Einräumen von Kontrollmöglichkeiten und Entscheidungsfreiheiten können wesentliche Bausteine für eine steigende Akzeptanz sein. Dies in Verbindung mit einem sich möglicherweise andeutenden Paradigmenwechsel in der Betrachtung von Big Data sowie einer zunehmend erlebten „Normalität" digitaler Vernetzung im Alltag wären zentrale Meilensteine auf dem Weg zu einer gesellschaftlich breit akzeptierten, neuen und vernetzten Mobilität.

Literatur

Knorre S, Müller-Peters H, Wagner F (2020) Die Big-Data-Debatte. Chancen und Risiken der digital vernetzten Gesellschaft. Springer Gabler, Wiesbaden

BY

Erratum zu: Big Data in der Mobilität

Erratum zu:
N. Gatzert et al., *Big Data in der Mobilität*,
https://doi.org/10.1007/978-3-658-40511-3

Das Buch war mit einer falschen Affiliation von Dr. Fred Wagner, „Institut für Versicherungslehre, Univ Leipzig, Wirtschaftliche Fakultät, Leipzig, Deutschland", veröffentlicht worden. Die Affiliation wurde jetzt zu „Institut für Versicherungslehre, Univ Leipzig, Wirtschaftswissenschaftliche Fakultät, Leipzig, Deutschland" korrigiert.

Die aktualisierte Version des Buchs ist verfügbar unter
https://doi.org/10.1007/978-3-658-40511-3

N. Gatzert et al., *Big Data in der Mobilität*,
https://doi.org/10.1007/978-3-658-40511-3_8

BY

Printed in the United States
by Baker & Taylor Publisher Services

Printed in the United States
by Baker & Taylor Publisher Services